ルベーグ積分

Integration Theory
A Hidden Introduction to Lebesgue Measure and Integration

青木 貴史
著

共立出版

まえがき

　本書では，測度論・積分論の入り口部分を解説します．数学または数理科学関連分野において，読者の志す専門が何であれ，備えておくと将来役立てられる知見と思考スキルが，効率よく自習できることを目指しました．予備知識として必要なのは，多変数を含めた微分積分学，および集合・位相の基礎的部分です．これらを大体理解していれば，だれでも測度論・積分論の理解に手が届く構成となっています．書名にはちょっと大げさに「秘伝」が付いています．本書で伝えたいのは，初学者が遭遇しがちな「学びの壁」を乗り越えるための秘訣です．ひとたび壁の乗り越え方を心得れば，数学の学びが，より楽しく充実したものになるでしょう．これは測度論・積分論に限らず，すべての分野に通じるものです．では，その「乗り越え方」とは何か？　それは，直観・定義・論理・抽象化の使い方を身に付けることです．これらに配慮して本書は書かれています．

　本書の内容は，近畿大学理工学部および同志社大学理工学部の数学を専攻する学科・コースで3年生を対象に行った講義が基になっています．全体は15章からなり，教科書として用いる場合は週2コマ（180分目安）半期15回の講義であれば，毎回1章のペースで講義を進められると思います．各章の内容を取捨選択すれば週1コマの講義でも半期で基礎的事項をカバーできます．

　本書はコロナ禍でオンライン講義になった際に，自習用教材として作成した資料に手を加えたものです．この講義は，参考書（「参考文献」に記載）を指定し，それらの内容に基づいて構成しました．したがって，本書の記述は基本

的にこれらの参考書の影響を強く受けており，オリジナルな部分は限られています．もともと公にすることを前提として作成したものではなかったため，出版は想定外でした．幸い，受講した複数名の学生から，わかりやすい内容だった，という感想を頂いたので，別件でお目に掛かった共立出版の髙橋萌子さんに軽い気持ちで教材資料を見てもらったところ，出版を勧められた，というのがこのような形になった経緯です．上のような事情から戸惑いがありましたが，これから測度論を学ぼうとする人，あるいは，いままで測度論を何度か勉強したが結局よくわからなかったという人に，多少なりとも役立つかもしれないと思い，出版をお願いすることになりました．

　測度論・積分論は，単に「ルベーグ積分」とよばれることがあり，本書の書名にも採用しています．この分野は多くの大学において，数学や数理科学を専攻する3年生が学ぶ標準的なカリキュラムに組み入れられています．とは言え，内容をちゃんと理解するにはハードルが高く，現在履修中で苦労している人や，よくわからないまま何とか単位だけもらって，そのまま，という人も多いのではないかと感じています．積分といいながら，学習を進めても，いままで知らなかった関数の積分が，たくさん計算できるようになるわけではありません．細かい論理を積み重ねる進め方や，先の見えない抽象的な理論展開に戸惑うこともあります．数学者・数学教員を目指すとしても，測度論の理解が絶対必要とは限りません．それにもかかわらず，多くの学生がルベーグ積分を学ぶ理由は，解析学の土台をなす積分の本質を理解するという本来の目的以外に，2つあると思います．ひとつは，数学を学ぶ上で必須の思考方法である抽象化の作法を効率良く学べることです．直観的に納得できることを論理的に詰めてゆくだけでなく，抽象化によって思考の次元を1つ上げて，より高い視点から事象の本質を捉え，汎用性を獲得する様を見ることができます．抽象化という思考技術を身に付けると，数学を学ぶ際の壁が1つ克服でき，理解の幅が広がるとともに学ぶ楽しさが増します．もうひとつは，細かいことは抜きにして，積分計算，特に積分の極限操作や重積分をするときに余計な心配をせずに済むことです．積分論の学修は，自動車運転免許の取得に似たところがあります．自動車の構造や道路交通法は，教習所で一通り学びますが，基本的な操作を間違いなく行い，法規の趣旨を守れば，細かいことは理解していなくても自動車を安全に運転できます．同じように，積分論の基本を一通り勉強していれ

ば，証明を理解していなくても，主要定理を正しく使うことができます．数学を学ぶ過程で遭遇する，さまざまな積分計算を正確に実行できて，安心して先に進めます．

　ルベーグ積分の優れた解説書は多数出版されています．それぞれ個性的で特徴がありますが，概ね内容が豊富で，少ない予備知識で一通りの内容を独習するには敷居の高いものが多いと感じています．本書に存在意義があるとすれば，通常は予備知識として仮定されている部分や，自明として省略されている議論をなるべく丁寧に順を追って補うことを意図している点です．その分，内容は限定されていますが，本を書くという機会を頂いた責任を果たすべく，より多くの読者が読み進められる内容となるよう務めました．例えば，直観的な理解の助けとなる図を増やし，やや遠回りでも，簡潔な記述よりは読者が理解に到達できる道筋を示すことに力を注ぎました．

　本書でルベーグ積分に馴染みと興味が持てた読者は，是非，「参考文献」に挙げた本だけでなく，ルベーグ積分・積分論・測度論などのタイトルをもつ本の中からご自分に合ったものを選び，精読されることを勧めます．いかにして合う本を見つけるかは，簡単なことではありませんが，なるべく多くの書物を図書館，書店，web の試し読みなどで少し読んでみることです．書評や先輩・友人の意見も参考にはなります．最終的には自分の感性で判断するのがよいと思います．理論を音楽にたとえるならば，ルベーグという大作曲家が作曲した原曲を基に作られた変奏曲，あるいはカバー曲に当たるのがルベーグ積分の解説書です．いろいろな演奏を聞き比べて自分の好みを見つけるように，感性に適う本を探し出して読み，より深い理解につなげていただければと思います．本書がそのきっかけとなれば幸いです．

　本書の出版に際し，共立出版編集部の髙橋萌子さんには大変お世話になりました．また，近畿大学理工学部の松井優氏からは，原稿の段階で貴重な助言を多数頂き，内容の改善に活かすことができました．この場を借りて御礼申し上げます．

2024 年 1 月

青木貴史

本書を理解するための秘訣

　理解するとは，知ることと，わかることです．「知る」と「わかる」はまったく別です．これを意識することが第一の秘訣です．数学に限らず，すべての学びの基本ですね．2次方程式の解の公式を覚えて，2次方程式を解けることが「知る」に当たります．2次式を平方完成して，移項した上で平方根をとり，自分で解の公式が導ける，というのが「わかる」ことです．「わかる」ためには，「知る」ことが欠かせません．数学を学んでいて，例えばコンパクト性など，定義の意味がわからない，というときの原因のほとんどは，定義を正確に覚えていないことにあります．未知の定義や考え方に出会ったら，以下に述べる第二から第五の秘訣を参考にして，わかるまで自分の頭で考えましょう．

　第二の秘訣は，読み進めば，何か良いことが理解できるはずだ，という楽観的な期待をもつことです．この期待を裏切らない内容が本書にあると信じて読んでください．読むうちに，この先どこに連れて行かれるのだろう，という不安が生じることもあります．そんなときは，地道に進めば，きっと高みに到達できるという希望をもって，少し辛抱しながら読み進めましょう．囲碁・将棋や麻雀といったゲーム，ピアノなどの楽器，さらにはスノーボード・テニスなどのスポーツでも，始めたときは，本当にこれができるようになるのか，という気持ちになります．それでも少し我慢すれば楽しくなるはずだ，と信じて練習を繰り返せば実際に楽しむことが可能になります．数学もこれらと同じです．

　以下は実践的なものです．第三の秘訣は，本の内容の要約をノート（紙でも

タブレットでもよい）に手で書き写しながら読むことです．同じ内容でも，ただ目で追って読むのではなく，自分の頭を一度通して書きながら読むことにより，定着の度合いは劇的に高まります．定義・定理は正確に書き写すことで，より深く記憶に残ります．本を見ずに定義や定理が正確に書けるまで，何度でも繰り返すのが理想です．その上で，なぜこんな表現をするのだろう，などと考えましょう．証明が自力で再現できれば，しめたものです．書いてあることを何度も書き写しながら読むのです．そうすることで，必ず意味が「腑に落ちる」，つまり，わかる瞬間がやってきます．忍耐のいる読み方であるのは確かですが，その分得られるものは大きく，結果的に近道になります．「何となくわかった気がする」は，「わかっていない」のと同じです．「わかった！」という鋭い実感が持てるまで繰り返してください．

　第四の秘訣は，人に教えることです．記憶がおぼつかなかったり，理解が中途半端でも構いません．友人や後輩など，周囲にいる人に，学んだことを教えるのです．教えることで，何がわかっていないか，が見えてきます．人に話せば，断片的な知識がつながり，教えながらわかることがあります．人に教えて理解したことは，自分の血となり肉となります．同じ志をもった友人などと輪読・セミナー形式で教え合い，意見を交換することがもっとも有効です．ルベーグ積分を科目として履修中の場合には，わからないことを担当教員に質問するのが大切なのは言うまでもありません．しかし，質問するより人に教える方が理解が深まることがあります．

　第五の秘訣は，努力してもわからないときにはとりあえず先に進むことです．証明の細かい部分の論理が追えなくても，定理などのイメージがつかめたと思ったら，不明部分はそのままにして，先を読むのです．わからないままでも，進むことにより視野が広がり，あとから記述の意味や証明の論理を納得できる，ということがあります．ですので，先に進んだあとで，わからなかったところに戻って見直すことは忘れないでください．

　本書には，随所に問があります．問を解くことは，本文の内容を理解するための助けとなります．なるべく飛ばさずに，自力で解くようにしてください．時間をおいて3回繰り返し解くことを勧めます．各問には，原則として丁寧な解答を巻末に付けていますので，自分で十分考えてもわからないときは参考にしてください．

　本書の記述は,「です・ます」調と「である」調が混じっています. 通常, 1つの文章の中で, これらの表現の混在は良くないとされていますが, 本書では定理・系とその証明および定義・問・例の記述は概ね「である」調, それ以外は「です・ます」調という区別をして, 敢えて共存させています. やや強面の「である」調は,「知る」ことを重視した部分であり,「です・ます」調は,「わかる」ための道筋に重点を置いているところであると心に留めて, 緩急を楽しんでいただければ幸いです.

目　次

1.1 はじめに

　積分は高等学校以来，慣れ親しんだ分野です．積分と面積・体積・曲線の長さは関係が深いことも学習済みでしょう．読者が理系の大学 3 年以上であれば，積分に関しては，すでに高等学校で学んだことの延長線上にある高度な内容も知っているはずです．ここでは，それに加えて積分について何を学ぶのかについて，本論に入る前に輪郭を与えておきましょう．

　この本では，まず面積という概念を深く掘り下げます．そもそも「面積」とはどういう概念なのか？　大学 2 年までに学ぶ積分は，面積と深く関わっています．例えば，高校数学では線分や曲線で囲まれた部分の面積を積分で求める問題は馴染み深いものです．しかし，その段階では面積概念自体が必ずしも明確ではない，ということから話を始めましょう．面積について，小学校で初めて学ぶのは正方形や長方形，三角形の面積です．例えば三角形の面積は

$$底辺 \times 高さ \div 2$$

と習いました．△ABC を考えて，その面積を S とします．$BC = a$, $CA = b$, $AB = c$ とし，A から辺 BC に下ろした垂線を AH，その長さを h とすると，

$$S = \frac{1}{2}ah$$

ということです．これは三角形の面積の定義なのでしょうか，それとも，より

根源的な定義から出発して導かれる定理なのでしょうか.

図1.1を見ると, 多くの人がBCを底辺と思うはずです. しかし底辺とは, 3辺のうちの任意の1つであり, その選び方は3通りあります. 例えば, ACを底辺にするとどうなりますか (図 1.2)?

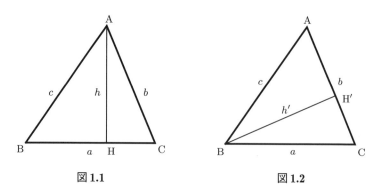

図1.1 図1.2

Bから AC に下ろした垂線を BH′, その長さを h' とすれば三角形の面積は

$$S' = \frac{1}{2}bh'$$

となります. 見かけ上, S と S' は違います. もちろん, これらは等しく, それを証明することも難しくありません.

問1.1 $S = S'$ であることを証明せよ.

このように, いままで当たり前と思っていた三角形の面積公式も, ちょっと掘り下げると, まだ考える余地があります.

長方形の面積についても同様です. 長方形の面積は「底辺×高さ」と習いました. 底辺の選び方は実質2通りで, どちらを選んでも積の交換法則から値は同じ, ということは明らかです. 一方で, 例えば1辺の長さが1の正方形の面積が1であるとすると, 少なくとも辺の長さが自然数であるような長方形の面積は, このような正方形に分割可能ですから, 「面積＝底辺×高さ」は定理となります. 少し議論すれば, 辺の長さが実数のときに, この公式は定理として導けます (これについては, このあと詳しく述べます).

では, 上で述べた「考える余地」とは何でしょうか. それは, これまで「面積」という言葉について日常的な意味と数学用語としての意味を明確に区別し

ていなかったことに対する反省から生まれるものです．小学校から大学の基礎
教育までの算数・数学の過程で，面積というのは日常的に用いられる素朴な意
味から，数学的に厳密な意味に至る道を徐々に歩んできたのです．そして，よ
うやくこれから数学的にしっかりとした基礎に基づく「面積」の概念をはっき
りさせたい，という地点に立っている，本書は，このような人を主な読者とし
て想定しています．面積概念を明確にした上で，その一般化として「測度」と
いう概念を導入し，それに基づいた積分の理論を展開します．

　本書で目指すのは，次のことです．

- 素朴な「面積」概念を数学的に定式化して2次元ジョルダン測度の考え方を学ぶ．併せて次元を一般の n にした場合のジョルダン測度を理解する．
- ジョルダン測度と積分（リーマン積分）の関係を確認する．
- ジョルダン測度の限界を知る．
- ジョルダン測度の限界を超えるためにルベーグ測度を導入する．
- ルベーグ測度を抽象化した測度論を学ぶ．
- ルベーグ測度に基づく積分論を学ぶ．特に，ルベーグの収束定理とフビニの定理を理解する．
- これらの学習を通じて，数学における抽象化の手法を修得する．

問 1.2　四角形 ABCD があり，$AB = a, BC = b, CD = c, DA = d, \angle A = \alpha, \angle C = \beta$
とするとき，この四角形の面積を $a, b, c, d, \alpha, \beta$ で表せ（いままでに学んできた面積概念に基づいて計算する）．

1.2　準備：実数の性質と集合演算

　本書における議論の土台をなすのが実数全体の集合 $\mathbb{R}$ です．直観的には，$\mathbb{R}$
とは数直線であると理解できます．このとき，実数は，数直線上の点と捉えら
れます．また，任意の実数は，有限または無限小数で表されます．本書でよく
用いられる性質は $\mathbb{R}$ の連続性です．連続性の表現法は同値なものがいくつか
知られていますが，次の形のものが応用上便利です．

> **連続性** S を空でない上に有界な $\mathbb{R}$ の部分集合とすると $\sup S \in \mathbb{R}$ が存在する.

S の代わりに $-S = \{x \in \mathbb{R} \mid -x \in S\}$ を考えれば,同値な次の形になります.

> **言い換え** S を空でない下に有界な $\mathbb{R}$ の部分集合とすると $\inf S \in \mathbb{R}$ が存在する.

ここで,$S \subset \mathbb{R}$ に対して $\sup S$, $\inf S$ は,それぞれ S の上限,下限を表します.「上に有界」,「下に有界」と併せて定義を復習しておきます.

> - S が上に有界であるとは,$M \in \mathbb{R}$ が存在して「$x \in S$ ならば $x \leqq M$」が成り立つこと.このような M を S の上界という.
> - S が上に有界のとき,上界のうち最小のものが存在すれば,それを S の上限といい,$\sup S$ で表す.
> - S が下に有界であるとは,$M \in \mathbb{R}$ が存在して「$x \in S$ ならば $x \geqq M$」が成り立つこと.このような M を S の下界(か かい)という.
> - S が下に有界のとき,下界のうち最大のものが存在すれば,それを S の下限といい,$\inf S$ で表す.
> - S が上に有界かつ下に有界であるとき,単に「S は有界である」という.

直観的には,S が上に有界とは,数直線上を正の方向に十分遠くまで離れると,その先には S の元が現れないことです.下に有界,は正負を入れ替えて同じことを意味します.

$\mathbb{R}$ の有界部分集合の中でよく用いられるものに,高校でも学んだ**区間**があります.$a, b \in \mathbb{R}$ ($a < b$) とします.区間を表すのに次の記法を用います:

$$(a, b) = \{x \in \mathbb{R} \mid a < x < b\} \quad (\text{有界開区間}),$$

$$[a,b) = \{x \in \mathbb{R} \mid a \leqq x < b\} \quad \text{(有界右半開区間)},$$
$$(a,b] = \{x \in \mathbb{R} \mid a < x \leqq b\} \quad \text{(有界左半開区間)},$$
$$[a,b] = \{x \in \mathbb{R} \mid a \leqq x \leqq b\} \quad \text{(有界閉区間)}.$$

これらの集合を図で表すときは，図1.3, 1.4のような描き方をします．

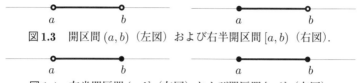

図1.3　開区間 (a,b)（左図）および右半開区間 $[a,b)$（右図）．

図1.4　左半開区間 $(a,b]$（左図）および閉区間 $[a,b]$（右図）．

端点を含む場合は黒丸で，含まない場合は丸印（白抜き）で表しています．この表示以外に，図1.5, 1.6のように区間の範囲を枠で示す流儀も用いることがあります．

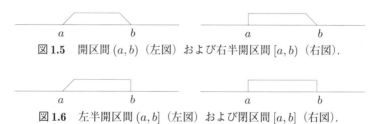

図1.5　開区間 (a,b)（左図）および右半開区間 $[a,b)$（右図）．

図1.6　左半開区間 $(a,b]$（左図）および閉区間 $[a,b]$（右図）．

この表示では，端点を含む場合は枠の端を縦の線分で，含まない場合は斜めの線分で表しています．共通部分をもつ複数の区間や隣接する区間を図示する際に用います．枠を数直線の下方に描くこともあります．

　これらの記法を拡大解釈して，例えば $[a, \infty)$ などの使い方もします．意味は明らかでしょう．また，$a \geqq b$ のとき，$(a,b) = [a,b) = (a,b] = \emptyset$（空集合），$a > b$ のとき $[a,b] = \emptyset$ と理解します．

《例1.1》　以下に挙げた $\mathbb{R}$ の部分集合 S は，すべて上に有界かつ下に有界であり，上限，下限がともに存在する．

(1) $S = (0,2) \cup (3,5)$ $(= \{x \in \mathbb{R} \mid 0 < x < 2 \text{ または } 3 < x < 5\})$ のとき $\sup S = 5$, $\inf S = 0$.

(2) $S = \left\{ \dfrac{1}{n} \ \middle|\ n = 1, 2, 3, \dots \right\}$ のとき $\sup S = 1$, $\inf S = 0$.

(3) $S = \left\{ \left(1 + \dfrac{1}{n}\right)^n \ \middle|\ n = 1, 2, 3, \dots \right\}$ とおくと，$\sup S = e$（自然対数の底），$\inf S = 2$.

　上の例 (2) では原点の近く，(3) では e の近くで集合が線分になっているように見えますが，実際には S の各点に大きさがないので，それぞれ 0, e から少しだけ離れたところを十分に拡大すれば，S の元である各点は必ず有限の間隔を空けて並んでいます．sup, inf はそれぞれ supremum, infimum の省略形です．実際に上限，下限について議論する場合には，次の言い換えをよく使います．

- $\alpha = \sup S$ であることは次の2条件と同値：
  - (i) $x \in S$ ならば $x \leqq \alpha$.
  - (ii) 任意の $\varepsilon > 0$ に対して $\alpha - \varepsilon < x \leqq \alpha$ を満たす $x \in S$ が存在する.
- $\alpha = \inf S$ であることは次の2条件と同値：
  - (i) $x \in S$ ならば $\alpha \leqq x$.
  - (ii) 任意の $\varepsilon > 0$ に対して $\alpha \leqq x < \alpha + \varepsilon$ を満たす $x \in S$ が存在する.

例えば，例 1.1 (2) の S について，$\alpha = 0$ とすると，任意の n に対して $0 \leqq 1/n$ であることは明らかです（実際には等号は成立しません）．また，任意の $\varepsilon > 0$ に対して，$1/\varepsilon$ の整数部分に 1 を加えた自然数を n とすると，$0 \leqq 1/n < 0 + \varepsilon$ が成り立ちます．これが下限に関する言い換えの意味を表しています．

問 1.3 次の集合は上に有界か，さらに下に有界か．上に有界な場合はその上限を，

下に有界な場合は下限をそれぞれ求めよ．証明も述べること．

(1) $S_1 = \{ x \in \mathbb{R} \mid 2 \leqq |x| < 3 \}$

(2) $S_2 = \left\{ (-1)^n + \dfrac{(-1)^{n+1}}{n} \;\middle|\; n = 1, 2, 3, \dots \right\}$

(3) $S_3 = \left\{ n + \dfrac{1}{m} \;\middle|\; n, m = 1, 2, 3, \dots \right\}$

　以下で用いるいくつかの記号・用語の意味を明確にしておきましょう．$\mathbb{R}$ が実数全体の集合を表すことは，上でも述べました．$\mathbb{R}$ は**実数直線**，あるいは**1次元実数空間**とよばれます．

$$\mathbb{R}^2 = \{(x_1, x_2) \mid x_1, x_2 \in \mathbb{R}\},$$
$$\mathbb{R}^3 = \{(x_1, x_2, x_3) \mid x_1, x_2, x_3 \in \mathbb{R} \}$$

と定めます．$\mathbb{R}^2$ は**平面**または**2次元実数空間**，$\mathbb{R}^3$ は**座標空間**または**3次元実数空間**とよばれます．$\mathbb{R}^2$ の部分集合を**図形**あるいは**平面図形**といい，$\mathbb{R}$ または $\mathbb{R}^3$ の部分集合を，それぞれ $\mathbb{R}$ または $\mathbb{R}^3$ 内の図形とよびます．$\mathbb{R}^3$ 内の図形は**空間図形**または**立体図形**とよばれることもあります．

　2つの集合 A, B に対して $A \subset B$，すなわち A が B の部分集合である，とは「$p \in A$ ならば $p \in B$」が成り立つことを意味します．より正確には「任意の $p \in A$ に対して $p \in B$ である」が $A \subset B$ の定義です．等号 $A = B$ の定義は「$A \subset B$ かつ $A \supset B$」が成り立つことです．集合の基本的演算 $A \cup B$（A と B の**合併集合**または**和集合**），$A \cap B$（A と B の**共通部分**または**交わり集合**）などについても，数学的な議論をする場合はすべて定義に立ち返ることが肝心です．

$$A \cup B = \{ p \mid p \in A \text{ または } p \in B \},$$
$$A \cap B = \{ p \mid p \in A \text{ かつ } p \in B \}.$$

3個以上の集合についても同様です．集合 $A_1, A_2, \dots, A_n$ について

$$\bigcup_{k=1}^{n} A_k = A_1 \cup A_2 \cup \cdots \cup A_n = \{ p \mid \text{ある } j \ (1 \leqq j \leqq n) \text{ に対して } p \in A_j \},$$

$$\bigcap_{k=1}^{n} A_k = A_1 \cap A_2 \cap \cdots \cap A_n = \{\, p \mid \text{すべての } j \; (1 \leqq j \leqq n) \text{ に対して } p \in A_j \,\}.$$

さらに，A_k が無限個の場合も考えられます．

$$\bigcup_{k=1}^{\infty} A_k = A_1 \cup A_2 \cup \cdots \cup A_k \cup \cdots = \{\, p \mid \text{ある } j \text{ に対して } p \in A_j \,\},$$

$$\bigcap_{k=1}^{\infty} A_k = A_1 \cap A_2 \cap \cdots \cap A_k \cap \cdots = \{\, p \mid \text{すべての } j \text{ に対して } p \in A_j \,\}.$$

A, B の差集合 $A - B$ は

$$A - B = \{\, p \mid p \in A \text{ かつ } p \notin B \,\}$$

で定義されます．これは，$A \backslash B$ と書かれることもあります．A が集合 X に含まれているとき，集合 $X - A$ を A の X における**補集合**といい，A^{c} で表します．これらの集合演算に対する基本法則，例えば**分配法則**

$$A \cap (B \cup C) = (A \cap B) \cup (A \cap C), \quad A \cup (B \cap C) = (A \cup B) \cap (A \cup C)$$

や，**ド・モルガンの法則**

$$(A \cap B)^{\mathrm{c}} = A^{\mathrm{c}} \cup B^{\mathrm{c}}, \quad (A \cup B)^{\mathrm{c}} = A^{\mathrm{c}} \cap B^{\mathrm{c}}$$

および，

$$(A^{\mathrm{c}})^{\mathrm{c}} = A, \quad A \cap A^{\mathrm{c}} = \emptyset \;\; (\text{空集合})$$

はよく使います．あやふやな場合は集合論の教科書やwebなどで確認してください．

問 1.4 次の集合 A, B, C について $A \cap B \subset C$ であることを証明せよ：

$$A = \{(x_1, x_2) \in \mathbb{R}^2 \mid x_1^2 + x_2^2 < 1\}, \; B = \{(x_1, x_2) \in \mathbb{R}^2 \mid (x_1 - 1)^2 + x_2^2 < 1\},$$

$$C = \left\{ (x_1, x_2) \in \mathbb{R}^2 \;\middle|\; \left(x_1 - \frac{1}{2}\right)^2 + x_2^2 < \frac{3}{4} \right\}.$$

問 1.5 次の集合 A, B について $A \subset B$ であるといえるか．証明を付けて答えよ．

$$A = \{(x_1, x_2, x_3) \in \mathbb{R}^3 \mid x_1^2 + x_2^2 + x_3^2 \leqq 1\},$$

$$B = \left\{ (x_1, x_2, x_3) \in \mathbb{R}^3 \;\middle|\; \left(x_1 - \frac{1}{2}\right)^2 + \left(x_2 - \frac{1}{3}\right)^2 + \left(x_3 - \frac{1}{4}\right)^2 < \frac{25}{9} \right\}.$$

問 1.6 $A_n = \left\{ (x_1, x_2) \in \mathbb{R}^2 \,\middle|\, x_1^2 + x_2^2 \leqq \left(1 + \dfrac{1}{n}\right)^2 \right\}$ $(n = 1, 2, 3, \dots)$ とおくとき，集合 $\displaystyle\bigcap_{n=1}^{\infty} A_n$ を求めよ．

問 1.7 $A_n = \left\{ (x_1, x_2) \in \mathbb{R}^2 \,\middle|\, x_1^2 + x_2^2 < \left(1 + \dfrac{1}{n}\right)^2 \right\}$ $(n = 1, 2, 3, \dots)$ とおくとき，集合 $\displaystyle\bigcap_{n=1}^{\infty} A_n$ を求めよ．

問 1.8 $A_n = \left\{ (x_1, x_2) \in \mathbb{R}^2 \,\middle|\, x_1^2 + x_2^2 < \left(1 - \dfrac{1}{n}\right)^2 \right\}$ $(n = 2, 3, \dots)$ とおくとき，集合 $\displaystyle\bigcup_{n=2}^{\infty} A_n$ を求めよ．

問 1.9 $A_n = \left\{ (x_1, x_2) \in \mathbb{R}^2 \,\middle|\, x_1^2 + x_2^2 \leqq \left(1 - \dfrac{1}{n}\right)^2 \right\}$ $(n = 2, 3, 4, \dots)$ とおくとき，集合 $\displaystyle\bigcup_{n=2}^{\infty} A_n$ を求めよ．

1.3 長方形の面積

平面図形の面積の議論の出発点は，図 1.7 に示す図形です．

定義 1.2

実数 a, b, c, d で $a < b$, $c < d$ を満たすものに対して
$$\{(x_1, x_2) \mid a \leqq x_1 < b, \ c \leqq x_2 < d\} \tag{1.1}$$
の形をした $\mathbb{R}^2$ の部分集合を**基本長方形**または**半開方体**という．

「半開」というのは，長方形の上右部分の 2 辺（図 1.7 の長方形の破線部分）が，この集合に含まれず，下左部分（実線部分）は含まれることを表します．

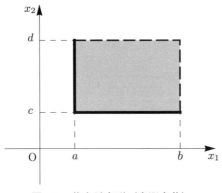

図 1.7 基本長方形（半開方体）.

中途半端に開いた長方形を考える理由は，複数の基本長方形を密着させて（辺が接するように）並べたときに共通部分も隙間も生じないからです．(1.1) の形の集合は，2 つの半開区間の直積[1] ですから，$[a, b) \times [c, d)$ と書かれることもあります．

定義 1.3

基本長方形 $I = \{(x_1, x_2)|\ a \leqq x_1 < b,\ c \leqq x_2 < d\ \}$ に対して

$$|I| = (b - a) \cdot (d - c)$$

とおいて，この値を I の **面積** という.

$a \geqq b$ または $c \geqq d$ のとき，(1.1) の形の集合は，空集合 $\emptyset$ となります．空集合 $\emptyset$ も基本長方形と考え，$|\emptyset| = 0$ と定めます．

定理 1.4

面積は次の性質を満たす.

(i) 任意の基本長方形 I に対して $|I| \geqq 0$ である.

---

[1] 2 つの集合 A, B の直積 $A \times B$ とは，A の元 a と B の元 b の組 (a, b) 全体のなす集合です.

(ii) 2つの基本長方形 J と I が平行移動で移り合うならば $|I| = |J|$.

(iii) I, J を基本長方形とする. $I \cup J$ がまた基本長方形で, $I \cap J = \emptyset$ ならば,

$$|I \cup J| = |I| + |J|.$$

　この定理の証明は明らかでしょう. 逆に次のようなことを考えてみます. $\mathcal{H}$ を基本長方形全体のなす集合とします[2]. ある写像 $\nu : \mathcal{H} \to \mathbb{R}$ が与えられていて, 次の (i)～(iv) を満たすとします[3].

(i) 任意の $I \in \mathcal{H}$ に対して $\nu(I) \geqq 0$.

(ii) 2つの基本長方形 J と I が合同ならば $\nu(I) = \nu(J)$.

(iii) $I, J \in \mathcal{H}$ とする. $I \cup J \in \mathcal{H}$ で, $I \cap J = \emptyset$ ならば, $\nu(I \cup J) = \nu(I) + \nu(J)$.

(iv) $I_0 = \{(x_1, x_2)| \ 0 \leqq x_1 < 1, \ 0 \leqq x_2 < 1 \}$ に対して $\nu(I_0) = 1$ である (I_0 を単位正方形とよぶ).

このとき基本長方形 $I = \{(x_1, x_2)| \ a \leqq x_1 < b, \ c \leqq x_2 < d \}$ に対して

$$\nu(I) = (b - a) \cdot (d - c) = |I|$$

となることを見ていきましょう. (ii) より $a = c = 0$ のとき, すなわち

$$I' = \{(x_1, x_2)| \ 0 \leqq x_1 < b, \ 0 \leqq x_2 < d \}$$

に対して $\nu(I') = bd$ であることをいえば十分です. (iii) から次のことがわかります.

(iii′) 基本長方形 I が互いに交わらない基本長方形 $J_1, J_2, \ldots, J_n$ の合併, すなわち

$$I = J_1 \cup J_2 \cup \cdots \cup J_n, \quad J_i \cap J_k = \emptyset \quad (i \neq k)$$

---

[2] $\mathcal{H}$ は H の「カリグラフィー」とよばれる書体です.
[3] ν はギリシャ文字の「ニュー」です. v との区別に注意.

であるとき

$$\nu(I) = \nu(J_1) + \nu(J_2) + \cdots + \nu(J_n).$$

条件「各 $k = 2, \ldots, n-1$ に対して $J_1 \cup J_2 \cup \cdots \cup J_k$ が基本長方形である」を満たしている場合は，(iii) を繰り返して使うと (iii′) がわかります．そうではない場合は，各 J_k をいくつかの基本長方形の交わらない和に分解（細分という）して，さらに細分された基本長方形を組み直して新たに有限個（n' 個とする）の基本長方形 J_k' $(k = 1, 2, \ldots, n')$ を作ります．これに対しては各 k に対して $J_1' \cup J_2' \cup \cdots \cup J_k'$ が基本長方形であり，J_k' すべての和集合が I となるようにできます．もとの J_k も，細分された基本長方形で，上の条件を満たすものの和で書けるようにあらかじめとっておくことができますから，(iii′) が導かれます．

ここで行った基本長方形の細分と組み替えは，本書で展開する測度論においてしばしば現れる基本的な思考法です．さらに，細分という考え方は測度論に限らず，数学のいろいろな分野で現れます．次の図 1.8, 1.9 は，J_k から J_k' を作る例を示しています．(iii′) の証明の議論をこの例で行うと次のようになります．図 1.8 左図は $I = J_1 \cup J_2 \cup \cdots \cup J_5$ を表しています．図 1.9 右図のように J_1', J_2', J_3' をとれば，$\nu(J_1) + \nu(J_2) + \cdots + \nu(J_5) = \nu(J_1') + \nu(J_2') + \nu(J_3')$ となります．実際，(iii) を繰り返し用いると，両辺とも図 1.8 右図に現れた（破線の辺をもつものも含めて）小基本長方形の面積の総和となるからです．そして，$J_1' \cup J_2'$ も基本長方形ですから $\nu(I) = |I| = \nu(J_1') + \nu(J_2') + \nu(J_3')$ が得られ，$\nu(I) = \nu(J_1) + \nu(J_2) + \cdots + \nu(J_5)$ がわかります．

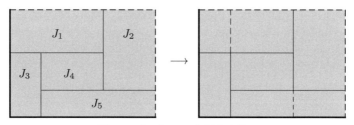

図 1.8 $J_1, J_2, \ldots$ を細分する．

図 1.9 左図では，組み替えて作った長方形がわかりやすいように，少し切り離した様子を描いています．右図のように密着させると I が得られます．

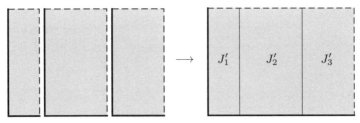

図 1.9 細分したものを組み直して $J'_1, J'_2, \dots$ とする.

(i), (iii′) から次のこともわかります.

(v) 2つの基本長方形 I, J について，$I \subset J$ であるならば $\nu(I) \leqq \nu(J)$ である.

もとに戻って $\nu(I') = bd$ を証明しましょう.

【証明】（第一段階）b, d が自然数であるとき.

I' は bd 個の互いに交わらない単位正方形およびその平行移動の和集合で表されるので (iii′) より $\nu(I') = bd$ がいえる.

（第二段階）b, d が有理数であるとき.

$b = p/q$, $d = r/s$（p, q および r, s は，それぞれ互いに素な自然数）とする．I' を x_1 軸方向に kb, x_2 軸方向に ℓd（$k = 0, 1, 2, \dots, q-1$; $\ell = 0, 1, 2, \dots, s-1$）だけ平行移動した基本長方形を $I'_{k,\ell}$ とする．$I'_{0,0} = I'$ とおく．$(k, \ell) \neq (i, j)$ ならば，$I'_{k,\ell} \cap I'_{i,j} = \emptyset$ である.

$$K = \bigcup_{k=0}^{q-1} \bigcup_{\ell=0}^{s-1} I'_{k,\ell}$$

とおくと $K = \{(x_1, x_2) \mid 0 \leqq x_1 < p,\ 0 \leqq x_2 < r\}$ となる．p, r は自然数であるので，（第一段階）の結果より $\nu(K) = pr$ を得る．一方，K は qs 個の基本長方形 $I'_{k,\ell}$ の和であり，(ii) より $\nu(I_{k,\ell}) = \nu(I')$ である．したがって (iii′) より $\nu(K) = qs\nu(I')$ である．以上から $\nu(I') = pr/qs = bd$ を得る.

（第三段階）b, d の少なくとも一方が無理数であるとき.

任意の $\varepsilon > 0$ に対して $0 < \alpha < b < \alpha'$, $0 < \beta < d < \beta'$ を満たす有理数 α, α', β, β' で $\alpha' - \alpha < \varepsilon$, $\beta' - \beta < \varepsilon$ を満たすものをとることができる．これ

は有理数全体の集合 $\mathbb{Q}$ が $\mathbb{R}$ の稠密部分集合であることから従うが,具体的には次のように選べばよい. $b + \varepsilon/2$ を小数で表示して

$$p_0.p_1p_2p_3\cdots p_np_{n+1}\cdots = p_0 + \sum_{k=1}^{\infty}\frac{p_k}{10^k}$$

とする.ここで p_0 は非負整数,p_k $(k \geq 1)$ は $0, 1, 2, \ldots, 9$ のいずれかで,$b + \varepsilon/2$ が有限小数で表される有理数の場合は,$1 = 0.9999\cdots = 0.\dot{9}$ のように循環小数表示にとり直し,無限小数で表す.この無限小数を小数点以下第 n 位で切ったものを α'_n とおく $(n = 1, 2, 3, \ldots)$:

$$\alpha'_n = p_0 + \sum_{k=1}^{n}\frac{p_k}{10^k}.$$

α'_n は有理数であり,任意の n に対して $b \leq \alpha'_n < b + \varepsilon/2$ が成り立つ.有理数列 $\{\alpha'_n\}$ は(広義)単調増加であり,$n \to \infty$ のとき $\alpha'_n \to b + \varepsilon/2$ となる.したがって,十分大きな自然数 N をとれば $b < \alpha_N < b + \varepsilon/2$ が成り立つので,$\alpha' = \alpha_N$ と選べば,$\alpha' - b < \varepsilon/2$ となる.同様に有理数 α を $0 < b - \alpha < \varepsilon/2$ となるように選べ,このとき $\alpha' - \alpha < \varepsilon$ となる.β, β' についても同様である.これらの $\alpha, \alpha', \beta, \beta'$ に対して,

$$K = \{(x_1, x_2)\,|\, 0 \leq x_1 < \alpha,\ 0 \leq x_2 < \beta\,\},$$
$$L = \{(x_1, x_2)\,|\, 0 \leq x_1 < \alpha',\ 0 \leq x_2 < \beta'\,\}$$

とおくと $K \subset I' \subset L$ である.したがって (v) より $\nu(K) \leq \nu(I') \leq \nu(L)$ である.(第二段階)の結果より

$$\nu(K) = \alpha\beta, \quad \nu(L) = \alpha'\beta'$$

である.よって不等式
$$\alpha\beta \leq \nu(I') \leq \alpha'\beta'$$

を得る.$\varepsilon \to 0$ とすると $\alpha \to b$,$\alpha' \to b$,$\beta \to d$,$\beta' \to d$ となる.したがって $\nu(I') = bd$ であることがわかる. (証明終)

以上から，基本長方形 $I = \{(x_1, x_2)|\ a \leqq x_1 < b,\ c \leqq x_2 < d\ \}$ に対して

$$\nu(I) = (b - a) \cdot (d - c)$$

であることが証明できました．このように考えると，(i)〜(iv) を満たす写像（集合に対して実数を対応させるので「集合関数」ともいう）$\nu : \mathcal{H} \to \mathbb{R}$ が基本長方形の面積という概念の正体である，という見方ができます．もちろん，定義 1.3 のように基本長方形の面積を定めることと矛盾しないので，定義 1.3 を採用しておけば上の議論は必要ありませんが，そこで出発点とした (i)〜(iv) という性質は面積概念の本質をより根源的に捉えていると思えます．このような立場から議論を始めると定義 1.3 は定義ではなく，定理となるのです．

　数学の議論を展開する上で，何を出発点に置くか，ということを確認するのは大切です．本書では，改めて定義 1.3 を出発点とします．しかし，上で述べたように，さらに基本的な (i)〜(iv) を満たす集合関数から出発するという立場もあるのです．このような見方はあとの議論でも，ときどき顔を出します．

問 1.10　実数 x について次の命題 (1), (2) は同値であることを証明せよ．
(1) 任意の $\varepsilon > 0$ に対して $|x| < \varepsilon$ が成り立つ．
(2) $x = 0$ である．

問 1.11　実数 x, y について次の命題 (1), (2), (3) は同値であることを証明せよ．
(1) 任意の $\varepsilon > 0$ に対して $x < y + \varepsilon$ が成り立つ．
(2) 任意の $\varepsilon > 0$ に対して $x \leqq y + \varepsilon$ が成り立つ．
(3) $x \leqq y$ である．

第2章
平面におけるジョルダン測度と
1次元リーマン積分

2.1 平面の基本集合

平面の部分集合 $F \subset \mathbb{R}^2$ が，有限個の基本長方形 I_j $(j = 0, 1, 2, \ldots, \ell)$ であって $j \neq k$ ならば $I_j \cap I_k = \emptyset$ であるものの和集合で表されているとき，すなわち

$$F = \bigcup_{j=0}^{\ell} I_j \tag{2.1}$$

と表されるとき，F は平面の**基本集合**である，といいます．このように表された基本集合に対して，その面積 $|F|$ を

$$|F| = \sum_{j=0}^{\ell} |I_j|$$

と定めます．この定義はごく自然なものですから納得しやすいでしょう．基本集合 F に対して (2.1) のような表し方は，一通りではないことに注意しておきます（基本集合の例は次ページ参照）．

基本集合について，次の性質が成り立ちます．

- F_1, F_2 が平面の基本集合であるとき，$F_1 \cap F_2$, $F_1 \cup F_2$ もまた基本集合である．

- 基本集合の面積は (2.1) の表し方において基本長方形 I_j の選び方に依らない.
- F_1, F_2 が平面の基本集合であるとき, $|F_1 \cup F_2| = |F_1| + |F_2| - |F_1 \cap F_2|$ が成り立つ.
- F_1, F_2 が平面の基本集合であるとき, $F_1 \subset F_2$ ならば $|F_1| \leqq |F_2|$ である.

問 2.1 上の 4 つの性質を証明せよ.

基本集合の例を 2 つ挙げておきます.

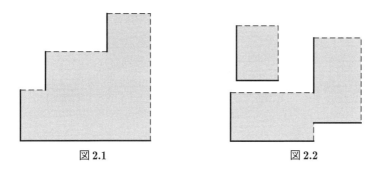

図 2.1　　　　　　　　　　図 2.2

これらの例は, 図 2.3〜2.5 のように基本長方形の（共通部分をもたない）和で表すことができます. この表し方が一意的ではないことは, 図 2.3, 2.4 を見ればわかります.

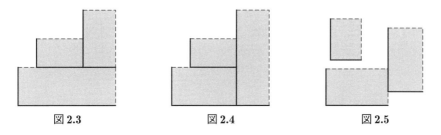

図 2.3　　　　　　　　図 2.4　　　　　　　　図 2.5

2.2　ジョルダン測度

平面内の集合 $S \subset \mathbb{R}^2$ が有界である, とは S に対して $S \subset I$ となる基本長方

形 I が存在することをいいます．有界集合に対して，その面積をいかにして定めるか，について考えましょう．すでにいままでに学んだ積分の理論で，面積をどう捉えるかはわかっていると思いますが，改めて整理しておきます．

問 2.2 集合 $S \subset \mathbb{R}^2$ に対して S の x_1 軸への射影 S_1 および x_2 軸への射影 S_2 をそれぞれ

$$S_1 = \{x_1 \in \mathbb{R} \mid \exists\, x_2 \text{ s.t. } (x_1, x_2) \in S\},$$
$$S_2 = \{x_2 \in \mathbb{R} \mid \exists\, x_1 \text{ s.t. } (x_1, x_2) \in S\}$$

により定義する[1]．このとき，$S \subset \mathbb{R}^2$ が有界であることと，S_1, S_2 がともに $\mathbb{R}$ において有界であることは同値である．これを証明せよ．

以下 S を $\mathbb{R}^2$ の有界部分集合とし，S を含む基本長方形 I を1つ選びます．実数 a, b, c, d が存在して I は

$$I = \{(x_1, x_2) \mid a \le x_1 < b,\ c \le x_2 < d\}$$

と書けます．I を座標軸に平行な直線に沿って細かく切って，小さな基本長方形に分けることを考えます．これを数学的に定式化します．

定義 2.1

基本長方形 I に対して，自然数 m, n と有限数列 $\{a_j\}, \{c_k\}$ $(j = 0, 1, 2, \dots, m;\ k = 0, 1, 2, \dots, n)$ で

$$a = a_0 < a_1 < a_2 < \cdots < a_{m-1} < a_m = b,$$
$$c = c_0 < c_1 < c_2 < \cdots < c_{n-1} < c_n = d$$

を満たすものをとり

$$I_{j,k} = \{(x_1, x_2) \in \mathbb{R}^2 \mid a_j \le x_1 < a_{j+1},\ c_k \le x_2 < c_{k+1}\}$$

とおくと

---

[1] 上の問で用いられた記号 ∃ は「存在する（exists）」の省略です．"s.t." は "such that ..." の略であり，∃ と併せて ... のようなものが存在する，と読みます．同様に，「任意の（for all）」を表す記号 ∀，「ならば」を表す太矢印 $\Longrightarrow$，「必要十分条件」を表す両側太矢印 $\Longleftrightarrow$ などもよく用います．

$$I = \bigcup_{j=0}^{m-1} \bigcup_{k=0}^{n-1} I_{j,k}$$

が成り立ち, $(j,k) \neq (j',k')$ ならば $I_{j,k} \cap I_{j',k'} = \emptyset$ である. このとき, このような小基本長方形 $I_{j,k}$ 全体の集合を Δ とおく. すなわち,

$$\Delta = \{ I_{j,k} \mid 0 \leqq j < m, \, 0 \leqq k < n \}$$

とおいて, Δ を I の**分割**という.

  有界集合 S と, それを含む基本長方形 I およびその分割 Δ を上のようにとります. Δ の部分集合 $L(S,\Delta)$ および $U(S,\Delta)$ を

$$L(S,\Delta) = \{ I_{j,k} \in \Delta \mid I_{j,k} \subset S \}, \tag{2.2}$$

$$U(S,\Delta) = \{ I_{j,k} \in \Delta \mid I_{j,k} \cap S \neq \emptyset \} \tag{2.3}$$

により定めます. $L(S,\Delta)$ は, Δ の元である小基本長方形 $I_{j,k}$ で S に含まれるものをすべて集めています. また, $U(S,\Delta)$ は S と共通部分をもつ $I_{j,k}$ を集めたものです. したがって, 当然のことながら $L(S,\Delta) \subset U(S,\Delta)$ が成り立ちます.

  $L(S,\Delta), U(S,\Delta)$ はそれぞれ小長方形の集合ですが, $L(S,\Delta), U(S,\Delta)$ に含まれるそれぞれの小長方形の和集合を考えて $\underline{S}(\Delta), \overline{S}(\Delta)$ とおきます:

$$\underline{S}(\Delta) = \bigcup_{I_{j,k} \in L(S,\Delta)} I_{j,k}, \tag{2.4}$$

$$\overline{S}(\Delta) = \bigcup_{I_{j,k} \in U(S,\Delta)} I_{j,k}. \tag{2.5}$$

このとき, $\underline{S}(\Delta)$ および $\overline{S}(\Delta)$ は基本集合であり, $\underline{S}(\Delta) \subset S \subset \overline{S}(\Delta)$ が成り立ちます. 実際, $I_{j,k} \in L(S,\Delta)$ ならば $I_{j,k} \subset S$ ですから $\underline{S}(\Delta) \subset S$ は明らかです. また, 任意の $(x_1, x_2) \in S$ に対して $I_{j,k} \in \Delta$ が唯一存在して $(x_1, x_2) \in I_{j,k}$ となります. したがって, このとき $I_{j,k} \cap S \neq \emptyset$ ですから $I_{j,k} \in U(S,\Delta)$ となります. よって $S \subset \overline{S}(\Delta)$ を得ます.

図 2.6〜2.8 は S, $\underline{S}(\Delta)$, $\overline{S}(\Delta)$ のイメージを表したものです．ここでは I として正方形（図 2.7, 2.8 ではいちばん外側の枠内）をとり，$m = n = 12$ としています（正方形以外の基本長方形も可，$m \neq n$ も可）．

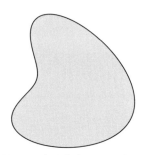

図 2.6　有界集合 S の概念図.

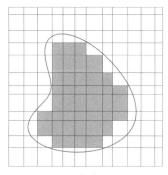

図 2.7　集合 $\underline{S}(\Delta)$.

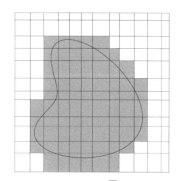

図 2.8　集合 $\overline{S}(\Delta)$.

$\underline{S}(\Delta)$, $\overline{S}(\Delta)$ はともに基本集合であり，$\underline{S}(\Delta) \subset \overline{S}(\Delta)$ でしたから，その面積 $|\underline{S}(\Delta)|$, $|\overline{S}(\Delta)|$ は，すでに見たように定義されていて

$$|\underline{S}(\Delta)| \leqq |\overline{S}(\Delta)| \tag{2.6}$$

が成り立ちます．したがって，もし S に対してその面積 $|S|$ という値がしかるべく定まるとすれば

$$|\underline{S}(\Delta)| \leqq |S| \leqq |\overline{S}(\Delta)|$$

が成り立つべきです．ただし，まだ我々は $|S|$ という値が定まるかどうか知りません．これをいかに定めるかを考えます．直観的には，I の分割 Δ を細かくしていったら $|\underline{S}(\Delta)|$, $|\overline{S}(\Delta)|$ ともに「S の面積」に収束しそうです．しかし，

事はそう簡単ではありません．例えば，「分割 Δ を細かく」していくとはどういうことか．よく考えると，これは自明なことではありません．

　I の 2 通りの分割 Δ, Δ' について，任意の $J_1 \in \Delta'$ に対して $J_1 \subset J_2$ を満たす $J_2 \in \Delta$ が存在するとき，Δ' は Δ の**細分**である，といいます．これは，分割がより細かなものである，という判断基準を与える重要な概念です．Δ' が Δ の細分であれば，$|\underline{S}(\Delta)| \leqq |\underline{S}(\Delta')|$, $|\overline{S}(\Delta')| \leqq |\overline{S}(\Delta)|$ が成り立ちます．しかし，細かくするやり方は多様で，一方向的な極限とは趣が異なります．「細かくする」ことの意味をはっきりさせても，$|\underline{S}(\Delta)|$, $|\overline{S}(\Delta)|$ がともに同じ値に収束する保証はありません．

　そこで次のように考えます．基本集合 $\underline{S}(\Delta)$, $\overline{S}(\Delta)$ は I の分割 Δ を 1 つ定めるごとにそれぞれ決まります．したがって，それらの面積 $|\underline{S}(\Delta)|$, $|\overline{S}(\Delta)|$ も I の分割 Δ ごとにそれぞれ実数として定まります．そこで，I の分割 Δ のあらゆる可能性を考えると $|\underline{S}(\Delta)|$, $|\overline{S}(\Delta)|$ それぞれの全体は $\mathbb{R}$ の部分集合をなします．これらを $\mathscr{I}(S)$, $\mathscr{U}(S)$ とおきます[2]：

$$\mathscr{I}(S) = \{\, |\underline{S}(\Delta)| \in \mathbb{R} \mid \Delta \text{ は } I \text{ の分割 } \}, \tag{2.7}$$

$$\mathscr{U}(S) = \{\, |\overline{S}(\Delta)| \in \mathbb{R} \mid \Delta \text{ は } I \text{ の分割 } \}. \tag{2.8}$$

これらはともに $\mathbb{R}$ の有界部分集合です．実際，$0 \leqq |\underline{S}(\Delta)| \leqq |\overline{S}(\Delta)| \leqq |I|$ は明らかです（さらに，これらは有界な区間となります）．そこで

$$\underline{\nu}(S) = \sup \mathscr{I}(S), \tag{2.9}$$

$$\overline{\nu}(S) = \inf \mathscr{U}(S) \tag{2.10}$$

とおきます．$\underline{\nu}(S)$ を S の**ジョルダン内測度**，$\overline{\nu}(S)$ を S の**ジョルダン外測度**とよびます．ともに，I の取り方に依らずに定まります．常に $\underline{\nu}(S) \leqq \overline{\nu}(S)$ が成り立ちますが，これらが一致するとは限りません（具体例はあとで紹介します）．

問 2.3　$\underline{\nu}(S) \leqq \overline{\nu}(S)$ であることを証明せよ．

---

[2] $\mathscr{I}$, $\mathscr{U}$ は，それぞれ I, U の「筆記体」とよばれる書体です．

定義 2.2

　平面の有界部分集合 S に対して $\underline{\nu}(S) = \overline{\nu}(S)$ が成り立つとき，S は
ジョルダン可測であるといい，この共通の値を $\nu(S)$ とおき S のジョル
ダン測度という．

---

　§1.3で学んだ集合関数 $\nu : \mathcal{H} \to \mathbb{R}$ と同じ記号 ν を使うのは，基本長方形に
対しては，そのジョルダン測度と面積が一致するからです．ジョルダン可測性
を具体的に議論する場合は次の補題を用います．証明は，上限・下限の定義に
立ち返れば明らかでしょう．

補題 2.3

　基本長方形 I に含まれる集合 S がジョルダン可測であるためには，次
が成り立つことが必要かつ十分である．
「任意の $\varepsilon > 0$ に対して，$|\overline{S}(\Delta)| \leqq |\underline{S}(\Delta)| + \varepsilon$ を満たす I の分割 Δ が
存在する.」

問 2.4 補題 2.3 を証明せよ.

　有界集合 S のジョルダン内測度・ジョルダン外測度は S を含む基本長方形 I
の選び方に依らず定まります．したがって，S のジョルダン測度も I に依らず
に定まります．このように定めたジョルダン測度 $\nu(S)$ が，古典的に考えられ
てきた面積概念の1つの完成された定式化であるといえます．すなわち，ジョ
ルダン可測な有界集合 S の面積 $|S|$ とは，そのジョルダン測度 $\nu(S)$ のことで
ある，と理解すれば，素朴な面積概念と同じことを数学的にきっちりと定式化
したことになります．

　ジョルダン測度の定義の基になったジョルダン内測度・ジョルダン外測度は
実数の連続性から存在が保証されます．どのような集合がジョルダン可測であ
るか，あるいは，与えられた集合に対してジョルダン測度をどう計算するか
は，いまのところ問題にしません．原理的に実数として確定することが重要で
す．もちろん，平面上の三角形や四角形，多角形はジョルダン可測であり，そ

れらの素朴な意味での面積はジョルダン測度と一致します。そもそも，例えば
多角形の面積はどのように定めると考えてきたか，を冷静に振り返ると，ここ
で行っている議論に行き着くことになります。

平面のジョルダン可測な部分集合全体のなす集合族を $\mathfrak{J}$ とおきます[3)]．集合
族というのは集合の集まりであって，いわば「集合の集合」ですが，「集合の
集合」というよび方は通常あまり用いません．論理学的に微妙な問題が生じる
からです．§1.3で定義した $\mathcal{H}$ と同様に，$\mathfrak{J}$ に関しては対象がはっきりしている
ので「平面のジョルダン可測な部分集合全体のなす集合」といっても問題あり
ませんが，慣例に従ってここでは $\mathfrak{J}$ を「集合族」とよびます．ちょっと慣れな
いかもしれませんが，$\mathfrak{J}$ の元は平面の有界部分集合でジョルダン可測なもので
あることを覚えておいてください．

定理 2.4

ジョルダン測度 ν は集合関数 $\nu : \mathfrak{J} \to \mathbb{R}$ であり，次の性質を満たす．

(i) 任意の $S \in \mathfrak{J}$ に対して $\nu(S) \geqq 0$．また，$\emptyset \in \mathfrak{J}$ であり $\nu(\emptyset) = 0$ である．

(ii) $S \in \mathfrak{J}$ で S が基本長方形 I に含まれるとき，S の I における補集合を S^{c} と書くと $S^{\mathrm{c}} \in \mathfrak{J}$ である．

(iii) $S, T \in \mathfrak{J}$ ならば $S \cup T \in \mathfrak{J}$, $S \cap T \in \mathfrak{J}$ であり，

$$\nu(S \cup T) = \nu(S) + \nu(T) - \nu(S \cap T)$$

が成り立つ．

(iv) 1辺の長さが1である基本正方形（基本長方形で正方形のもの）はジョルダン可測であり，そのジョルダン測度は1である．

【証明】 (i), (iv) は明らか．

(ii) の証明：I の分割 Δ に対して $L(S^{\mathrm{c}}, \Delta) = U(S, \Delta)^{\mathrm{c}}$, $U(S^{\mathrm{c}}, \Delta) = L(S, \Delta)^{\mathrm{c}}$ であることを用いると，補題2.3 から従う．ただし，$U(S, \Delta)^{\mathrm{c}}$ および $L(S, \Delta)^{\mathrm{c}}$

[3)] $\mathfrak{J}$ はJのドイツ文字です．

はそれぞれ $U(S, \Delta)$ および $L(S, \Delta)$ の Δ における補集合を表す.

(iii) は段階を分けて証明する.

(第一段階)　$S \cap T = \emptyset$ のとき $S \cup T \in \mathfrak{J}$ を示す. 基本長方形 I を $S \cup T \subset I$ と選ぶ. $S, T \in \mathfrak{J}$ であるから補題 2.3 より, 任意の $\varepsilon_1 > 0$ に対して I の分割 Δ_1, Δ_2 が存在して $|\overline{S}(\Delta_1)| \leqq |\underline{S}(\Delta_1)| + \varepsilon_1$, $|\overline{T}(\Delta_2)| \leqq |\underline{T}(\Delta_2)| + \varepsilon_1$ が成り立つ. Δ_1, Δ_2 のそれぞれの小基本長方形のすべての共通部分を考えると, はじめから $\Delta_1 = \Delta_2$ としてよい. 一方, $S \cap T = \emptyset$ ゆえ, I の任意の分割 Δ に対して $L(S \cup T, \Delta) = L(S, \Delta) \cup L(T, \Delta)$, $L(S, \Delta) \cap L(T, \Delta) = \emptyset$ である. したがって, $|\underline{S \cup T}(\Delta)| = |\underline{S}(\Delta)| + |\underline{T}(\Delta)|$ が成り立つ. また, $\overline{S \cup T}(\Delta) \subset \overline{S}(\Delta) \cup \overline{T}(\Delta)$ であるから基本集合の面積の性質より $|\overline{S \cup T}(\Delta)| \leqq |\overline{S}(\Delta)| + |\overline{T}(\Delta)|$ である. 任意の $\varepsilon > 0$ に対して $\varepsilon_1 = \varepsilon/2$ と選び, この $\varepsilon_1 > 0$ に対して上のように選んだ I の分割 $\Delta_1 = \Delta_2$ を改めて Δ とすると

$$|\overline{S}(\Delta)| \leqq |\underline{S}(\Delta)| + \frac{\varepsilon}{2},$$

$$|\overline{T}(\Delta)| \leqq |\underline{T}(\Delta)| + \frac{\varepsilon}{2}$$

これらの辺々を加えて, 上で得られた不等式を組み合わせると

$$|\overline{S \cup T}(\Delta)| \leqq |\underline{S \cup T}(\Delta)| + \varepsilon$$

を得る. よって補題 2.3 より $S \cup T$ はジョルダン可測である. 同時に $\nu(S \cup T) = \nu(S) + \nu(T)$ も得られた.

(第二段階)　$S \cap T \in \mathfrak{J}$ を示す. 任意の $\varepsilon > 0$ に対して分割 Δ が存在して $|\overline{S}(\Delta)| \leqq |\underline{S}(\Delta)| + \varepsilon/2$, $|\overline{T}(\Delta)| \leqq |\underline{T}(\Delta)| + \varepsilon/2$ となる. $\overline{S}(\Delta) - \underline{S}(\Delta) = D_S(\Delta)$, $\overline{T}(\Delta) - \underline{T}(\Delta) = D_T(\Delta)$, $\overline{S \cap T}(\Delta) - \underline{S \cap T}(\Delta) = D(\Delta)$ とおく. ここで, $\overline{S}(\Delta) - \underline{S}(\Delta)$ は差集合, すなわち $\underline{S}(\Delta)$ に含まれない $\overline{S}(\Delta)$ の小基本長方形全体の和集合を表す. このとき $|D_S(\Delta)| \leqq \varepsilon/2$, $|D_T(\Delta)| \leqq \varepsilon/2$ である. また, $D(\Delta) \subset D_S(\Delta) \cup D_T(\Delta)$ より $|D(\Delta)| \leqq |D_S(\Delta)| + |D_T(\Delta)| \leqq \varepsilon$ が成り立つ. すなわち, $|\overline{S \cap T}(\Delta)| \leqq |\underline{S \cap T}(\Delta)| + \varepsilon$ となり, 補題 2.3 より $S \cap T \in \mathfrak{J}$ となる.

(第三段階)　一般の $S, T \in \mathfrak{J}$ に対しては $S \cup T = (S - T) \cup (S \cap T) \cup (T - S)$ のように互いに共通部分をもたない3つの集合の和集合と表せば, それぞれ

の集合がジョルダン可測であることは第一段階，第二段階の議論からわかり，さらに $\nu(S \cup T) = \nu(S - T) + \nu(S \cap T) + \nu(T - S)$ であることもわかる．$\nu(S) = \nu(S - T) + \nu(S \cap T)$, $\nu(T) = \nu(T - S) + \nu(S \cap T)$ であるから $\nu(S \cup T) = \nu(S) + \nu(T) - \nu(S \cap T)$ を得る． （証明終）

　これらの基本性質に加えて $S \in \mathfrak{J}$ で S と $T \subset \mathbb{R}^2$ が合同ならば，$T \in \mathfrak{J}$ であり $\nu(S) = \nu(T)$ となりますが，ここでは証明を省略します．

　上の議論で用いた基本長方形は「半開」でしたが，境界をすべて取り除いたものを考えてみましょう．

$$I' = \{(x_1, x_2) | \ a < x_1 < b, \ c < x_2 < d \ \}$$

この形の部分集合を**開基本長方形**または**開方体**といいます．逆に境界をすべて補ったものも考えます：

$$I'' = \{(x_1, x_2) | \ a \leqq x_1 \leqq b, \ c \leqq x_2 \leqq d \ \}.$$

この形の部分集合を**閉基本長方形**または**閉方体**といいます．開基本長方形は開集合であり，閉基本長方形は閉集合であることは言うまでもありません．いずれの場合も，その面積は $(b - a)(d - c)$ と定め，同じ記号 $|I'|$, $|I''|$ で表します．ジョルダン測度の基本性質を組み合わせると，$|I'| = |I''| = \nu(I') = \nu(I'')$ であることは容易にわかります．

　有限個の閉基本長方形 I_1'', I_2'', $\ldots$, I_ℓ'' に対して，$j \neq k$ のとき $I_j'' \cap I_k''$ が空集合か線分または1点であるとき，集合

$$F'' = \bigcup_{j=1}^{\ell} I_j'' \tag{2.11}$$

を**閉基本集合**といい，その面積 $|F''|$ を

$$|F''| = \sum_{j=1}^{\ell} |I_j''|$$

で定めるのは自然です．線分または1点の面積は0と考えます．(2.11)で，各 I_j'' から2辺を除いて得られる半開基本長方形 I_j で置き換えて得られる基本集

合を

$$F = \bigcup_{j=1}^{\ell} I_j$$

とすると, $|F| = |F''|$ が成り立ちます. したがって, ジョルダン測度を定義する議論で現れた $\underline{S}(\Delta)$, $\overline{S}(\Delta)$ ((2.4), (2.5) 参照) の閉包 (境界の辺をすべて付け加えた集合) をとったものを $\underline{S}(\Delta)''$, $\overline{S}(\Delta)''$ とすると, これらは閉基本集合であり,

$$|\underline{S}(\Delta)''| = |\underline{S}(\Delta)|, \quad |\overline{S}(\Delta)''| = |\overline{S}(\Delta)|$$

となります. 同様に, 各 I_j'' の辺をすべて除いて得られる集合を I_j' とし, (2.11) 右辺の I_j'' を I_j' で置き換えた集合を F' とすると (開基本集合とよぶべき集合です), その面積は

$$|F'| = \sum_{j=1}^{\ell} |I_j'|$$

で与えられ, やはり $|F'| = |F|$ となります. これらの事実から, ジョルダン可測集合 S に対して, その閉包を S'', 内部を S' とすると, S'', S' ともにジョルダン可測であり, $\nu(S) = \nu(S') = \nu(S'')$ が成り立ちます. S' に S の境界の任意の部分集合を付け加えた集合を $\tilde{S}$ とすると, $S' \subset \tilde{S} \subset S''$ ですから, $\tilde{S}$ もジョルダン可測であり $\nu(\tilde{S}) = \nu(S)$ となります. ジョルダン測度は, ジョルダン可測集合の境界を意識せずに考えてよい, ということになります. また, 上に述べたジョルダン測度の合同不変性を用いると, 三角形の面積公式をジョルダン測度の公式として導くことができます. さらには, 多角形 P に対して P を, 互いに交わらないか, または辺のみを共有する有限個の三角形の和集合で表したときに, $\nu(P)$ が各三角形の面積の総和と等しいことも証明できます.

2.3 1次元リーマン積分

　1変数関数のリーマン積分の定義を思い出してみましょう. リーマン積分は, 大学1年または2年で学ぶ1変数関数の積分に他なりません. f を有界閉区間 $I = [a,b]$ 上で定義された有界関数とします. 定義から実数 $M \geqq 0$ が存在

して $|f(x)| \leqq M$ が任意の $x \in I$ に対して成り立ちます．I の分割 D をとります．1次元の場合に定義 2.1 (p. 18) の記法の類似を考えると，これは次のようなものです．自然数 p と有限数列 $\{a_j\}$ $(j = 0, 1, 2, \ldots, p)$ で

$$a = a_0 < a_1 < a_2 < \cdots < a_{p-1} < a_p = b$$

を満たすものをとり，$I_j = [a_j, a_{j+1})$ $(j = 0, 1, 2, \ldots, p-2)$, $I_{p-1} = [a_{p-1}, a_p]$ とおきます．

$$D = \{I_j \mid j = 0, 1, 2, \ldots, p - 1\}$$

を I の分割とよびます（I が半開区間ではなく，閉区間なので I_{p-1} のみ右端を加えています）．

$$m_j = \inf\{f(x) \mid x \in I_j\}, \quad M_j = \sup\{f(x) \mid x \in I_j\} \quad (j = 0, 1, 2, \ldots, p-1)$$

とおき，さらに，

$$\ell(f, D) = \sum_{j=0}^{p-1} m_j \cdot (a_{j+1} - a_j), \quad u(f, D) = \sum_{j=0}^{p-1} M_j \cdot (a_{j+1} - a_j) \quad (2.12)$$

とします．明らかに，これらは有限の値であり，$\ell(f, D) \leqq u(f, D)$ が成り立ちます．$\ell(f, D)$ および $u(f, D)$ をそれぞれ f の D に関する**不足和**および**過剰和**とよびます．

図 2.9～2.11 は $f(x) \geqq 0$ の場合を描いています．負の値をとりうるときも，同様の図が描けます．

f が I 上リーマン可積分である，とは，I のあらゆる分割 D を考えたときの $\ell(f, D)$ の上限と $u(f, D)$ の下限が一致，すなわち，

$$\sup\{\ell(f, D) \mid D \text{ は } I \text{ の分割}\} = \inf\{u(f, D) \mid D \text{ は } I \text{ の分割}\} \quad (2.13)$$

となることです．この共通の値が非負値関数 f の I 上でのリーマン積分です．これを本書では

$$\mathscr{R}\int_a^b f(x)dx \quad (2.14)$$

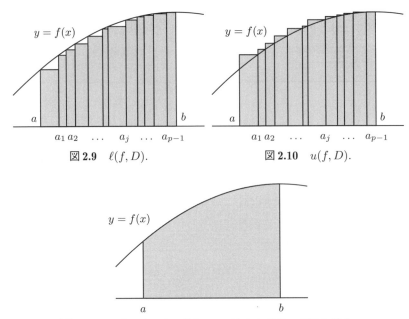

図 2.9　$\ell(f, D)$.　　　　　　　図 2.10　$u(f, D)$.

図 2.11　$a \leqq x \leqq b$ で x 軸と $y = f(x)$ のグラフが囲む集合.

と書きます[4]. 後に学ぶルベーグ積分と区別するために $\mathscr{R}$ を付けます. x は積分変数とよばれ, x を別の文字で置き換えても意味は同じです. 注意すべきは, 積分変数は「局所変数」であり, 積分の外からは見えない変数であることです. 別の文字を用いて $\mathscr{R}\displaystyle\int_a^b f(t)dt$ などと書いても同じものを表します.

　リーマン可積分な関数に対して積分の基本性質, 例えば線型性などが成り立つことが, 上の立場から証明できることもわかります. さらに, 有界閉区間上で定義された連続関数はリーマン可積分であることも証明できます. これらの証明は, 微分積分学の教科書を参照してください.

　平面におけるジョルダン測度の定義から, 次のことがわかります.

---

[4] $\mathscr{R}$ は R の筆記体で, リーマン (Riemann) の頭文字からとっています.

定理 2.5

$f(x) \geqq 0 \ (x \in I = [a,b])$ のとき，集合 S を

$$S = \{(x,y) \in \mathbb{R}^2 | \ a \leqq x \leqq b, \ 0 \leqq y \leqq f(x) \}$$

とおく．S がジョルダン可測であることと，f が I 上リーマン可積分であることは同値であり，

$$\mathscr{R} \int_a^b f(x)dx = \nu(S)$$

が成り立つ．

　証明は以下のように考えます．座標は §2.2 に合わせて (x_1, x_2) を用います．まず，§2.2 の最後で述べたことにより，

$$\hat{S} = \{(x_1, x_2) \in \mathbb{R}^2 | \ a \leqq x_1 < b, \ 0 \leqq x_2 < f(x_1) \}$$

とおくと，$\hat{S}$ がジョルダン可測であることと，S がジョルダン可測であることは同値で，S がジョルダン可測のとき $\nu(S) = \nu(\hat{S})$ が成り立ちます．したがって，はじめから改めて

$$S = \{(x_1, x_2) \in \mathbb{R}^2 | \ a \leqq x_1 < b, \ 0 \leqq x_2 < f(x_1) \}$$

として定理を証明すれば十分です．S を含む基本長方形 J を 1 つとり，上で選んだ I の分割 D に対して J の適当な分割 Δ を

$$\bigcup_{j=0}^{p-1} \{(x_1, x_2) | \ a_j \leqq x_1 < a_{j+1}, \ 0 \leqq x_2 < m_j \} = \underline{S}(\Delta), \tag{2.15}$$

$$\bigcup_{j=0}^{p-1} \{(x_1, x_2) | \ a_j \leqq x_1 < a_{j+1}, \ 0 \leqq x_2 < M_j \} = \overline{S}(\Delta) \tag{2.16}$$

となるように選べますから，$\ell(f, D) \in \mathscr{I}(\Delta), \ u(f, D) \in \mathscr{U}(\Delta)$ となります．図 2.12, 2.13 は，S を含む最小の基本長方形を J とし，D から導かれた J の分割，および (2.15), (2.16) の例を示したものです．ただし，S および，すべての基本長方形の境界は，簡単のため，すべて実線で表示しています．

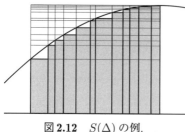

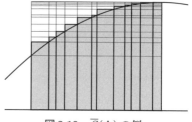

図 **2.12** $\underline{S}(\Delta)$ の例.　　　　　図 **2.13** $\overline{S}(\Delta)$ の例.

逆に，S を含む任意の基本長方形 J の任意の分割 Δ に対して，その細分 Δ' と $a_j\ (j=1,2,\dots,p)$ を適当に選べば，$m_j,\ M_j$ を先に定めたとおりとして，

$$\underline{S}(\Delta') = \bigcup_{j=0}^{p-1}\{(x_1,x_2)\,|\,a_j \leqq x_1 < a_{j+1},\, 0 \leqq x_2 < m_j\,\},$$

$$\overline{S}(\Delta') = \bigcup_{j=0}^{p-1}\{(x_1,x_2)\,|\,a_j \leqq x_1 < a_{j+1},\, 0 \leqq x_2 < M_j\,\}$$

となるようにできます．実際，$\Delta = \{I_{j,k}\}$，ただし，

$$I_{j,k} = \{(x_1,x_2)\,|\,\alpha_j \leqq x_1 < \alpha_{j+1},\, \beta_k \leqq x_2 < \beta_{k+1}\,\}$$

$(0 \leqq j \leqq m,\, 0 \leqq k \leqq n)$ とします．$a \leqq \alpha_j \leqq b$ を満たす α_j 全体の集合に $a,\, b$ を添加した集合の元を小さい順から改めて a_j とおき，区間 $[a,b]$ の分割 D を $a = a_0 < a_1 < a_2 < \cdots < a_{p-1} < a_p = b$ により定めます．さらに，

$$m_j = \inf\{f(x_1)\,|\,a_j \leqq x_1 < a_{j+1}\,\},\quad M_j = \sup\{f(x_1)\,|\,a_j \leqq x_1 < a_{j+1}\,\}$$

$(j = 0,1,\dots,p-1)$ とおきます．β_j 全体の集合に，これらの $m_j,\, M_j$ を添加して得られる集合の元を小さい順から並べて $c_k\ (k=0,1,2,\dots,q)$ とすると，Δ の細分 $\Delta' = \{I'_{j,k}\}$ が，

$$I'_{j,k} = \{(x_1,x_2)\,|\,a_j \leqq x_1 < a_{j+1},\, c_k \leqq x_2 < c_{k+1}\,\}$$

とおいて得られます．このとき，$\ell(f,D) = |\underline{S}(\Delta')|,\ u(f,D) = |\overline{S}(\Delta')|$ が成り立ちます．したがって，I のあらゆる分割に対する $\ell(f,D)$ （(2.12) 参照）の上限と $u(f,D)$ の下限が一致することは S のジョルダン可測性と同値となり，積分の値と S のジョルダン測度が一致します．

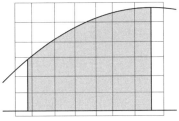

図 **2.14** S（灰色部分），J（外枠で囲まれた基本長方形），Δ（各小長方形全体）.

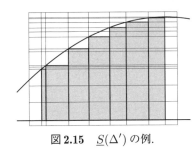

図 **2.15** $\underline{S}(\Delta')$ の例.

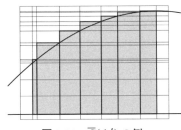

図 **2.16** $\overline{S}(\Delta')$ の例.

　上でジョルダン可測な集合のジョルダン測度を具体的に求めることは，とりあえず問題にしない，と述べました．リーマン積分も同じく，定義に基づいてその値を求める一般的方法はありません．リーマン積分が多くの関数に対して計算でき，その結果，さまざまな集合のジョルダン測度が計算できるのは，微分積分学の基本定理のお陰です．この定理を本節の用語で述べると次のようになります．

定理 2.6

　区間 $[a, b]$ で定義された連続関数 $f(x)$ に対して，

$$\frac{d}{dx} \mathscr{R} \int_a^x f(t)dt = f(x)$$

が成り立つ．また，$f(x)$ の原始関数を $F(x)$（(a, b) で微分可能，$[a, b]$ で連続で $F'(x) = f(x)$ となる関数）とすると，

$$\mathscr{R} \int_a^b f(x)dx = F(b) - F(a)$$

である．

この定理の証明は，微分積分学の教科書を参照してください．$f(x) \geqq 0$ $(a \leqq x \leqq b)$ のときは，定理2.6 と定理2.5により，集合

$$\{(x_1, x_2) \in \mathbb{R}^2 \,|\, a \leqq x_1 \leqq x, \, 0 \leqq x_2 \leqq f(x_1)\}$$

$(a < x < b)$ のジョルダン測度を $S(x)$ とすると，$S(x)$ は (a, b) で微分可能であり，$f(x)$ の原始関数となります．したがって，原始関数の計算により，境界が連続関数のグラフなどで表された図形のジョルダン測度が求められることはご承知のとおりです．

《例2.7》 関数

$$f(x) = \begin{cases} x(1 + 3x^2) \cos^2 \dfrac{1}{x} & (x \neq 0), \\[2mm] 0 & (x = 0) \end{cases}$$

に対して集合

$$S = \{(x_1, x_2) \,|\, 0 \leqq x_1 \leqq 2/\pi, \, 0 \leqq x_2 \leqq f(x_1)\}$$

はジョルダン可測であり，$\nu(S) = 1/\pi^2$ である．

問2.5 例2.7の結果を導け．$y = f(x)$ のグラフの概形を図示せよ．

2.4 高次元化

前節の議論は次元を一般化することが可能です．

$$\mathbb{R}^n = \{(x_1, x_2, \ldots, x_n) \,|\, x_1, x_2, \ldots, x_n \in \mathbb{R}\}$$

と定めて，この集合を **n 次元実数空間** とよびます．次元を一般化するためには前節までの議論における基本長方形の代わりに **半開 n 方体**，すなわち

$$I = \{(x_1, x_2, \ldots, x_n) \,|\, a_1 \leqq x_1 < b_1, \, a_2 \leqq x_2 < b_2, \, \ldots, \, a_n \leqq x_n < b_n\}$$

の形の集合を用いて議論を構成し直します．ただし，a_i, b_i は実数 $(a_i < b_i,$ $i = 1, 2, \ldots, n)$ です．この集合に対して **n 次元容積** $(n = 1$ のときは長さ，$n = 3$ のときは体積) $|I|$ を

$$|I| = (b_1 - a_1)(b_2 - a_2) \cdots (b_n - a_n)$$

により定めれば，あとは前節とまったく同様に **n** 次元ジョルダン測度 **ν_n** が定められます．$n = 3, 4, \ldots$ のとき，$(n-1)$ 変数関数 $f(x_1, x_2, \ldots, x_{n-1})$ のリーマン積分についても同様に定められ，これが解析学で学んだ高次元の積分と同等であることもわかります．

これらの議論を改めて行うことは省略します．是非，自分で理論構成を行ってみてください．上で与えた半開 n 方体 I は，n 個の半開区間 $[a_i, b_i)$ $(i = 1, 2, \ldots, n)$ の直積集合の形をしていますので，

$$I = [a_1, b_1) \times [a_2, b_2) \times \cdots \times [a_n, b_n)$$

と書かれることもあります．ただし，一般に n 個の集合 X_i $(i = 1, 2, \ldots, n)$ について，X_i の直積集合 $X_1 \times X_2 \times \cdots \times X_n$ とは，

$$\{(p_1, p_2, \ldots, p_n) \,|\, p_i \in X_i \ (i = 1, 2, \ldots, n)\,\}$$

で定まる集合のことを指します．

問 2.6 $\mathbb{R}^4$ の方体 I_1, I_2 を次のように定める：

$$I_1 = [-1, 1) \times [-2, 2) \times [0, 3) \times [0, 2),$$
$$I_2 = [-2, 0) \times [0, 3) \times [-1, 2) \times [1, 3).$$

このとき，次の値を求めよ．ただし，$\nu = \nu_4$ は 4 次元ジョルダン測度を表す．

(1) $\nu(I_1)$

(2) $\nu(I_2)$

(3) $\nu(I_1 \cap I_2)$

(4) $\nu(I_1 \cup I_2)$

第 3 章
ジョルダン非可測集合と
測度零・ルベーグ外測度

3.1 有理数の集合

有理数の集合 $\mathbb{Q}$ は，言うまでもなく実数の集合 $\mathbb{R}$ の部分集合で整数の比 n/m（ただし $m \neq 0$）の形で表されるもの全体です．有限または循環小数で表される実数全体とみなすこともできます．以下で用いる $\mathbb{Q}$ の性質は次の 2 つです：

(i) $\mathbb{Q}$ は可算集合である．
(ii) $\mathbb{Q}$ は $\mathbb{R}$ の稠密部分集合である．

可算集合である，とは自然数の集合 $\mathbb{N}$ との間に 1 対 1 の対応が存在する，ということでした．証明は，有理数を既約分数 n/m（ただし $m > 0$）の形に表しておいて，平面上の座標 (m, n) をもつ点と対応させると有理数全体は右半平面上の格子点（整数の座標をもつ点）全体の集合の部分集合と 1 対 1 の対応が付くことに注意して，原点に近いところから順に自然数の番号付けをすると得られます．これに対して $\mathbb{R}$ は非可算集合であったことを思い出しましょう．$\mathbb{R}$ が可算集合であると仮定して矛盾を導く証明は「カントールの対角線論法」として知られていますが，ここではキーワードだけ思い出すことにして，詳細は省略します．思い出せずに気になる方は集合論の教科書を参照してください．

$\mathbb{Q}$ が $\mathbb{R}$ の稠密部分集合である，とは次の性質を意味しました：

「任意の異なる実数 α, β（$\alpha < \beta$ とする）に対して $\alpha < x < \beta$ を満たす有理

数 x が存在する.」

この性質は,第1章でもすでに説明しました(p.13参照).稠密であるということは,実数直線上に $\mathbb{Q}$ の図を正確に描くことは不可能であることを意味します. $\mathbb{Q}$ は集合としては明確に定まり,馴染み深い身近なものですが,その図は頭の中で思い描くしかありません. $\mathbb{R} - \mathbb{Q}$ も $\mathbb{R}$ の稠密部分集合であることがわかります.

3.2 ジョルダン非可測集合

前章で定義した平面のジョルダン測度は,素朴な面積概念を数学的に正確に定式化したものとして,これ以外考えられないというぐらいに,自然に見えます.いままでに出会った平面図形は,ほぼすべてジョルダン可測であり,原理的にはその「面積」であるジョルダン測度が定まります.

しかしながら,ジョルダン測度の考え方には限界があります.意外と簡単にジョルダン可測ではない集合,すなわちジョルダン非可測集合を作れるのです.

$$A = \{(x_1, x_2) \in \mathbb{R}^2 \mid x_1, x_2 \in \mathbb{Q}, 0 \leqq x_1 < 1, 0 \leqq x_2 < 1\} \qquad (3.1)$$

とします. $\mathbb{Q}$ は可算集合ですから,その部分集合である $\{x \in \mathbb{Q} \mid 0 \leqq x < 1\}$ も可算集合です.この集合の2個の直積が A ですから, A もまた可算集合です. A の図を描くことはできませんが,図3.1のようなものでそのイメージを思い描いてください.

図 3.1 A を表す概念図.

定理 3.1

上で定めた集合 A はジョルダン非可測である.

【証明】 第2章の記号を用いる. 単位正方形を I とする. すなわち,

$$I = \{(x_1, x_2) \in \mathbb{R}^2 \mid 0 \leq x_1 < 1,\ 0 \leq x_2 < 1 \}.$$

明らかに $A \subset I$ である. このとき, I の任意の分割 Δ に対して

$$L(A, \Delta) = \emptyset, \quad U(A, \Delta) = \Delta \tag{3.2}$$

となる ($L(A, \Delta), U(A, \Delta)$ の定義は (2.2), (2.3) 参照). したがって

$$\underline{A}(\Delta) = \emptyset, \quad \overline{A}(\Delta) = I$$

であり

$$|\underline{A}(\Delta)| = 0, \quad |\overline{A}(\Delta)| = 1$$

となる. これは任意の Δ に対して成立しているので $\mathscr{I}(A) = \{0\}$, $\mathscr{U}(A) = \{1\}$ が成り立つ. したがって $\underline{\nu}(A) = 0, \overline{\nu}(A) = 1$ であり A はジョルダン非可測集合となる. (証明終)

問 3.1 (3.2) の証明を与えよ (ヒント:$\mathbb{Q}$ および $\mathbb{R} - \mathbb{Q}$ の $\mathbb{R}$ における稠密性を用いる).

問 3.2 $B = \{(x_1, x_2) \in \mathbb{R}^2 \mid x_1 \in \mathbb{Q}, 0 \leq x_1 < 1, 0 \leq x_2 < 1 \}$ とおくとき, B はジョルダン可測か. 理由を付けて答えよ.

定理3.1で見たように, ジョルダン非可測集合は身近な素材で簡単に作られてしまいます. したがって, 自然に見えたジョルダン測度の定義も改善の余地がありそうです. そこで登場するのがルベーグ測度というわけですが, ルベーグ測度の定義を述べる前に, 少し準備をします.

3.3 測度零の集合とルベーグ外測度

§3.2で用いた記号をそのまま使います. ジョルダン非可測集合 A は可算集合でした. これは A の元すべてに自然数の番号を付けて

$$A = \{p_1, p_2, p_3, \ldots, p_n, \ldots\}$$

と並べられることを意味します. 各点 $p_n = (x_n, y_n)$ は有理数の座標 x_n, y_n をもっています.

さて, 任意の $\varepsilon > 0$ と自然数 n に対して, 平面内の基本長方形で, その面積 $|I_n|$ が $\varepsilon/2^n$ であるものを I_n とします. 例えば底辺の長さ, 高さがともに $\sqrt{\varepsilon}/2^{n/2}$ である基本長方形（正方形）I_n はこのようなものです.

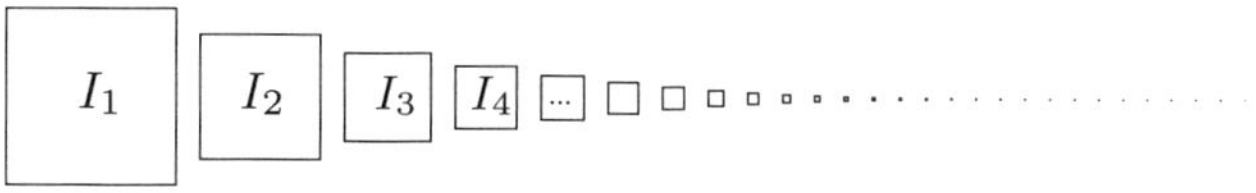

$$I_1 \quad I_2 \quad I_3 \quad I_4 \quad \cdots \quad \square \quad \square \quad \square \quad \square \quad \cdot \cdot \cdot \cdot \cdot \cdot \cdot \cdot \cdot \cdot \cdot \cdot \cdot$$

図 3.2 I_n $(n = 1, 2, 3, \dots)$ の概念図.

任意の自然数 N に対して $\displaystyle\bigcup_{n=1}^{N} I_n$ は基本集合であり, その面積

$$\left| \bigcup_{n=1}^{N} I_n \right| \leqq \sum_{n=1}^{N} |I_n| < \varepsilon \tag{3.3}$$

を満たします. $N \to \infty$ として, 集合 $\displaystyle\bigcup_{n=1}^{\infty} I_n$ について

$$\left| \bigcup_{n=1}^{\infty} I_n \right| \leqq \sum_{n=1}^{\infty} |I_n| \leqq \varepsilon \tag{3.4}$$

が成り立っていると考えるのは自然です. 基本長方形の面積は平行移動不変です. そこで, 各 n について I_n を平行移動して, 集合 A の点 p_n を含む（例えば, 中心が p_n となる）ようにしたものを J_n とします.

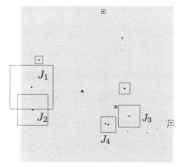

図 3.3 A を J_n の和集合で覆う（すべては描ききれない）.

面積の平行移動不変性から

$$\left| \bigcup_{n=1}^{\infty} J_n \right| \leqq \sum_{n=1}^{\infty} |J_n| \leqq \varepsilon \tag{3.5}$$

が成り立つと考えられます．一方，$p_n \in J_n$ ですから $A \subset \bigcup_{n=1}^{\infty} J_n$ です．したがって A の「面積」$|A|$ について

$$|A| \leqq \sum_{n=1}^{\infty} |J_n| \leqq \varepsilon$$

がわかります．$\varepsilon > 0$ は任意ですから，$|A| = 0$ が得られました．ん？

　ここまでの「議論」を，何の違和感もなく納得できた人は数学的センスがあります．と同時に多少不注意でもあります．意味不明と感じた人は，再度この章のはじめから読み直してください．

　数学的センスにあふれた人であれば，$|A| = 0$ とするのは自然であると感じたでしょう．一方で，このことは A がジョルダン非可測集合であるという事実と矛盾しています．この矛盾はどこから出てきたのでしょうか．

　理解の鍵は「基本集合」にあります．上でも注意したように，任意の自然数 N に対して $\bigcup_{n=1}^{N} I_n$ は基本集合です．しかし，$N \to \infty$ とした $\bigcup_{n=1}^{\infty} I_n$ は，基本長方形の無限個の和集合ですから，一般には基本集合ではありません．したがって (3.3) までは正しい議論ですが，(3.4) の左辺 $\left| \bigcup_{n=1}^{\infty} I_n \right|$ は意味が定められていないのです．当然のことながら，(3.5) の左辺も同様です．

　しかしながら，A の「面積」は 0 と考えるのが自然であるという感覚を持った人は，これからの議論を理解しやすいと思います．基本長方形の無限個の和集合が基本集合とは限らないことに気付かなかった人は多少不注意ではありますが，常に定義に注意を払うよう心がければ理解が深まるでしょう．これに気付いて違和感を持った人は，自信を持ってこれからの議論に臨んでください．

　上で展開した「議論」は論理的ではありませんでしたが，面積概念に対して別の見方を提供してくれます．ここから，数学的議論に話を戻します．

定義 3.2

平面の部分集合 S が条件

任意の $\varepsilon > 0$ に対して，基本長方形 $I_n\ (n = 1, 2, 3, \ldots)$ が存在して

$$S \subset \bigcup_{n=1}^{\infty} I_n \quad \text{かつ} \quad \sum_{n=1}^{\infty} |I_n| \leqq \varepsilon$$

を満たすとき，S は測度零である，または零集合であるという．

　このような概念を導入すると，上で議論したジョルダン非可測集合 A は測度零であるといえます．この集合はジョルダン非可測で，ジョルダン外測度は1であるけれど，測度零であります．では，この「測度零」の「測度」とは何か？　実はこれがルベーグ測度への入り口なのです．

　有界集合に対して測度零の概念を下限 inf を用いて次のように言い換えることができます．

補題 3.3

平面の有界部分集合 S に対して

$$\mathscr{L}(S) = \left\{ \sum_{n=1}^{\infty} |I_n| \;\middle|\; I_n\ (n = 1, 2, 3, \ldots) \text{ は基本長方形で} \right.$$
$$\left. S \subset \bigcup_{n=1}^{\infty} I_n \text{ を満たすもの} \right\}$$
$$(3.6)$$

とおくとき[1]，S が測度零であることと $\inf \mathscr{L}(S) = 0$ であることは同値である．

　$\mathscr{L}(S)$ は $\mathbb{R}$ の部分集合で下に有界であることに注意してください．0 は明

---

[1] ここで使われる文字 $\mathscr{L}$ は L の筆記体です．

らかに $\mathscr{L}(S)$ の1つの下界です. S を覆う可算無限個の基本長方形を考えた
とき, その面積総和が $\mathscr{L}(S)$ の元となります. このようなあらゆる覆い方を
考えたときの, 面積総和の値全体の集合が $\mathscr{L}(S)$ です. S が有界であれば,
$\mathscr{L}(S) \neq \emptyset$ ですから $\inf \mathscr{L}(S)$ は実数として必ず存在します.

　ここまで納得できれば, ルベーグ外測度の概念が理解できます.

定義 3.4

　平面の有界部分集合 S に対して

$$\mathscr{L}(S) = \left\{ \sum_{n=1}^{\infty} |I_n| \,\middle|\, I_n \,(n = 1, 2, 3, \dots) \text{ は基本長方形で} \right.$$

$$\left. S \subset \bigcup_{n=1}^{\infty} I_n \text{ を満たすもの} \right\}$$

とおく. このとき,

$$m^*(S) = \inf \mathscr{L}(S)$$

と書き, $m^*(S)$ を S のルベーグ外測度という.

　$\mathscr{L}(S)$ の定義は (3.6) と同じです. したがって, 有界集合 S が測度零である
というのはルベーグ外測度が 0 であることを意味します (測度零の定義自体は
S の有界性を仮定していないことを注意しておきます). 集合 $\mathscr{L}(S)$ は必ず半
直線となり, 実数 $\alpha \geq 0$ が存在して $\{x \in \mathbb{R} \mid \alpha < x\}$ または $\{x \in \mathbb{R} \mid \alpha \leq x\}$
の形をしています. どちらの場合でも, このとき, $m^*(S) = \alpha$ となります.
これが定義の意味です. 特別な場合を除き, S から具体的に α を求める一般
的な方法はありませんが, このような α が原理的に存在することが重要です.
この存在は実数の連続性から保証されています. $\alpha \geq 0$ となる理由は, 任意
の基本長方形 I に対して $|I| \geq 0$ であることより, 0 が $\mathscr{L}(S)$ の1つの下界
となるからです. また, 仮定より S を含む基本長方形 I が存在しますから,
$S \subset I \cup \emptyset \cup \emptyset \cup \cdots$ が成り立ち, $|I| \in \mathscr{L}(S)$ がわかります. したがって,

$$0 \leq m^*(S) < \infty \tag{3.7}$$

となります. 特別な場合として $m^*(\emptyset) = 0$ であることは, $\emptyset$ 自身が基本長方形

であり $|\emptyset| = 0$ と約束したことからわかります．ただし，$m^*(S) = 0$ であり，かつ空でない集合 S が存在することは上で見たとおりです．

$\alpha = m^*(S)$ を求める一般的方法はない，と述べましたが，例外的に定義に従って具体的に $m^*(S)$ の値が決められる集合 S もあります．次章で，任意の基本長方形 I に対して $m^*(I) = |I|$ であることを見ます（定理 4.2）．一般的には具体的に求める手段がない数 α についても，ちゃんと議論ができるというのが数学の優れたところです．得体の知れないものを間違いなく取り扱うために我々が使う道具は，個々の定義と集合に関する記号，それに論理です．

問 3.3 ルベーグ外測度の定義における $\mathscr{L}(S)$ について，$x \in \mathscr{L}(S)$ であれば，任意の $y > x$ に対して $y \in \mathscr{L}(S)$ であることを証明せよ．

同じ「外測度」という言葉を用いながら，ジョルダン外測度の定義とルベーグ外測度の定義は随分違うように見えますが，本質的な違いは「有限個か可算無限個か」というところです．すなわち，

$$\mathscr{J}(S) = \Big\{ \sum_{n=1}^{\ell} |I_n| \ \Big| \ \ell \in \mathbb{N}, \ I_n \ (n = 1, 2, 3, \ldots, \ell) \ \text{は基本長方形で}$$
$$S \subset \bigcup_{n=1}^{\ell} I_n \ \text{を満たすもの} \Big\} \tag{3.8}$$

とおくと $\inf \mathscr{J}(S) = \overline{\nu}(S)$ であることが証明できます[2]．これを認めれば，ジョルダン外測度を定める $\mathscr{J}(S)$ における有限な自然数 ℓ を ∞ に置き換えるとルベーグ外測度になるということです．ℓ は有限とはいえ，いくら大きくしてもよいのですからこの違いは，わずかに見えます．この，一見わずかな違いが，理論構成では実は決定的に大きな差となって現れます．

$\inf \mathscr{J}(S) = \overline{\nu}(S)$ の証明を与えておきましょう．S を含む基本長方形 I を1つ選んで，I の任意の分割 Δ をとり，$U(S, \Delta)$ に属する基本長方形を並べて $I_1, I_2, \ldots, I_\ell$ とすると

$$S \subset \bigcup_{n=1}^{\ell} I_n$$

---

[2] $\mathscr{J}$ は J の筆記体です．

が成り立ちますから，$\sum_{n=1}^{\ell} |I_n| \in \mathscr{J}(S)$ となります．逆に S を覆う有限個の基本長方形 $I_1, I_2, \ldots, I_\ell$ を考えます．あらかじめ $I_n \subset I$ と選んでおきます．また，$I_i \cap I_j = \emptyset \ (i \neq j)$ となるようにとれます．$I_i \cap I_j \neq \emptyset \ (i \neq j)$ であれば，I_i と I_j をさらに細かな基本長方形に分割して互いに交わらない和に分けて考えれば，I_n を取り直して面積和は保ち，$I_n \subset I$, $I_i \cap I_j = \emptyset \ (i \neq j)$ を満たすようにできます．このような I_n の各辺を延長すれば I の分割 Δ を作ることができます．こうして作った Δ に対して，$\sum_{n=1}^{\ell} |I_n| \in \mathscr{U}(S)$ となります（$\mathscr{U}(S)$ の定義は (2.8) を参照）．以上から，$\inf \mathscr{J}(S) = \overline{\nu}(S)$ がわかります．

問 3.4 問 3.2 で定めた集合 B は測度零であることを証明せよ．

問 3.5 $\mathbb{R}^2$ の部分集合 $X = \{(x,y) \mid 0 \leqq y < x < 1\}$ を考える．

(1) X の概形を図示せよ．

(2) $\mathscr{A} = \{|I_1| + |I_2| + |I_3| \mid I_1, I_2, I_3$ は基本長方形で $X \subset I_1 \cup I_2 \cup I_3\}$ とおくとき $\inf \mathscr{A}$ を求めよ．

3.4 零集合の基本事項

ルベーグ外測度については，次章以降さらに詳しく学ぶことにして，以下では零集合の基本事項を紹介します．

定理 3.5

平面の部分集合 S が可算集合であれば，S は測度零である．

証明は §3.3 の A に関する議論と同様にできます．

定理 3.6

平面内の測度零である集合の列 $S_1, S_2, \ldots, S_n, \ldots$ に対して，その和集合

$$\bigcup_{n=1}^{\infty} S_n$$

> は測度零である.

【証明】 各 n について S_n が測度零であることより,任意の $\varepsilon > 0$ に対して基本長方形 $I_{n,k}$ $(k = 1, 2, 3, \ldots)$ が存在して

$$S_n \subset \bigcup_{k=1}^{\infty} I_{n,k}, \quad \sum_{k=1}^{\infty} |I_{n,k}| \leqq \frac{\varepsilon}{2^n} \tag{3.9}$$

を満たす.このとき

$$\bigcup_{n=1}^{\infty} S_n \subset \bigcup_{n=1}^{\infty} \bigcup_{k=1}^{\infty} I_{n,k}, \quad \sum_{n=1}^{\infty} \sum_{k=1}^{\infty} |I_{n,k}| \leqq \sum_{n=1}^{\infty} \frac{\varepsilon}{2^n} = \varepsilon$$

であるから $\displaystyle\bigcup_{n=1}^{\infty} S_n$ は測度零である. (証明終)

上の証明では,2つの添字 n, k をもつ基本長方形 $I_{n,k}$ が登場しました.添字が2つあっても,適当に番号を振ることによって添字が1つの基本長方形の列に読み替えることができます.このような読み替えをすれば,測度零の定義と見かけ上の形を合わせることができます.今後も,類似の読み替えは断りなく用います.(3.9) に現れた数列 $\{1/2^n\}$ を用いることは,測度論の基本的技法であり,しばしば登場します.この数列 $\{1/2^n\}$ は,$\sum_{n=1}^{\infty} a_n = 1$,$a_n > 0$ を満たす任意の数列 $\{a_n\}$ で置き換えることができます.

問 3.6 平面内の有限集合は測度零であることを証明せよ.

問 3.7 平面内の部分集合 S に対して,$\overline{\nu}(S) = 0$ であれば,S は測度零であることを証明せよ.

問 3.8 平面内の部分集合 $C = \{(x_1, x_2) \in \mathbb{R}^2 \mid x_1 = x_2, 0 \leqq x_1 < 1\}$ は測度零であることを証明せよ.

問 3.9 平面内の部分集合 $D = \{(x_1, x_2) \in \mathbb{R}^2 \mid x_1 = x_2, 0 \leqq x_1\}$ は測度零であることを証明せよ.

第4章
ルベーグ外測度の基本性質

前章ではルベーグ外測度 m^* が定義されました（定義3.4）．それは，任意の有界部分集合 $S \subset \mathbb{R}^2$ に対して非負実数 $m^*(S)$ を対応させる集合関数とみなすことができます．

4.1 集合関数としてのルベーグ外測度

集合関数 m^* のもつ重要な性質から始めます．

定理 4.1

ルベーグ外測度は次の性質を満たす．

(i) $\mathbb{R}^2$ の2つの有界部分集合 S, T が $S \subset T$ を満たすとき，$m^*(S) \leqq m^*(T)$ が成り立つ．

(ii) ルベーグ外測度は平行移動で不変である．

(iii) $\mathbb{R}^2$ の有界な部分集合 S_j $(j = 1, 2, 3, \dots)$ に対して $\displaystyle\bigcup_{j=1}^{\infty} S_j$ も有界であるとき

$$m^*\left(\bigcup_{j=1}^{\infty} S_j\right) \leqq \sum_{j=1}^{\infty} m^*(S_j) \tag{4.1}$$

が成り立つ．

【証明】 (i) まず，$\mathbb{R}$ の下に有界な 2 つの部分集合 A, B について $A \subset B$ であるとき，$\inf B \leqq \inf A$ であることに注意する．したがって，$\mathscr{L}(T) \subset \mathscr{L}(S)$ をいえば (i) が示されたことになる．$x \in \mathscr{L}(T)$ とすると，定義より，基本長方形の列 $\{I_j\}$ ($j = 1, 2, 3, \dots$) が存在して $T \subset \bigcup_{j=1}^{\infty} I_j$ かつ $x = \sum_{j=1}^{\infty} |I_j|$ が成り立つ．$S \subset T$ を仮定しているので $S \subset T \subset \bigcup_{j=1}^{\infty} I_j$ である．これは $x = \sum_{j=1}^{\infty} |I_j| \in \mathscr{L}(S)$ であることを意味する．よって $\mathscr{L}(T) \subset \mathscr{L}(S)$ であることがわかり，(i) が示された．

(ii) 平面の部分集合 X の平行移動とは，実数 a, b が存在して

$$\{(x_1 + a, x_2 + b) \mid (x_1, x_2) \in X\}$$

と表される集合のことである．この集合を $\tau_{(a,b)}(X)$ と書く．(ii) の主張の意味は

$$m^*(\tau_{(a,b)}(S)) = m^*(S)$$

が成り立つ，ということである．これは基本長方形 I_j ($j = 1, 2, 3, \dots$) が

$$S \subset \bigcup_{j=1}^{\infty} I_j$$

を満たすとき，

$$\tau_{(a,b)}(S) \subset \bigcup_{j=1}^{\infty} \tau_{(a,b)}(I_j)$$

であることとルベーグ外測度の定義を併せると導かれる．

(iii) $m^*(S_j)$ の定義と，下限の定義（およびその言い換え；p. 4 参照）によって各 j に対して次が成り立つ：

任意の $\varepsilon > 0$ に対して基本長方形 $I_{j,k}$ ($k = 1, 2, 3, \dots$) が存在して

$$S_j \subset \bigcup_{k=1}^{\infty} I_{j,k}, \tag{4.2}$$

$$\sum_{k=1}^{\infty} |I_{j,k}| < m^*(S_j) + \varepsilon. \tag{4.3}$$

　これは j ごとの命題であり，ε も j ごとに独立であると考える．そこで，与えられた $\varepsilon > 0$ に対して，上の命題における ε を $\varepsilon/2^j$ と読み替える．任意の $\varepsilon > 0$ に対して，まず，上の ε を $\varepsilon/2^j$ と読み替えた上で，改めて各 j についての命題を順に並べたと見るのである．そうすることで，次のことが成り立っているといえる：

　任意の $\varepsilon > 0$ に対して基本長方形 $I_{j,k}$ $(k = 1, 2, 3, \dots)$ が存在して

$$S_j \subset \bigcup_{k=1}^{\infty} I_{j,k}, \tag{4.4}$$

$$\sum_{k=1}^{\infty} |I_{j,k}| < m^*(S_j) + \frac{\varepsilon}{2^j}. \tag{4.5}$$

このとき，各 $I_{j,k}$ は基本長方形で，(4.4) より

$$\bigcup_{j=1}^{\infty} S_j \subset \bigcup_{j=1}^{\infty} \bigcup_{k=1}^{\infty} I_{j,k} \tag{4.6}$$

が成り立つ．また，(4.5) より $\displaystyle\sum_{j=1}^{\infty} m^*(S_j)$ が有限な値に収束してるときは

$$\sum_{j=1}^{\infty} \sum_{k=1}^{\infty} |I_{j,k}| < \sum_{j=1}^{\infty} \left(m^*(S_j) + \frac{\varepsilon}{2^j} \right) \tag{4.7}$$

$$= \sum_{j=1}^{\infty} m^*(S_j) + \sum_{j=1}^{\infty} \frac{\varepsilon}{2^j} \tag{4.8}$$

$$= \sum_{j=1}^{\infty} m^*(S_j) + \varepsilon. \tag{4.9}$$

したがって

$$\sum_{j=1}^{\infty} m^*(S_j) + \varepsilon \in \mathscr{L}\left(\bigcup_{j=1}^{\infty} S_j \right) \tag{4.10}$$

となり，ルベーグ外測度の定義より

$$m^*\Big(\bigcup_{j=1}^{\infty} S_j\Big) \leqq \sum_{j=1}^{\infty} m^*(S_j) + \varepsilon \qquad (4.11)$$

を得る. $\varepsilon > 0$ は任意であるから

$$m^*\Big(\bigcup_{j=1}^{\infty} S_j\Big) \leqq \sum_{j=1}^{\infty} m^*(S_j) \qquad (4.12)$$

であることがわかった. $\sum_{j=1}^{\infty} m^*(S_j)$ が $+\infty$ に発散しているときは, 自明に成り立っている. (証明終)

　この定理の (i), (ii) は自然に理解できるでしょう. (iii) も, 一見したところ自然で, 証明しなくても受け入れられるくらい当たり前に成り立っているように思えます. ところが実際は (iii) の性質がジョルダンの外測度とルベーグの外測度の違いを端的に表しています. (iii) の m^* をジョルダン外測度 $\overline{\nu}$ に読み替えた

$$\overline{\nu}\Big(\bigcup_{j=1}^{\infty} S_j\Big) \leqq \sum_{j=1}^{\infty} \overline{\nu}(S_j) \qquad (4.13)$$

は, 一般には成り立ちません. §3.2 で学んだジョルダン非可測集合 A, すなわち,

$$A = \{(x,y) \in \mathbb{R}^2 \,|\, x, y \in \mathbb{Q},\ 0 \leqq x < 1,\ 0 \leqq y < 1\}$$

は, 可算集合でしたから

$$A = \{p_1, p_2, p_3, \ldots, p_n, \ldots\}$$

のように, 各元に自然数の番号を付けて並べることができました. そこで $S_j = \{p_j\}$ とおきます. S_j は 1 点 p_j のみからなる集合ですから, そのジョルダン外測度は $\overline{\nu}(S_j) = 0$ です. ところが $\overline{\nu}(A) = \overline{\nu}\Big(\bigcup_{j=1}^{\infty} S_j\Big) = 1$ でしたから (4.13) の左辺は 1 であり, 右辺は各項がすべて 0 ですからいくら足しても 0 となり, 結果として (4.13) は成り立ちません. もちろん, ルベーグ外測度では $m^*(A) = 0$ となります. このことからわかるように, (iii) はルベーグ外測度の重要な性質ということになります.

4.2　基本長方形のルベーグ外測度

先に述べたように，ルベーグ外測度が定義に従って直接求められる例は限られていますが，基本長方形については可能であり，そのルベーグ測度は基本長方形の面積と一致していることを主張するのが次の定理です．

定理 4.2

任意の基本長方形 $I \subset \mathbb{R}^2$ に対して

$$m^*(I) = |I| \tag{4.14}$$

が成り立つ．

一見自明のようですが，自明であるのは $m^*(I) \leqq |I|$ のみです．実際，$I_1 = I,\ I_2 = I_3 = \cdots = \emptyset$ とすると $I \subset \bigcup_{j=1}^{\infty} I_j$ であり，$\sum_{j=1}^{\infty} |I_j| = |I| + 0 + 0 + \cdots = |I|$ ですから $|I| \in \mathscr{L}(I)$ となり，$m^*(I) \leqq |I|$ がわかります．したがって，$m^*(I) \geqq |I|$ を証明すれば定理が得られますが，これを示すためには位相空間におけるコンパクト性の概念を使う必要があります．そこで，位相空間やコンパクト性の復習をしておきましょう．

定義 4.3（位相空間の定義）

X を集合，$\mathscr{O}$ を X の部分集合からなる，ある集合族としたとき，$(X, \mathscr{O})$ が位相空間であるとは，次の条件が成り立つことである．

(O1) $X \in \mathscr{O}, \emptyset \in \mathscr{O}$

(O2) 任意の $A, B \in \mathscr{O}$ に対して $A \cap B \in \mathscr{O}$

(O3) 任意の部分集合族 $\mathscr{U} \subset \mathscr{O}$ に対して $\displaystyle\bigcup_{A \in \mathscr{U}} A \in \mathscr{O}$

$A \in \mathscr{O}$ のとき A を位相空間 $(X, \mathscr{O})$ の「**開集合**」，$A^c \in \mathscr{O}$ のとき「**閉集合**」という．ただし，$A^c = X - A$（A の補集合）とおいた．

(O3) に現れた記号の意味は

$$\bigcup_{A \in \mathscr{U}} A = \{p \in X \mid \exists U \in \mathscr{U} \ \text{s.t.} \ p \in U\}$$

ということです．位相空間の定義はある意味難解ですが，わかってしまえば簡単なことで，自然な考えに基づく抽象化の例になっています．$X = \mathbb{R}^2$ として，平面における開集合全体のなす集合族を $\mathscr{O}$ と思えば，確かに (O1)～(O3) は成り立っていますから，開集合を上の意味での「開集合」と読み替えれば $\mathbb{R}^2$ は位相空間になっています．ここで，$A \subset \mathbb{R}^2$ が開集合である，とは，任意の $p = (p_1, p_2) \in A$ に対して $\delta > 0$ が存在して，p を中心とする半径 δ の円板 $B_\delta(p) = \{(x_1, x_2) \in \mathbb{R}^2 \mid \sqrt{(x_1 - p_1)^2 + (x_2 - p_2)^2} < \delta\}$ が A に含まれる，すなわち，$B_\delta(p) \subset A$ となることでした．$\mathbb{R}^2$ の開集合を「開集合」に読み替える，ということです．ここに現れた「開集合」と開集合は同じ言葉を使っていながら，意味のレベルが違うことに注意が必要でした．すなわち，位相空間における「開集合」の概念は，$\mathbb{R}^2$ における開集合を性質 (O1)～(O3) に注目して抽象化したものです．いままで，位相空間がわからないと思っていた人は，この点に注意して定義を見直しましょう．通常は位相空間の「開集合」も $\mathbb{R}^2$ の開集合も，ともに単に開集合と表記されますので，意味の次元の違いを意識する必要があります．以下では，「 」を付けた太字による区別はしません．閉集合についても同様です．余談ですが，このような意味の次元の区別は日常の言葉でもあります．例えば，花というのは個々の桜花，梅花，チューリップなどの花を抽象化した概念です．花と桜花の関係は，位相空間と $\mathbb{R}^2$ の関係に似ています．抽象的な意味での花びらと，桜の花びらの関係が位相空間の開集合と $\mathbb{R}^2$ の開集合の関係になります．

問 4.1 上のように $\mathbb{R}^2$ を位相空間とみなす．次の例を挙げよ．
(1) 開集合の列 $\{A_n\}$ ($n = 1, 2, 3, \dots$) で，$\bigcap_{n=1}^{\infty} A_n$ が開集合ではないもの．
(2) 閉集合の列 $\{A_n\}$ ($n = 1, 2, 3, \dots$) で，$\bigcup_{n=1}^{\infty} A_n$ が閉集合ではないもの．

$\mathbb{R}^2$ の有界閉集合を抽象化して位相空間に持ち上げたものがコンパクト集合でした．

定義 4.4

位相空間 $(X, \mathscr{O})$ における X の部分集合 K がコンパクトであるとは，K の任意の開被覆から有限部分被覆を選び出せることをいう．

ここに現れた言葉の復習をしておきます．集合族 $\mathscr{V}$ が K の**開被覆**であるとは

$$\mathscr{V} \subset \mathscr{O} \quad \text{かつ} \quad \bigcup_{A \in \mathscr{V}} A \supset K \tag{4.15}$$

が成り立つことをいいます．K がコンパクトであるとは，このような任意の $\mathscr{V}$ から有限個の元 $V_1, V_2, \ldots, V_n \in \mathscr{V}$ を選んで

$$V_1 \cup V_2 \cup \cdots \cup V_n \supset K$$

とできることを意味します．(4.15) の記号の意味は

- $\mathscr{V}$ の元は開集合である．
- $\displaystyle\bigcup_{A \in \mathscr{V}} A = \{p \in X \mid \exists V \in \mathscr{V} \text{ s.t. } p \in V\} \supset K$

ということでした．コンパクト性の定義の条件は，次の定理が基になっています．$\mathbb{R}^2$ を上で説明したように位相空間とみなします．

定理 4.5（ハイネ・ボレルの被覆定理）

$\mathbb{R}^2$ の部分集合 K に対して，K がコンパクトであることと，K が有界閉集合であることは同値である．

この定理は馴染みがあると思います．証明は位相空間の教科書を参照してください．

問 4.2 次の集合はコンパクトか．定理 4.5 を用いて判定せよ．

(1) $S_1 = \{(x_1, x_2) \in \mathbb{R}^2 \mid x_1 + x_2 \leqq 1\}$

(2) $S_2 = \{(x_1, x_2) \in \mathbb{R}^2 \mid |x_1| + |x_2| \leqq 1\}$

(3) $S_3 = \{(x_1, x_2) \in \mathbb{R}^2 \mid 0 < |x_1| + |x_2| \leqq 1\}$

(4) $S_4 = \{(x_1, x_2) \in \mathbb{R}^2 \mid x_1 = 0, |x_2| < 1\}$

(5) $S_5 = \{(x_1, x_2) \in \mathbb{R}^2 \mid x_1 = 0, |x_2| \leqq 1\}$

問 4.3 集合 $S = \{(x_1, x_2) \in \mathbb{R}^2 \mid x_1 + x_2 < 1\}$ は閉集合ではないので，コンパクトではない．$0 < r < 1$ に対して，$\mathbb{R}^2$ の開集合 V_r を

$$V_r = \{(x_1, x_2) \mid |x_1| + |x_2| < 1 - r\}$$

により定め，$\mathscr{V} = \{V_r \mid 0 < r < 1\}$ とおく．
(1) $\mathscr{V}$ は S の開被覆であることを証明せよ．
(2) $\mathscr{V}$ から有限個の開集合 $V_{r_1}, V_{r_2}, \ldots, V_{r_n}$ をどのように選んでも

$$V_{r_1} \cup V_{r_2} \cup \cdots \cup V_{r_n} \not\supset S$$

であることを証明せよ．

定理 4.5 が定理 4.2 の証明に用いられます．いくつか準備を行います．基本長方形は実数 $a \leqq b$, $c \leqq d$ に対して

$$\{(x_1, x_2) \mid a \leqq x_1 < b, \ c \leqq x_2 < d\}$$

の形に表される部分集合でした．ただし，$a = b$ または $c = d$ のとき，この集合は空集合であると約束します．また，

$$\{(x_1, x_2) \mid a < x_1 < b, \ c < x_2 < d\}$$

の形の部分集合を開基本長方形，さらに，

$$\{(x_1, x_2) \mid a \leqq x_1 \leqq b, \ c \leqq x_2 \leqq d\}$$

の形の部分集合を閉基本長方形とよびました（§ 2.2 参照）．閉基本長方形は有界閉集合ですからコンパクトです．これらの図形について，次の性質が成り立ちます．証明は自分で試みてください．

補題 4.6

　空でない任意の基本長方形 I および任意の $\varepsilon > 0$ に対して，開基本長方形 I'，閉基本長方形 I'' で次の条件を満たすものが存在する．
　(i) $I'' \subset I \subset I'$
　(ii) $|I| - \varepsilon < |I''| < |I| < |I'| < |I| + \varepsilon$

問 **4.4** 補題 4.6 を証明せよ.

【定理 4.2 の証明】 先に注意したように $m^*(I) \leqq |I|$ は自明に成り立つので, $m^*(I) \geqq |I|$ を示す. 任意の $\varepsilon > 0$ に対して補題 4.6 のような I'' をとる. ルベーグ外測度の定義より, 基本長方形の列 $\{I_j\}$ $(j = 1, 2, 3, \dots)$ が存在して

$$I \subset \bigcup_{j=1}^{\infty} I_j,$$

$$\sum_{j=1}^{\infty} |I_j| \leqq m^*(I) + \varepsilon \tag{4.16}$$

が成り立つ. 各 j に対して開基本長方形 I_j' を

$$I_j \subset I_j', \tag{4.17}$$

$$|I_j'| < |I_j| + \frac{\varepsilon}{2^j} \tag{4.18}$$

となるように選ぶ. これは補題 4.6 を用いると可能である. このとき,

$$I'' \subset I \subset \bigcup_{j=1}^{\infty} I_j \subset \bigcup_{j=1}^{\infty} I_j'$$

であるから, $\mathscr{V} = \{I_1', I_2', I_3', \dots\}$ とおくと $\mathscr{V}$ はコンパクト集合 I'' の開被覆である. したがって, N を十分大きくとれば

$$I'' \subset \bigcup_{j=1}^{N} I_j'$$

とできる. N は有限なので, 基本集合の面積の定義により

$$|I''| \leqq \sum_{j=1}^{N} |I_j'| \tag{4.19}$$

が成り立つ. (4.18) より

$$|I''| \leqq \sum_{j=1}^{N} |I_j'| \leqq \sum_{j=1}^{N} \left(|I_j| + \frac{\varepsilon}{2^j} \right) = \sum_{j=1}^{N} |I_j| + \sum_{j=1}^{N} \frac{\varepsilon}{2^j}. \tag{4.20}$$

この式において $N \to \infty$ とすると

$$|I''| \leqq \sum_{j=1}^{\infty} |I_j| + \varepsilon \tag{4.21}$$

となる. I'' は $|I| - \varepsilon < |I''|$ となるように選んだことを思い出し, (4.16) と併せると

$$|I| - \varepsilon < m^*(I) + 2\varepsilon. \tag{4.22}$$

したがって,

$$|I| < m^*(I) + 3\varepsilon \tag{4.23}$$

を得る. $\varepsilon > 0$ は任意であるから,

$$|I| \leqq m^*(I) \tag{4.24}$$

となる.　　　　　　　　　　　　　　　　　　　　　　（定理の証明終）

　定理 4.2 では基本長方形を考えましたが, 開基本長方形や閉基本長方形でも同じように, それらの外測度が面積と一致します. さらに, 次のことが同様にわかります.

> **定理 4.7**
>
> 　互いに交わらない有限個の基本長方形 I_j $(j = 1, 2, 3, \ldots, N;\ I_i \cap I_j = \emptyset\,(i \neq j))$[1] によって定まる基本集合 $F = \bigcup_{j=1}^{N} I_j$ に対して
>
> $$m^*(F) = \sum_{j=1}^{N} |I_j|$$
>
> である.

---

[1] 定理の N と I_i の間にある「 ; 」は「セミコロン」とよばれる英文の句読点です. ここでは, j と I_j それぞれについての条件の区切りとして用いています. 似た記号として「 : 」（「コロン」という）があります. 英文でこれらを用いるときは, 使い方の区別があります.

問 4.5 平面の部分集合

$$A = \left\{ \left(\frac{1}{n}, \frac{1}{n} \right) \middle| n \in \mathbb{N} \right\}, \quad B = \{(0,0)\} \tag{4.25}$$

を考える. ただし, $\mathbb{N} = \{1, 2, 3, \ldots\}$ は自然数全体の集合である.

(1) A はコンパクト集合でないことを, コンパクト性の定義を直接確かめることにより証明せよ.

(2) $A \cup B$ はコンパクト集合であることを, コンパクト性の定義を直接確かめることにより証明せよ.

第5章

ルベーグ内測度・ルベーグ測度

第3章および第4章において，ルベーグ外測度について学びました．続いて，ルベーグ内測度を定義して，これらを基にルベーグ可測性・ルベーグ測度を定義します．ジョルダン測度と同じような流れですが，ルベーグ内測度の定義はジョルダン内測度とは一見して大きく異なります．ルベーグの発想の妙を楽しむ気持ちで学んでください．

5.1 ルベーグ内測度

定義 5.1

平面の有界部分集合 $S \subset \mathbb{R}^2$ に対して S を含む基本長方形 I をとり

$$m_*(S) = m^*(I) - m^*(I \cap S^c) \tag{5.1}$$

とおき，$m_*(S)$ を S のルベーグ内測度という．ただし，S^c は S の補集合を表す．

S の補集合と I の共通部分 $I \cap S^c$ は S の I における補集合とも理解できます．当然のことながら，$I \cap S^c \subset I$ は有界集合ですから，$m^*(I \cap S^c) < \infty$ であることに注意しておきます．その外測度を I の外測度から引いたものが S の内測度です．(5.1) 右辺の値は I の取り方に依らず定まります．言い換えると，

S を含む別の基本長方形 J をとっても

$$m^*(I) - m^*(I \cap S^c) = m^*(J) - m^*(J \cap S^c) \tag{5.2}$$

が成り立ちます.

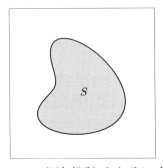

図 5.1　S（灰色部分）および I の例.

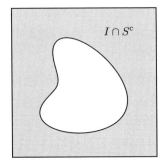

図 5.2　$I \cap S^c$（灰色部分）.

問 5.1　有界集合 $S \subset \mathbb{R}^2$ を含む任意の基本長方形 I, J に対して (5.2) が成り立つことを証明せよ.

$m^*(I) = |I|$ であることは，すでに証明しましたから (5.1) は

$$m_*(S) = |I| - m^*(I \cap S^c) \tag{5.3}$$

と同じことです．m_* も m^* と同様に，平面の有界部分集合に実数を対応させる集合関数とみなせます．その基本性質をいくつか見ておきます.

定理 5.2

ルベーグ内測度は次の性質を満たす.

(i)　任意の有界部分集合 $S \subset \mathbb{R}^2$ に対して $0 \leqq m_*(S) < \infty$

(ii)　$m_*(\emptyset) = 0$

(iii)　任意の有界部分集合 $S \subset \mathbb{R}^2$ に対して $m_*(S) \leqq m^*(S)$

(iv)　2 つの有界部分集合 $S, T \subset \mathbb{R}^2$ について，$S \subset T$ ならば $m_*(S) \leqq m_*(T)$

(v)　任意の基本長方形 J に対して $m_*(J) = |J|$

【証明】　(i), (ii) は明らか.

(iii) ルベーグ外測度の基本性質 (4.1) において，$S_1 = S$, $S_2 = I \cap S^c$, $S_3 = S_4 = \cdots = \emptyset$ とおくと $\bigcup_{j=1}^{\infty} S_j = I$, $m^*(\emptyset) = 0$ であるから

$$m^*(I) \leqq m^*(S) + m^*(I \cap S^c).$$

$m^*(I \cap S^c) < \infty$ に注意して，これを移項すれば

$$m^*(I) - m^*(I \cap S^c) \leqq m^*(S).$$

左辺は $m_*(S)$ の定義そのものであるから (iii) を得る．

(iv) $S \subset T$ ならば $S^c \supset T^c$，したがって $S, T \subset I$ を満たす任意の基本長方形に対して $I \cap S^c \supset I \cap T^c$ となる．外測度の基本性質（定理 4.1 (i)）より

$$m^*(I \cap T^c) \leqq m^*(I \cap S^c) \ (< \infty)$$

を得る．両辺を $m^*(I)$ から引くと

$$m^*(I) - m^*(I \cap T^c) \geqq m^*(I) - m^*(I \cap S^c)$$

となる．ルベーグ内測度の定義より，これは (iv) に他ならない．

(v) J を含む基本長方形として J 自身がとれるから

$$m_*(J) = m^*(J) - m^*(J \cap J^c) = |J| - m^*(\emptyset) = |J|.$$

よって (v) が示された． （証明終）

5.2 ルベーグ可測性・ルベーグ測度

ルベーグ内測度が定義されたので，ジョルダン可測性の真似をして，ルベーグ可測性を定義します．

定義 5.3

平面の有界部分集合 S に対して $m_*(S) = m^*(S)$ が成り立つとき，S はルベーグ可測である，といい，この共通の値を $m(S)$ と書いて S のルベーグ測度とよぶ．

では，どのような集合がルベーグ可測となるのでしょうか．いくつか例を見ていきます．まず，第 3 章で学んだ零集合 A，すなわち

$$A = \{ (x, y) \in \mathbb{R}^2 \mid x, y \in \mathbb{Q}, 0 \leqq x < 1, 0 \leqq y < 1 \}$$

に対しては $m^*(A) = 0$ でしたから，内測度の基本性質 (iii) から $m_*(A) = m^*(A) = 0$ となります．したがって，A はルベーグ可測であり，$m(A) = 0$ がわかりました．A はジョルダン非可測でしたから，これは大きな進歩です．一般に有界部分集合 S が測度零であれば，同様に S はルベーグ可測となり，$m(S) = 0$ となります．

次に，ジョルダン可測集合を考えます．平面の有界部分集合 S に対して §3.3, (3.8) で定めたように

$$\mathscr{J}(S) = \left\{ \sum_{n=1}^{\ell} |I_n| \;\middle|\; \ell \in \mathbb{N}, I_n \, (n = 1, 2, 3, \ldots, \ell) \text{ は基本長方形で} \right.$$
$$\left. S \subset \bigcup_{n=1}^{\ell} I_n \text{ を満たすもの} \right\}$$

とおくと，S のジョルダン外測度 $\overline{\nu}(S)$ について $\inf \mathscr{J}(S) = \overline{\nu}(S)$ が成り立ちました（p. 41 参照）．ここで，$\ell \to \infty$ としたものが $\mathscr{L}(S)$ であり，$m^*(S) = \inf \mathscr{L}(S)$ が S のルベーグ外測度の定義でした．$\mathscr{J}(S)$ の定義に現れる基本長方形の有限列 $\{I_j\}$ $(j = 1, 2, \ldots, \ell)$ は $I_{\ell+1} = I_{\ell+2} = \cdots = \emptyset$ を補うことにより $\mathscr{L}(S)$ の定義に現れる基本長方形の無限列の特別な場合とみなせます．したがって $\mathscr{J}(S) \subset \mathscr{L}(S)$ が成り立ち，下限をとれば $\inf \mathscr{L}(S) \leqq \inf \mathscr{J}(S)$，すなわち，

$$m^*(S) \leqq \overline{\nu}(S) \tag{5.4}$$

がわかります．次に，S を含む基本長方形 I をとり，I の任意の分割 Δ を考えます．(2.4) のように $\underline{S}(\Delta)$ をとると，$I - \underline{S}(\Delta) = \overline{I \cap S^c}(\Delta)$ と考えることができます．したがって，これらの基本集合の面積を考えると

$$|I| - |\underline{S}(\Delta)| = |\overline{I \cap S^c}(\Delta)|$$

となります．あらゆる分割 Δ に対する下限を考えると，左辺の $|\underline{S}(\Delta)|$ には負号が付いてるので

$$|I| - \underline{\nu}(S) = \overline{\nu}(I \cap S^c)$$

を得ます. $m^*(I \cap S^c) \leqq \overline{\nu}(I \cap S^c)$ ですから

$$|I| - \underline{\nu}(S) \geqq m^*(I \cap S^c).$$

したがって

$$|I| - m^*(I \cap S^c) \geqq \underline{\nu}(S)$$

となりますが, ルベーグ内測度の定義から, これは

$$m_*(S) \geqq \underline{\nu}(S) \tag{5.5}$$

を意味します. (5.4) と併せると, 任意の有界部分集合 S に対して成り立つ不等式

$$\underline{\nu}(S) \leqq m_*(S) \leqq m^*(S) \leqq \overline{\nu}(S)$$

を得ます. したがって $\underline{\nu}(S) = \overline{\nu}(S)$ ならば $m_*(S) = m^*(S)$, すなわち, ジョルダン可測集合はルベーグ可測であることがわかりました.

定理 5.4

平面 $\mathbb{R}^2$ の有界部分集合 S がジョルダン可測ならば S はルベーグ可測であり, $\nu(S) = m(S)$ が成り立つ.

したがって, 定理 2.4 (p.23) により, 次のことがわかります.

定理 5.5

平面のジョルダン可測集合 S, T について $S \cap T$, $S \cup T$ はルベーグ可測であり, $m(S \cup T) = m(S) + m(T) - m(S \cap T)$ が成り立つ.

したがって, ルベーグ測度はジョルダン測度の真の拡張になっていることがわかりました. 「真の」というのは, ジョルダン可測ではなく, かつルベーグ可測な集合が存在するという意味です. ですから, ルベーグ測度も素朴な面積概念を数学的に厳密に定式化したものになっており, しかもジョルダン測度よりも「精密」な測度であるということができます.

ルベーグ測度の優れた点はこれだけに留まりません. このあと, さらに優れた性質を学びますが, そこに至るにはいろいろと準備が必要となります.

問 5.2 S を $\mathbb{R}^2$ の有界部分集合とする. S を含む基本長方形を 1 つ選び I とする. このとき,

$$m_*(I) - m_*(I \cap S^c) = m^*(S)$$

が成り立つことを証明せよ.

5.3 ルベーグ測度と平面の位相

まず,平面における開集合に関する基本的事項を説明します.

┌─── **定理 5.6** ───────────────────────────────
│　平面内の任意の開集合は,互いに交わらない可算個の基本長方形の和
│集合として表される.
└──

この定理の主張は,直観的には正しいと納得できますが,証明には多少の工夫が必要となります.準備として次のような基本長方形を考えます.整数 n, j, k に対して

$$I_{j,k}^{(n)} = \left\{ (x_1, x_2) \in \mathbb{R}^2 \,\middle|\, \frac{j}{2^n} \leqq x_1 < \frac{j+1}{2^n}, \ \frac{k}{2^n} \leqq x_2 < \frac{k+1}{2^n} \right\} \tag{5.6}$$

とおきます.これは 1 辺の長さが $1/2^n$ の正方形です.この形の集合を**第 n 階層の 2 進正方形**とよびます.明らかに $|I_{j,k}^{(n)}| = 1/2^{2n}$ となります.整数 n に対して第 n 階層の 2 進正方形全体のなす集合族を $\mathcal{S}^{(n)}$ とおきます[1]:

$$\mathcal{S}^{(n)} = \{ I_{j,k}^{(n)} \,|\, j, k \in \mathbb{Z} \}. \tag{5.7}$$

$\mathcal{S}^{(n)}$ の元である第 n 階層の 2 進正方形を並べたもののイメージは図 5.3〜5.6 のようになります.階層が 1 つ進むごとに,細かさが倍になっているのがわかります.

―――――――――――――

[1] ここで $\mathcal{S}$ は S のカリグラフィー書体です.平面の集合は,S のイタリック書体 S でよく記述してきましたので,書体の違いに注意してください.

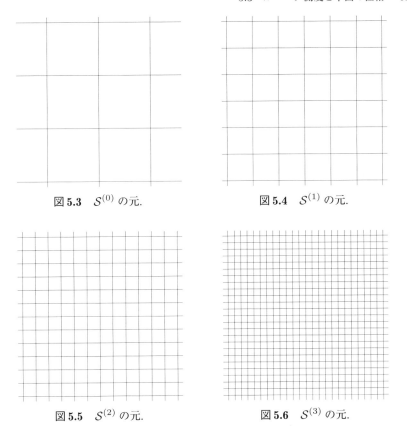

図 **5.3** $\mathcal{S}^{(0)}$ の元.　　　　　　　図 **5.4** $\mathcal{S}^{(1)}$ の元.

図 **5.5** $\mathcal{S}^{(2)}$ の元.　　　　　　　図 **5.6** $\mathcal{S}^{(3)}$ の元.

すべての n について，$\mathcal{S}^{(n)}$ の合併を $\mathcal{S}$ とおきます：

$$\mathcal{S} = \bigcup_{n \in \mathbb{Z}} \mathcal{S}^{(n)}. \tag{5.8}$$

$\mathcal{S}^{(n)}$ や $\mathcal{S}$ の元は 2 進正方形です．整数全体の集合 $\mathbb{Z}$ は可算集合ですから，$\mathcal{S}^{(n)}, \mathcal{S}$ ともに可算集合族です．また，明らかに，任意の $n \in \mathbb{Z}$ に対して

$$\mathbb{R}^2 = \bigcup_{I \in \mathcal{S}^{(n)}} I = \bigcup_{j,k \in \mathbb{Z}} I_{j,k}^{(n)} \tag{5.9}$$

が成り立ちます．次の性質に注意しましょう：

(i) $I, J \in \mathcal{S}^{(n)}$ ならば $I \cap J = \emptyset$ か $I = J$ のいずれか一方が成り立つ.

(ii) 任意の $n \in \mathbb{Z}$ と $I \in \mathcal{S}^{(n)}$ に対して, $J \in \mathcal{S}^{(n-1)}$ かつ $I \subset J$ となるものが ただ1つ存在する.

(iii) $m < n$ を満たす任意の $m, n \in \mathbb{Z}$ および任意の $I \in \mathcal{S}^{(m)}$, $J \in \mathcal{S}^{(n)}$ に対 して $J \subset I$ か $I \cap J = \emptyset$ のいずれか一方が成り立つ.

(iv) $m < n$ を満たす $m, n \in \mathbb{Z}$ に対して, $I \in \mathcal{S}^{(m)}$, $J \in \mathcal{S}^{(n)}$ が $J \subset I$ を満 たしているとき, $I - J (= I \cap J^c)$ は $\mathcal{S}^{(n)}$ の元である有限個の2進正方形 の和集合として表すことができる.

証明は簡単です. それぞれの意味が理解できたら, 証明もわかるはずです. 「あぁ, そういうことか」という気持ちになるまで, 繰り返し読み, いくつかの例 (具体的な n, j, k をいくつか当てはめて $I^{(n)}_{j,k}$ の図を描いてみる) で (i)~ (iv) を確かめてください. 定理5.6を証明するためには, 次の定理を証明すれ ば十分です.

定理5.7

任意の開集合 $G \subset \mathbb{R}^2$ に対して, 2進正方形 I_j ($j = 1, 2, 3, \ldots$) で $I_i \cap I_j = \emptyset$ ($i \neq j$) を満たすものが存在して

$$G = \bigcup_{j=1}^{\infty} I_j \tag{5.10}$$

となる.

【証明】 $n = 1, 2, 3, \ldots$ に対して集合族 $\mathcal{G}^{(n)}$ および集合 $G^{(n)}$ を次のように順 次構成する:

- $\mathcal{G}^{(1)} = \{ I \in \mathcal{S}^{(1)} \mid I \subset G \}$, $\quad G^{(1)} = \bigcup_{I \in \mathcal{G}^{(1)}} I$

- $\mathcal{G}^{(2)} = \{ I \in \mathcal{S}^{(2)} \mid I \subset G, I \cap G^{(1)} = \emptyset \}$, $\quad G^{(2)} = \bigcup_{I \in \mathcal{G}^{(2)}} I$

- $\mathcal{G}^{(3)} = \{ I \in \mathcal{S}^{(3)} \mid I \subset G, I \cap (G^{(1)} \cup G^{(2)}) = \emptyset \}$, $\quad G^{(3)} = \bigcup_{I \in \mathcal{G}^{(3)}} I$

$\vdots$

$$\bullet \ \mathcal{G}^{(n)} = \left\{ I \in \mathcal{S}^{(n)} \ \middle| \ I \subset G, I \cap \left(\bigcup_{j=1}^{n-1} G^{(j)} \right) = \emptyset \right\}, \quad G^{(n)} = \bigcup_{I \in \mathcal{G}^{(n)}} I$$

$$\vdots$$

$G \neq \emptyset$ ならば, $\mathcal{G}^{(k)} \neq \emptyset$ となる k が無数に存在する（有限個しかなければ, G は有限個の $G^{(n)}$ の和集合で書けるので, G は開集合ではなくなる）. このような k に対しては $G^{(k)} \neq \emptyset$ となる.

$$G' = \bigcup_{n=1}^{\infty} G^{(n)} \tag{5.11}$$

とおくとき $G' = G$ となることを証明する. これがいえると, $\mathcal{G}^{(n)}$ $(n = 1, 2, 3, \ldots)$ に属する基本長方形すべてに自然数の番号を振り I_j $(j = 1, 2, 3, \ldots)$ とすると, $\bigcup_{n=1}^{\infty} G^{(n)} = \bigcup_{j=1}^{\infty} I_j$ であるから, (5.10) が成り立つ. 各 n に対して $G^{(n)} \subset G$ より, $G' \subset G$ であることは明らかゆえ, $G' = G$ を証明するためには, $G' \supset G$ を示せばよい. それには, 任意の $(x, y) \in G$ に対して, 自然数 n_0 が存在して $(x, y) \in G^{(n_0)}$ となることをいえばよい. 任意の自然数 n に対して $(x, y) \in I^{(n)}$ を満たす $I^{(n)} \in \mathcal{S}^{(n)}$ がただ 1 つ存在する. G は開集合であるから, 十分小さい $\delta > 0$ に対して, $p = (x, y)$ を中心とする開円板 $B_\delta(p)$ は G に含まれる. n が十分大きければ $I^{(n)} \subset B_\delta(p) \subset G$ となる. そこで $I^{(n)} \subset G$ となるような n のうち, 最小のものを n_0 とする. このとき $I^{(n_0)} \in \mathcal{G}^{(n_0)}$ である. 実際, もし $n_0 = 1$ ならば $\mathcal{G}_1$ の定義よりこれは明らか. したがって, $n_0 > 1$ のときを考える. $I^{(n_0)} \notin \mathcal{G}^{(n_0)}$ であると仮定すると, $\mathcal{G}^{(n)}$ の定義から（n_0 の定義から $I^{(n_0)} \subset G$ は成り立っているので）$I^{(n_0)} \cap \left(\bigcup_{j=1}^{n_0-1} G^{(j)} \right) \neq \emptyset$ が成り立つ. したがって $k < n_0$ を満たす k が存在して $I^{(n_0)} \cap G^{(k)} \neq \emptyset$ となる. $G^{(k)}$ は第 k 階層の 2 進正方形いくつか（有限個または可算個）の和集合であり, 第 k 階層の任意の 2 進正方形 J に対して, $k < n_0$ ゆえ, $I^{(n_0)} \subset J$ または $I^{(n_0)} \cap J = \emptyset$ が成り立つ. したがって, $(I^{(n_0)} \cap G^{(k)} \neq \emptyset$ ゆえ)

$$(x, y) \in I^{(n_0)} \subset J \subset G^{(k)} \subset G \ \text{かつ} \ J \in \mathcal{S}^{(k)} \tag{5.12}$$

となる J が存在する. これは n_0 の最小性に反する. したがって, $I^{(n_0)} \in \mathcal{G}^{(n_0)}$ である. 以上より, $(x, y) \in G^{(n_0)} \subset G'$ であることが示された. よって $G' = G$ である.

（証明終）

図 5.7 開集合 G.

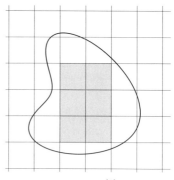

図 5.8 $G^{(1)}$.

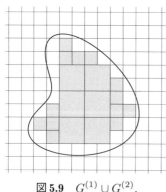

図 5.9 $G^{(1)} \cup G^{(2)}$.

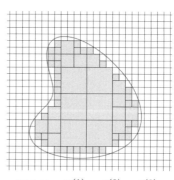

図 5.10 $G^{(1)} \cup G^{(2)} \cup G^{(3)}$.

図 5.7〜5.10 は，開集合 G を $\bigcup_{n=1}^{k} G^{(n)}$ $(k = 1, 2, \dots)$ で近似してゆく様子の例を示しています．証明の詳細はともかく，これらの図を見れば，定理 5.7 の主張は納得できます．

平面の開集合 G が有界で (5.10) のように書けているとき，ルベーグ外測度の性質から

$$m^*(G) \leqq \sum_{j=1}^{\infty} m^*(I_j) \tag{5.13}$$

が成り立ちます．(5.10) では I_j は 2 進正方形でしたが，より一般に I_j が基本長方形であっても同様です．以下，G は互いに交わらない基本長方形 I_j を用いて (5.10) のように書けているとします．基本長方形に対しては，そのルベーグ外測度は面積と一致します．したがって

$$m^*(G) \leqq \sum_{j=1}^{\infty} |I_j| \tag{5.14}$$

となります. 一方, ルベーグ内測度の基本性質から, $m_*(G) \leqq m^*(G)$, また, 任意の自然数 N に対して $\bigcup_{j=1}^N I_j \subset G$ ですので

$$m_*\Big(\bigcup_{j=1}^N I_j \Big) \leqq m_*(G) \tag{5.15}$$

が成り立ちます. 集合 $\bigcup_{j=1}^N I_j$ は任意の N に対して基本集合ですからジョルダン可測, したがってルベーグ可測であり, $I_i \cap I_j = \emptyset$ $(i \neq j)$ ですから特に

$$m_*\Big(\bigcup_{j=1}^N I_j \Big) = \sum_{j=1}^N |I_j| \tag{5.16}$$

が成り立っています. したがって

$$\sum_{j=1}^N |I_j| \leqq m_*(G) \leqq m^*(G) \leqq \sum_{j=1}^{\infty} |I_j| \tag{5.17}$$

となります. ここで $N \to \infty$ の極限を考えると

$$\sum_{j=1}^{\infty} |I_j| \leqq m_*(G) \leqq m^*(G) \leqq \sum_{j=1}^{\infty} |I_j| \tag{5.18}$$

であることがわかりました. したがって, 次の定理が得られました.

定理 5.8

平面の有界な開集合 G はルベーグ可測である. さらに, G が基本長方形 I_j $(j = 1, 2, 3, \ldots; I_i \cap I_j = \emptyset \ (i \neq j))$ により $G = \bigcup_{j=1}^{\infty} I_j$ と書けているとき

$$m(G) = \sum_{j=1}^{\infty} |I_j| \tag{5.19}$$

> が成り立つ.

問 5.3 平面の開部分集合

$$J = \{ (x_1, x_2) \in \mathbb{R}^2 \mid |x_1| < 1, \, |x_2| < 1 \}$$

を2進正方形の列の和集合として表せ. また, 各2進正方形の面積の総和を求めよ.

　第5章において平面の有界な開集合はルベーグ可測であることを見ました．
同様に，平面の有界な閉集合もルベーグ可測となります．まず，このことを確
認しましょう．S を含む基本長方形 I をとると，有界な集合 S がルベーグ可測
であるとは $m_*(S) = m^*(S)$ が成り立つこと，ただし，

$$m_*(S) = |I| - m^*(I \cap S^c) \tag{6.1}$$

でした．これらの式から $m_*(S)$ を消去して $S = I \cap S$ と書き換えると

$$|I| = m^*(I \cap S) + m^*(I \cap S^c) \tag{6.2}$$

という式が得られます．これは I の中で考える限り補集合をとるという操作に
関して対称です．S が閉集合であれば，S^c は開集合です．$(S^c)^c = S$ ですか
ら，開集合がルベーグ可測という事実から閉集合もルベーグ可測であることが
わかります．ここでは，$\mathbb{R}^2$ の位相から I に誘導された相対位相で考えていま
す．内測度の定義 (6.1) において，I として S を含む閉基本長方形，または開
基本長方形をとっても同等であること（定理 6.2 の証明の議論参照）から，I
における相対位相で考えなくても有界閉集合のルベーグ可測性が導かれます．
位相，すなわち，開集合あるいは閉集合を考えるという立場からルベーグ可測
性を見直すと，新たな面が見えてきます．そしてルベーグ測度の神髄ともいえ
る「完全加法性」に到達できます．

6.1 ルベーグ外測度とルベーグ内測度の特徴付け

まず，次の性質から見ていきましょう.

=== 定理 6.1 ===

平面の任意の有界部分集合 $S \subset \mathbb{R}^2$ および任意の $\varepsilon > 0$ に対して，有界な開集合 $G \subset \mathbb{R}^2$ が存在して

$$S \subset G, \quad m^*(G) \leqq m^*(S) + \varepsilon \tag{6.3}$$

が成り立つ. 特に

$$m^*(S) = \inf\{m^*(G) \mid S \subset G,\ G \text{ は開集合}\} \tag{6.4}$$

が成り立つ.

【証明】 有界性の仮定より，S を含む基本長方形 I が存在する. I の閉包 $\overline{I}$ を含む開基本長方形 I' をとる. ルベーグ外測度の定義から，任意の $\varepsilon > 0$ に対して基本長方形 $I_j\ (j = 1, 2, 3, \dots)$ を

$$S \subset \bigcup_{j=1}^{\infty} I_j, \quad \sum_{j=1}^{\infty} |I_j| \leqq m^*(S) + \frac{\varepsilon}{2} \tag{6.5}$$

が成り立つようにとれる. 補題 4.6 (p.51) より，各基本長方形 I_j に対して開基本長方形 I_j' を

$$I_j \subset I_j', \quad |I_j'| \leqq |I_j| + \frac{\varepsilon}{2^{j+1}} \tag{6.6}$$

となるように選ぶことができる. 必要ならば $I' \cap I_j'$ を改めて I_j' とすれば，$I_j' \subset I'\ (j = 1, 2, 3, \dots)$ と仮定してよい. このとき (6.5), (6.6) より

$$S \subset \bigcup_{j=1}^{\infty} I_j', \quad \sum_{j=1}^{\infty} |I_j'| \leqq \sum_{j=1}^{\infty} \left(|I_j| + \frac{\varepsilon}{2^{j+1}}\right) \leqq m^*(S) + \varepsilon \tag{6.7}$$

となる. よって，$G = \bigcup_{j=1}^{\infty} I_j'$ とおくと G は開集合であり，$I_j' \subset I'$ であるか

ら G は有界となる. $m^*(G) \leqq \sum_{j=1}^{\infty} |I_j'| \leqq m^*(S) + \varepsilon$ であることがわかった.

（証明終）

閉集合についても類似の性質があります.

定理 6.2

平面の任意の有界部分集合 $S \subset \mathbb{R}^2$ および任意の $\varepsilon > 0$ に対して, 閉集合 $K \subset \mathbb{R}^2$ が存在して

$$K \subset S, \quad m_*(S) \leqq m^*(K) + \varepsilon \tag{6.8}$$

が成り立つ. 特に

$$m_*(S) = \sup\{m^*(K) \,|\, K \subset S, \ K \text{ は閉集合}\} \tag{6.9}$$

が成り立つ.

【証明】 S を含む基本長方形 I をとると, ルベーグ内測度の定義より

$$m_*(S) = |I| - m^*(I \cap S^c)$$

である. I の閉包 $\overline{I}$ に対して,

$$m_*(S) = |\overline{I}| - m^*(\overline{I} \cap S^c) \tag{6.10}$$

が成り立つことに注意する. 実際, $|I| = |\overline{I}|$ であり, ルベーグ外測度の性質についての定理 4.1 (i) より $m^*(I \cap S^c) \leqq m^*(\overline{I} \cap S^c)$ であることは明らかである. また, I の境界を ∂I と書くと, $\overline{I} = I \cup \partial I$ ゆえ,

$$\overline{I} \cap S^c = (I \cup \partial I) \cap S^c = (I \cap S^c) \cup (\partial I \cap S^c)$$

が成り立つ. したがって, 定理 4.1 (iii)（の有限個版）より

$$m^*(\overline{I} \cap S^c) \leqq m^*(I \cap S^c) + m^*(\partial I \cap S^c)$$

となるが, $0 \leqq m^*(\partial I \cap S^c) \leqq m^*(\partial I) = 0$. したがって,

$$m^*(\overline{I} \cap S^c) \leqq m^*(I \cap S^c)$$

を得る. よって, $m^*(\overline{I} \cap S^c) = m^*(I \cap S^c)$ となり, (6.10) が成り立つ. 定理 6.1 より, 任意の $\varepsilon > 0$ に対して開集合 G が存在して

$$\overline{I} \cap S^c \subset G, \quad m^*(G) \leqq m^*(\overline{I} \cap S^c) + \varepsilon$$

が成り立つ. $\overline{I} \cap S^c \subset \overline{I} \cap G \subset G$ より, 定理 4.1 (i) を用いて $m^*(\overline{I} \cap S^c) \leqq m^*(G)$. したがって,

$$m^*(\overline{I} \cap G) \leqq m^*(\overline{I} \cap S^c) + \varepsilon \tag{6.11}$$

が成り立つ. $\overline{I} \cap G^c = K$ とおくと, K は S に含まれる閉集合であり (このために $\overline{I}$ を考えた),

$$\overline{I} = (\overline{I} \cap G) \cup K$$

であるから

$$|\overline{I}| = m^*(\overline{I}) \leqq m^*(\overline{I} \cap G) + m^*(K)$$

となる. したがって, (6.10) および (6.11) より

$$m_*(S) \leqq |\overline{I}| - m^*(I \cap G) + \varepsilon$$
$$\leqq m^*(K) + \varepsilon$$

である. よって (6.8) がいえた. (証明終)

6.2 ルベーグ測度の完全加法性

ルベーグ測度が素朴な面積概念の数学的定式化であり, ジョルダン測度を拡張したものであることは, すでに見ました. ここでは, さらに優れた性質があることを紹介します. 下の定理 6.3 を証明することが目標です. 理解するためにはやや忍耐力が必要な証明が続きます. まずは, 定理や補題の主張の意味を納得できるように繰り返し読み, 納得できたら証明を追ってください. はじめは完全に理解する必要はありません. 繰り返し自分で書きながら, 段階を追って理解する努力をしてください.

> **定理 6.3**
>
> 　平面内の有界な部分集合 $S_1, S_2, \ldots, S_j, \ldots \subset \mathbb{R}^2$ がすべてルベーグ
> 可測で，$S_i \cap S_j = \emptyset \ (i \neq j)$ を満たしているとき，$S = \bigcup_{j=1}^{\infty} S_j$ とおく．
> S が有界ならば S もルベーグ可測であり，
>
> $$m(S) = \sum_{j=1}^{\infty} m(S_j) \tag{6.12}$$
>
> が成り立つ．

　この性質はルベーグ測度の**完全加法性**または σ **加法性**とよばれます．この
定理を証明するために，いくつか準備をします．$\mathbb{R}^2$ の部分集合 A, B に対して

$$d(A, B) = \inf\{|x - y| \mid x \in A, \, y \in B\} \tag{6.13}$$

とおきます．ただし，$x = (x_1, x_2), \, y = (y_1, y_2)$ のとき

$$|x - y| = \sqrt{(y_1 - x_1)^2 + (y_2 - x_2)^2}$$

は x と y の距離です．

問 6.1　$x = (x_1, x_2) \in \mathbb{R}^2, \, S \subset \mathbb{R}^2$ に対して，

$$d(x, S) = \inf\{|x - y| \mid y \in S\}$$

とおく．

(1) $S \neq \emptyset, \, x \notin S$ かつ $d(x, S) = 0$ となる $\mathbb{R}^2$ の部分集合 S および点 $x \in \mathbb{R}^2$ の例を
1 つ挙げよ．

(2) K を $\mathbb{R}^2$ の空でない閉集合，$x \in \mathbb{R}^2$ を K に含まれない任意の点とすると，
$d(x, K) > 0$ であることを証明せよ．

> **定理 6.4**
>
> 　有界集合 $S_1, S_2, \ldots, S_n \subset \mathbb{R}^2$ に対して，$i \neq j$ のとき $d(S_i, S_j) > 0$
> であるとする．このとき $S = \bigcup_{j=1}^{n} S_j$ とおくと

$$m^*(S) = \sum_{j=1}^{n} m^*(S_j) \tag{6.14}$$

が成り立つ.

この定理の証明には次の補題を用います.

補題 6.5

平面内の有界な部分集合 $S \subset \mathbb{R}^2$ を考える. 任意の $\varepsilon > 0$ と任意の $\delta > 0$ に対して, 辺の長さが δ より小さい基本長方形 $J_1, J_2, J_3, \ldots$ で

$$S \subset \bigcup_{k=1}^{\infty} J_k^{\circ}, \quad \sum_{k=1}^{\infty} |J_k| \leqq m^*(S) + \varepsilon \tag{6.15}$$

となるものが存在する. ただし, J_k° は J_k の内部（J_k から境界を取り除いた開基本長方形）を表す.

【補題 6.5 の証明】 ルベーグ外測度の定義より, 任意の $\varepsilon > 0$ に対して基本長方形 $I_1, I_2, I_3, \ldots$ が存在して

$$S \subset \bigcup_{j=1}^{\infty} I_j, \quad \sum_{j=1}^{\infty} |I_j| \leqq m^*(S) + \frac{\varepsilon}{2} \tag{6.16}$$

を満たす. 各 j に対して辺の長さが δ より小さい基本長方形 $I_{j,1}, I_{j,2}, \ldots, I_{j,\ell(j)}$ を

$$I_j \subset \bigcup_{k=1}^{\ell(j)} I_{j,k}^{\circ}, \quad |I_j| \leqq \sum_{k=1}^{\ell(j)} |I_{j,k}| < |I_j| + \frac{\varepsilon}{2^{j+1}} \tag{6.17}$$

と選ぶことができる. 実際, 各 I_j の分割 Δ_j を十分細かくとれば, 分割を構成する小基本長方形の辺の長さが $\delta/2$ より小さくできる. そして, 各小基本長方形をほんの少し膨らませて, それを内部に含む基本長方形をとり, これらすべてを $I_{j,1}, I_{j,2}, \ldots, I_{j,\ell(j)}$ とすれば (6.17) を満たすようにできる. このとき

$$S \subset \bigcup_{j=1}^{\infty} \bigcup_{k=1}^{\ell(j)} I_{j,k}^{\circ} \tag{6.18}$$

が成り立ち，(6.16), (6.17) より

$$\sum_{j=1}^{\infty} \sum_{k=1}^{\ell(j)} |I_{j,k}| < \sum_{j=1}^{\infty} \left(|I_j| + \frac{\varepsilon}{2^{j+1}} \right) = \sum_{j=1}^{\infty} |I_j| + \frac{\varepsilon}{2} \leqq m^*(S) + \varepsilon \tag{6.19}$$

となる．$I_{j,k}$ $(j = 1, 2, 3, \ldots;\ k = 1, 2, \ldots, \ell(j))$ を 1 列に並べて自然数の番号を振り直して $J_1, J_2, J_3, \ldots$ とすれば (6.15) が得られる．　　（補題の証明終）

【定理 6.4 の証明】 $d(S_i, S_j) > 0$ $(i \neq j : i, j = 1, 2, \ldots, n)$ であり，i, j の組合せは有限通りしかないので，実数 $\delta > 0$ を $d(S_i, S_j) > \delta > 0$ $(i \neq j)$ となるように選べる．上の補題により，任意の $\varepsilon > 0$ に対して辺の長さが $\delta/3$ より小さい基本長方形 $J_1, J_2, \ldots$ で

$$S \subset \bigcup_{k=1}^{\infty} J_k^{\circ}, \quad \sum_{k=1}^{\infty} |J_k| \leqq m^*(S) + \varepsilon \tag{6.20}$$

を満たすものがとれる．$x, y \in J_k$ のとき $|x - y| < \sqrt{2}\delta/3 < \delta/2$ であるから，J_k が異なる S_i と S_j に同時に交わることはない．そこで J_k $(k = 1, 2, 3, \ldots)$ のうち S_i と共通部分をもつものを $J_1^{(i)}, J_2^{(i)}, J_3^{(i)}, \ldots$ とおく．このような $J_k^{(i)}$ が有限個しかない場合は，有限個で途切れた先の $J_k^{(i)}$ はすべて空集合であると約束する．このとき，$S_i \subset \bigcup_{k=1}^{\infty} J_k^{(i)}$ であり，ルベーグ外測度の定義より

$$m^*(S_i) \leqq \sum_{k=1}^{\infty} |J_k^{(i)}| \tag{6.21}$$

である．よって

$$\sum_{i=1}^{n} m^*(S_i) \leqq \sum_{i=1}^{n} \sum_{k=1}^{\infty} |J_k^{(i)}| \leqq \sum_{k=1}^{\infty} |J_k| \leqq m^*(S) + \varepsilon \tag{6.22}$$

となる．$\varepsilon > 0$ は任意だから，不等式

$$\sum_{i=1}^{n} m^*(S_i) \leqq m^*(S) \tag{6.23}$$

が得られた．一方，$S \subset \bigcup_{j=1}^{n} S_j$ であるから，ルベーグ外測度の基本性質（p. 44，定理 4.1 (iii)）において $S_{n+1} = S_{n+2} = \cdots = \emptyset$ の場合を考えると

$$m^*(S) \leqq \sum_{j=1}^{n} m^*(S_j) \tag{6.24}$$

が成り立つ．(6.23) と併せると

$$m^*(S) = \sum_{j=1}^{n} m^*(S_j)$$

であることが示された． （定理の証明終）

【定理 6.3 の証明】 ルベーグ外測度の基本性質 (4.1) と仮定により

$$m^*(S) \leqq \sum_{j=1}^{\infty} m^*(S_j) = \sum_{j=1}^{\infty} m(S_j) \tag{6.25}$$

が成り立つことに注意する．

定理 6.2 より，任意の $\varepsilon > 0$ に対して有界閉集合 K_j が存在して

$$K_j \subset S_j, \quad m_*(S_j) \leqq m^*(K_j) + \frac{\varepsilon}{2^j} \tag{6.26}$$

が成り立つ．また，仮定より $m_*(S_j) = m^*(S_j) = m(S_j)$ である．有界閉集合はコンパクトであるから，$i \neq j$ ならば $d(K_i, K_j) > 0$ となる（問 6.2 参照）．したがって，$A_n = \bigcup_{j=1}^{n} K_j$ $(n = 1, 2, \dots)$ とおくと定理 6.4 より

$$m^*(A_n) = \sum_{j=1}^{n} m^*(K_j) \tag{6.27}$$

が成り立つ．各 n に対して A_n は有界閉集合で $A_n \subset S$ であるから，定理 6.2 より

$$m^*(A_n) \leqq m_*(S) \tag{6.28}$$

である．(6.27) と併せると，各 n に対して

$$\sum_{j=1}^{n} m^*(K_j) \leqq m_*(S) \tag{6.29}$$

となる．ここで $n \to \infty$ とすると，不等式

$$\sum_{j=1}^{\infty} m^*(K_j) \leqq m_*(S) \tag{6.30}$$

を得る．さらに，$m_*(S_j) = m(S_j)$ に注意して (6.26) より

$$\sum_{j=1}^{\infty} m(S_j) \leqq \sum_{j=1}^{\infty} \left(m^*(K_j) + \frac{\varepsilon}{2^j} \right) = \sum_{j=1}^{\infty} m^*(K_j) + \varepsilon \tag{6.31}$$

が成り立つ．この不等式と (6.30) より

$$\sum_{j=1}^{\infty} m(S_j) \leqq m_*(S) + \varepsilon \tag{6.32}$$

が任意の $\varepsilon > 0$ に対して成り立つことがわかった．したがって (6.25) と併せると（問 1.11 に注意して）

$$m^*(S) \leqq \sum_{j=1}^{\infty} m(S_j) \leqq m_*(S) \tag{6.33}$$

となり，いつでも成り立つ不等式 $m_*(S) \leqq m^*(S)$ と併せると，$m_*(S) = m^*(S)$, すなわち S がルベーグ可測であること，および等式

$$m(S) = \sum_{j=1}^{\infty} m(S_j)$$

が導かれた． （定理の証明終）

問 6.2　$K_1, K_2 \subset \mathbb{R}^2$ が有界閉集合であり $K_1 \cap K_2 = \emptyset$ であるならば，$d(K_1, K_2) > 0$ となることを証明せよ．

　完全加法性のお陰で，ルベーグ測度および後ほど展開する積分論は使いやすいものとなります．これらの理論を学ぶと，ルベーグ測度の理論が優れたものであることが理解できるでしょう．では，これが測度の究極の理論か，ということになると，即答はできません．ジョルダン可測でない集合が存在したよう

に，ルベーグ可測でない集合が存在することが知られています．なお，このような集合の構成には**選択公理**が用いられています．これについては，本書の守備範囲を超えますので，ここでは説明をしません．文献 [5] などを参照してください．ルベーグ非可測集合の存在は，ルベーグの測度論も完璧とは言い切れない，ということを示していますが，それでもなお，実数空間における標準的な測度はルベーグ測度である，というのが数学全般における共通の理解であると思います．

第7章
ルベーグ可測性の側面

　ここでは，ルベーグ可測性のもともとの定義とは異なる見方を紹介します．
併せて，有界でない場合のルベーグ可測性についても学びます．第6章の冒頭
で注意したように，平面内の有界開集合および有界閉集合はルベーグ可測であ
ることを思い出しておきましょう．

7.1　ルベーグ可測性の位相的特徴付け

　前章で学んだ定理 6.1 および定理 6.2 から，もし平面内の有界集合 $S \subset \mathbb{R}^2$
がルベーグ可測であれば，任意の $\varepsilon > 0$ に対して，S に含まれる閉集合 K と
S を含む有界な開集合 G で $m(S) \leqq m(K) + \varepsilon$, $m(G) \leqq m(S) + \varepsilon$ となる
ものが存在します．$G - K$ は開集合ですから，ルベーグ可測，したがって
$m^*(G - K) = m(G - K)$ であり，$G = (G - K) \cup K$, $(G - K) \cap K = \emptyset$ と
書けるので，定理 6.3（の有限個版）を用いると

$$m(G) = m(G - K) + m(K)$$

が成り立ちます．両辺から $m(K) < \infty$ を引くと

$$m(G - K) = m(G) - m(K) \leqq m(S) + \varepsilon - (m(S) - \varepsilon) = 2\varepsilon$$

となります．したがって，2ε を改めて ε と書いて，任意の $\varepsilon > 0$ に対して
$K \subset S \subset G$ を満たす閉集合 K と有界な開集合 G が存在して，$m^*(G - K) \leqq \varepsilon$
となります．これは，次の定理の (i)⇒(ii) の証明を与えています．

定理 7.1

平面内の有界な部分集合 $S \subset \mathbb{R}^2$ について，次の (i), (ii) は同値である．

(i) S はルベーグ可測である．

(ii) 任意の $\varepsilon > 0$ に対して S に含まれる閉集合 K と S を含む開集合 G で

$$m^*(G - K) \leqq \varepsilon \qquad (7.1)$$

となるものが存在する．

---

m を用いずに，わざわざ m^* で書き直したのは，性質 (ii) をルベーグ可測性の定義として採用することもできるからです．ただし，本書ではこれを定義とはしません．(i)⇒(ii) の証明は上で見たとおりですから，(ii)⇒(i) を示します．$K \subset S$ ですから，定理 6.2 より

$$m^*(K) \leqq m_*(S) \qquad (7.2)$$

が成り立ちます．また，$S \subset G$, $G = (G - K) \cup K$ ですから，ルベーグ外測度の基本性質から

$$m^*(S) \leqq m^*(G) \leqq m^*(G - K) + m^*(K) \qquad (7.3)$$

となります．仮定より

$$m^*(G - K) + m^*(K) \leqq \varepsilon + m^*(K) \qquad (7.4)$$

ですが，(7.2) を用いると (7.3) と併せて

$$m^*(S) \leqq m_*(S) + \varepsilon \qquad (7.5)$$

が得られます．$\varepsilon > 0$ は任意ですから

$$m^*(S) \leqq m_*(S) \qquad (7.6)$$

となり，自明な不等式 $m_*(S) \leqq m^*(S)$ と併せると $m_*(S) = m^*(S)$，すなわち，S はルベーグ可測となります．

定理 6.1, 6.2, 7.1 は，ルベーグ可測集合が，外側からは開集合で，内側からは閉集合でいくらでも（測度の意味で）正確に近似できることを表しています．

7.2 有界でない場合のルベーグ可測性

　ここまでルベーグ外測度やルベーグ測度などを考える対象は平面の有界集合に限っていました．この仮定は取り除くことができます．しかし，そのためには場合によって外測度や測度の値を $+\infty$ と定める必要があります．通常，数学では $\pm\infty$ を数とは考えませんが，以下では記号 $+\infty$ および $-\infty$ を実数全体の集合に付加した集合 $\mathbb{R} \cup \{+\infty\} \cup \{-\infty\}$ を考えて，この集合の元を**広義の実数**とよぶことにします．外測度・内測度や測度の値は広義の実数であると考えるのです．$\pm\infty$ が含まれる演算は次の規則を適用します：

　a を実数とするとき，加法について

$$(\pm\infty) + a = a + (\pm\infty) = \pm\infty,$$

$$(\pm\infty) + (\pm\infty) = \pm\infty,$$

$$(\pm\infty) - (\mp\infty) = \pm\infty$$

と定めます（複号同順）．乗法に関しては

$$a > 0 \text{ のとき } (\pm\infty) \cdot a = a \cdot (\pm\infty) = \pm\infty,$$

$$a < 0 \text{ のとき } (\pm\infty) \cdot a = a \cdot (\pm\infty) = \mp\infty,$$

$$(\pm\infty) \cdot (\pm\infty) = +\infty,$$

$$(\pm\infty) \cdot (\mp\infty) = -\infty$$

と約束します（複号同順）．後に関数値で $\pm\infty$ を許すことがあります．そのときは，（関数値）×（測度）または（測度）×（関数値）を扱うときに限り，

$$(\pm\infty) \cdot 0 = 0 \cdot (\pm\infty) = 0$$

と定めます．

$$| + \infty| = | - \infty| = +\infty$$

とするのも自然でしょう．注意すべき点として，

$$(+\infty) - (+\infty), \ (-\infty) - (-\infty), \ (+\infty) + (-\infty), \ (-\infty) + (+\infty)$$

は考えません．また，実数 a に対して

$$-\infty < a, \quad a < +\infty$$

と約束します. 実数の部分集合 A が上に有界でないときは $\sup A = +\infty$ と定義します. 同様に, A が下に有界でないときは $\inf A = -\infty$ と定めます. さらに, $\sup\{\pm\infty\} = \pm\infty$, $\inf\{\pm\infty\} = \pm\infty$ とします (次の式と併せて複号同順). $\lim(\pm\infty) = \pm\infty$ と定めるのも自然でしょう. $+\infty$ $(-\infty)$ に発散する数列 $\{a_n\}$ について $\lim a_n = +\infty$ $(\lim a_n = -\infty)$ と書くことは通常の解析学でも行っているとおりです. $+\infty$ は単に ∞ と書かれることがあります.

有界とは限らない部分集合 $S \subset \mathbb{R}^2$ に対しても, ルベーグ外測度は定義3.4と同様に定めることができます. ただし, 拡張された実数 $+\infty$ の扱いに注意がいります.

定義 7.2

平面の部分集合 S に対して

$$\mathscr{L}(S) = \left\{ \sum_{n=1}^{\infty} |I_n| \ \middle|\ I_n \ (n = 1, 2, 3, \dots) \text{ は基本長方形で} \right.$$
$$\left. S \subset \bigcup_{n=1}^{\infty} I_n \text{ を満たすもの} \right\}$$

とおく. ただし, $S \subset \bigcup_{n=1}^{\infty} I_n$ を満たす基本長方形 I_n $(n = 1, 2, 3, \dots)$ に対して $\sum_{n=1}^{\infty} |I_n| = +\infty$ のときは $+\infty \in \mathscr{L}(S)$ であると約束する. このとき,

$$m^*(S) = \inf \mathscr{L}(S)$$

と書き, $m^*(S)$ を S のルベーグ外測度という.

有界な場合との違いは $m^*(S) = +\infty$ となりうるということです. もちろん, 有界でないからといってこうなるとは限りません.

問 7.1 (1) $m^*(S) = +\infty$ となる部分集合 $S \subset \mathbb{R}^2$ の例を3つ挙げよ.
(2) 有界ではない部分集合 $S \subset \mathbb{R}^2$ で $m^*(S) < +\infty$ となるものの例を2つ挙げよ.

ルベーグ外測度が $+\infty$ である集合のルベーグ可測性を定義するために, 実

数 $r > 0$ に対して

$$J_r = \{(x_1, x_2) \in \mathbb{R}^2 \mid -r \leqq x_1 < r, \ -r \leqq x_2 < r\} \tag{7.7}$$

とおき，$\overline{J}_r$ および J_r° をそれぞれ J_r の閉包および内部とします：

$$\overline{J}_r = \{(x_1, x_2) \in \mathbb{R}^2 \mid -r \leqq x_1 \leqq r, \ -r \leqq x_2 \leqq r\}, \tag{7.8}$$

$$J_r^\circ = \{(x_1, x_2) \in \mathbb{R}^2 \mid -r < x_1 < r, \ -r < x_2 < r\}. \tag{7.9}$$

定義 7.3

平面内の部分集合 $S \subset \mathbb{R}^2$ に対して $m^*(S) = +\infty$ であるとする．すべての自然数 n に対して $S \cap \overline{J}_n$ がルベーグ可測であるとき，S はルベーグ可測であるといい，そのルベーグ測度を

$$m(S) = +\infty \tag{7.10}$$

と定める．

《例 7.4》 全平面 $\mathbb{R}^2$ はルベーグ可測で $m(\mathbb{R}^2) = +\infty$ である．実際，$m^*(\mathbb{R}^2) = +\infty$ であり，任意の自然数 n に対して $\mathbb{R}^2 \cap \overline{J}_n = \overline{J}_n$ はルベーグ可測である．

有界ではない部分集合 $S \subset \mathbb{R}^2$ で $m^*(S) < +\infty$ の場合のルベーグ可測性の定義は，ルベーグ内測度の特徴付けを与えた定理 6.2 (6.9) を有界とは限らない集合 S に対するルベーグ内測度の定義として採用します．その上で，$m^*(S) = m_*(S)$ が成り立つとき S はルベーグ可測であると定め，この共通の値を $m(S)$ と書いて S のルベーグ測度とよぶことにします．

定義 7.3 において $S \cap \overline{J}_n$ の代わりに $S \cap J_n$ または $S \cap J_n^\circ$ を用いても，ルベーグ可測性の定義は同等であることに注意します．

詳細は略しますが，このように定義しておくと，いままでの議論から有界性の仮定を外すことができます．特に有界でない開集合，閉集合もルベーグ可測であることがわかります．以下では，特に断りなくこれまでに見た定理や補題を有界性の仮定を外した形で用います．例えば，定理 7.1 は有界性の仮定を外して次の形で成り立ちます．

定理 7.1′

平面内の部分集合 $S \subset \mathbb{R}^2$ について，次の (i), (ii) は同値である．

(i) S はルベーグ可測である．

(ii) 任意の $\varepsilon > 0$ に対して S に含まれる閉集合 K と S を含む開集合 G で

$$m^*(G - K) \leqq \varepsilon \tag{7.11}$$

となるものが存在する．

さらに，重要な性質の1つである完全加法性（定理 6.3）は次の形で成り立ちます：

定理 6.3′

平面内の部分集合 $S_1, S_2, \ldots, S_n, \ldots \subset \mathbb{R}^2$ がすべてルベーグ可測で，$S_i \cap S_j = \emptyset \ (i \neq j)$ を満たしているとき，$S = \bigcup_{j=1}^{\infty} S_j$ とおく．このとき S もルベーグ可測であり，

$$m(S) = \sum_{j=1}^{\infty} m(S_j) \tag{7.12}$$

が成り立つ．

平面内のルベーグ可測集合全体のなす集合族を $\mathfrak{L}$ とします[1]．このとき，次が成り立ちます．

定理 7.5

(i) $\emptyset, \mathbb{R}^2 \in \mathfrak{L}$.

(ii) $S \in \mathfrak{L}$ ならば $S^c \in \mathfrak{L}$.

---

[1] $\mathfrak{L}$ は L のドイツ文字．

(iii) $S, T \in \mathfrak{L}$ ならば，$S \cup T,\ S \cap T,\ S - T \in \mathfrak{L}.$

(iv) $S_j \in \mathfrak{L}\ (j = 1, 2, 3, \dots)$ ならば $\displaystyle\bigcup_{j=1}^{\infty} S_j,\ \bigcap_{j=1}^{\infty} S_j \in \mathfrak{L}.$

【証明】 (i) $m^*(\emptyset) = m_*(\emptyset) = 0$ ゆえ $\emptyset \in \mathfrak{L}$ である．例 7.4 で注意したように $\mathbb{R}^2 \in \mathfrak{L}$ である．

(ii) 定理 7.1′ より，任意の $\varepsilon > 0$ に対して閉集合 K，開集合 G で $K \subset S \subset G,\ m^*(G - K) \leqq \varepsilon$ となるものが存在する．補集合をとると $K^c \supset S^c \supset G^c$，$G - K = K^c - G^c$ および K^c は開集合，G^c は閉集合であることに注意すると，再び定理 7.1′ より $S^c \in \mathfrak{L}$ がわかる．

(iii) $S, T \in \mathfrak{L}$ のとき，定理 7.1′ より，任意の $\varepsilon > 0$ に対して

$$K_1 \subset S \subset G_1, \quad K_2 \subset T \subset G_2$$

および

$$m^*(G_1 - K_1) \leqq \frac{\varepsilon}{2}, \quad m^*(G_2 - K_2) \leqq \frac{\varepsilon}{2}$$

を満たす閉集合 K_1, K_2 および開集合 G_1, G_2 が存在する．

$$K = K_1 \cap K_2, \quad G = G_1 \cap G_2$$

とおくと，K は閉集合，G は開集合となり，$K_1 \cap K_2 \subset S \cap T \subset G_1 \cap G_2$ が成り立つ．さらに，

$$
\begin{aligned}
G - K &= (G_1 \cap G_2) - (K_1 \cap K_2) \\
&= (G_1 \cap G_2) \cap (K_1 \cap K_2)^c \quad \text{（差集合の定義より）} \\
&= (G_1 \cap G_2) \cap (K_1^c \cup K_2^c) \quad \text{（ド・モルガンの法則より）} \\
&= (G_1 \cap G_2 \cap K_1^c) \cup (G_1 \cap G_2 \cap K_2^c) \quad \text{（分配法則より）}
\end{aligned}
$$

となる．自明な包含関係 $G_1 \cap G_2 \subset G_1,\ G_1 \cap G_2 \subset G_2$ に注意すると

$$
\begin{aligned}
(G_1 \cap G_2 \cap K_1^c) \cup (G_1 \cap G_2 \cap K_2^c) &\subset (G_1 \cap K_1^c) \cup (G_2 \cap K_2^c) \\
&= (G_1 - K_1) \cup (G_2 - K_2)
\end{aligned}
$$

がわかる. これらを併せると, 包含関係

$$G - K \subset (G_1 - K_1) \cup (G_2 - K_2)$$

を得る. したがって, 閉集合 K_1, K_2 および開集合 G_1, G_2 の選び方より

$$m^*(G - K) \leqq m^*(G_1 - K_1) + m^*(G_2 - K_2) \leqq \varepsilon$$

となる. よって, 定理 7.1′ より $S \cap T \in \mathfrak{L}$ を得る. これと (ii) を用いると

$$S \cup T = (S^c \cap T^c)^c \in \mathfrak{L}, \quad S - T = S \cap T^c \in \mathfrak{L}$$

を得る.

(iv) $T_1 = S_1$, $T_j = S_j - \bigcup_{k=1}^{j-1} S_k$ $(j = 2, 3, 4, \ldots)$ とおくと, (iii) より $T_j \in \mathfrak{L}$.

また, $T_i \cap T_j = \emptyset$ $(i \neq j)$ かつ $\bigcup_{j=1}^{\infty} S_j = \bigcup_{j=1}^{\infty} T_j$ が成り立つ (定理 8.8 の証明で

改めて解説) から, 定理 6.3′ より $\bigcup_{j=1}^{\infty} T_j \in \mathfrak{L}$ である. したがって $\bigcup_{j=1}^{\infty} S_j \in \mathfrak{L}$ を

得る. さらに, (ii) を用いれば $\bigcap_{j=1}^{\infty} S_j = \left(\bigcup_{j=1}^{\infty} S_j \right)^c \in \mathfrak{L}$ がわかる. (証明終)

　ここで新しい概念を導入しておきます. 平面内の部分集合 $G \subset \mathbb{R}^2$ が **G_δ 集**合であるとは, ある可算個の開集合 $G_1, G_2, \ldots, G_n, \ldots$ の共通部分になっている, すなわち

$$G = \bigcap_{n=1}^{\infty} G_n$$

となっていることをいいます. G は開集合であるとは限りません. また, $F \subset \mathbb{R}^2$ が **F_σ 集**合であるとは, ある可算個の閉集合 $F_1, F_2, \ldots, F_n, \ldots$ の和集合になっている, すなわち

$$F = \bigcup_{n=1}^{\infty} F_n$$

となっていることをいいます．F は閉集合であるとは限りません．開集合や閉集合はルベーグ可測でしたから，定理 7.5 より，G_δ 集合，F_σ 集合は，ともにルベーグ可測となります．

定理 7.1′ から次のことがわかります：

系 7.6 平面内のルベーグ可測集合 $S \subset \mathbb{R}^2$ に対して，次を満たす G_δ 集合 G と F_σ 集合 F が存在する：

$$F \subset S \subset G, \quad m(G - F) = 0.$$

【証明】 定理 7.1′ より各自然数 n に対して，次を満たす閉集合 F_n と開集合 G_n が存在する：

$$F_n \subset S \subset G_n, \quad m(G_n - F_n) < \frac{1}{n}.$$

（$G_n - F_n$ は開集合ゆえ，ルベーグ可測であり，$m^*(G_n - F_n) = m(G_n - F_n)$ となることに注意．）そこで

$$F = \bigcup_{n=1}^{\infty} F_n, \quad G = \bigcap_{n=1}^{\infty} G_n$$

とおくと F は F_σ 集合，G は G_δ 集合である．各 n に対して

$$G - F \subset G_n - F_n$$

が成り立つから

$$m(G - F) \leqq m(G_n - F_n) < \frac{1}{n}$$

となる．したがって $m(G - F) = 0$ を得る． （証明終）

系 7.6 のような F を S の**等測核**，G を**等測包**とよびます．ルベーグ可測集合 S に対して $N = G - S$ とおくと N は零集合となりますから，次の系が得られます．

系 7.7 $S \subset \mathbb{R}^2$ に対して S がルベーグ可測であることと G_δ 集合 G と零集合 N で

$$N \subset G, \quad S = G - N$$

となるものが存在することは同値である．

ルベーグ可測とは限らない集合に対しても，等測包が定義できます．

定理 7.8

$S \subset \mathbb{R}^2$ は $m^*(S) < \infty$ を満たすとする．このとき，S を含む G_δ 集合 G で

$$m^*(S) = m(G)$$

を満たすものが存在する．

【証明】　ルベーグ外測度の定義より，各 $k = 1, 2, 3, \ldots$ に対して，基本長方形 $I_j{}^{(k)}$ $(j = 1, 2, 3, \ldots)$ を

$$\bigcup_{j=1}^{\infty} I_j{}^{(k)} \supset S, \quad \sum_{j=1}^{\infty} |I_j{}^{(k)}| \leqq m^*(S) + \frac{1}{2k}$$

となるように選べる．さらに，$I_j{}^{(k)}$ を含む開基本長方形 $\tilde{I}_j^{(k)}$ を

$$|\tilde{I}_j^{(k)}| \leqq |I_j{}^{(k)}| + \frac{1}{2^{j+1}k}$$

となるように選べる（少し広げて辺を除けばよい）．このとき，

$$\bigcup_{j=1}^{\infty} \tilde{I}_j^{(k)} \supset S, \quad \sum_{j=1}^{\infty} |\tilde{I}_j^{(k)}| \leqq m^*(S) + \frac{1}{k}$$

が成り立つ．$U_k = \bigcup_{j=1}^{\infty} \tilde{I}_j^{(k)}$ とおくと，U_k は開集合であり，$S \subset U_k$ が成り立つ．したがって

$$G = \bigcap_{k=1}^{\infty} U_k$$

とおくと，G は S を含む G_δ 集合であり，ルベーグ可測である．包含関係

$$S \subset G \subset U_k = \bigcup_{j=1}^{\infty} \tilde{I}_j^{(k)}$$

より，ルベーグ外測度をとれば

$$m^*(S) \leqq m^*(G) \leqq m^*(U_k) \leqq \sum_{j=1}^{\infty} |\tilde{I}_j^{(k)}| \leqq m^*(S) + \frac{1}{k}$$

となる．k は任意であり，G はルベーグ可測であるから，

$$m^*(S) = m(G)$$

を得る． （証明終）

定理 7.8 で得られた G を，有界ではなく，$m^*(S) < \infty$ である場合の S の等測包といいます．この定理の証明の議論から，定理 6.1 の「S は有界」という仮定は $m^*(S) < \infty$ という条件に置き換えられることがわかります．

問 7.2 (1) $\mathbb{R}^2$ の部分集合 A_n $(n = 1, 2, 3, \dots)$ を

$$A_n = \left\{ (x_1, x_2) \,\middle|\, \left(x_1 - 1 - \frac{1}{n}\right)^2 + x_2^2 < \left(1 + \frac{1}{n}\right)^2 \right\}$$

により定めるとき，集合 $\displaystyle\bigcap_{n=1}^{\infty} A_n$ を求め図示せよ（$\mathbb{R}^2$ における G_δ 集合の例）．

(2) $\mathbb{R}^2$ の部分集合 B_n $(n = 1, 2, 3, \dots)$ を

$$B_n = \left\{ (x_1, x_2) \,\middle|\, \left(x_1 - 1 + \frac{1}{n}\right)^2 + x_2^2 \leqq \left(1 - \frac{1}{n}\right)^2 \right\}$$

により定めるとき，集合 $\displaystyle\bigcup_{n=1}^{\infty} B_n$ を求め図示せよ（$\mathbb{R}^2$ における F_σ 集合の例）．

7.3 ルベーグ可測性の言い換え

有界部分集合 $S \subset \mathbb{R}^2$ に対して，S を含む基本長方形 I を選ぶとき，S がルベーグ可測であるための必要十分条件は

$$|I| = m^*(I \cap S) + m^*(I \cap S^{\mathrm{c}}) \tag{7.13}$$

が成り立つことでした（p. 67, (6.2) 参照）．この条件において I を任意の部分集合 $E \subset \mathbb{R}^2$ で置き換えた条件を考えます．

定義 7.9

S を $\mathbb{R}^2$ の部分集合とする．任意の $E \subset \mathbb{R}^2$ に対して

$$m^*(E) = m^*(E \cap S) + m^*(E \cap S^{\mathrm{c}}) \tag{7.14}$$

が成り立つとき，S はカラテオドリの意味で可測であるという．

$E = (E \cap S) \cup (E \cap S^{\mathrm{c}})$ およびルベーグ外測度の基本性質（定理 4.1 (iii)）から

$$m^*(E) \leqq m^*(E \cap S) + m^*(E \cap S^{\mathrm{c}})$$

はいつでも成り立つので，(7.14) は

$$m^*(E) \geqq m^*(E \cap S) + m^*(E \cap S^{\mathrm{c}})$$

と同じことです．S が有界であれば，E として S を含む基本長方形 I を選べば，(7.14) は (7.13) と同じになりますから，S がカラテオドリの意味で可測ならば，ルベーグ可測になります．さらに次が成り立ちます：

定理 7.10

有界部分集合 $S \subset \mathbb{R}^2$ に対して，次の (i), (ii) は同値である．

(i) S はルベーグ可測である．

(ii) S はカラテオドリの意味で可測である．

(ii)⇒(i) は上で見たとおりです．(i)⇒(ii) を示しましょう．$E \subset \mathbb{R}^2$ とします．$m^*(E) = \infty$ のとき，(7.14) は $\infty = \infty$ となり成り立つので，$m^*(E) < \infty$ とします．定理 6.1 および §7.2 の最後に述べた注意により，任意の $\varepsilon > 0$ に対して開集合 G を

$$E \subset G, \quad m(G) \leqq m^*(E) + \varepsilon \tag{7.15}$$

が成り立つようにとることができます．開集合はルベーグ可測でしたから $m^*(G) = m(G)$ に注意してください．G を S と交わる部分とそれ以外に分

けて,

$$G = (G \cap S) \cup (G \cap S^c), \quad (G \cap S) \cap (G \cap S^c) = \emptyset$$

と書けます. G, S の等測包を, それぞれ $\tilde{G}$, $\tilde{S}$ とすると, 零集合 N_1, N_2 が存在して

$$G = \tilde{G} - N_1, \quad S = \tilde{S} - N_2$$

と書けます. このとき,

$$G \cap S = (\tilde{G} \cap \tilde{S}) \cap (N_1^c \cap N_2^c)$$
$$= (\tilde{G} \cap \tilde{S}) \cap (N_1 \cup N_2)^c$$
$$= (\tilde{G} \cap \tilde{S}) - (N_1 \cup N_2)$$

となり, $\tilde{G} \cap \tilde{S}$ は G_δ 集合, $N_1 \cup N_2$ は零集合ですから, 系 7.7 より $G \cap S$ はルベーグ可測となります. 同様に, $G \cap S^c$ もルベーグ可測です. よって

$$m(G) = m(G \cap S) + m(G \cap S^c) \tag{7.16}$$

が成り立ちます. したがって

$$m^*(E) \geqq m(G) - \varepsilon = m(G \cap S) + m(G \cap S^c) - \varepsilon \tag{7.17}$$

ですが, $G \cap S \supset E \cap S$, $G \cap S^c \supset E \cap S^c$ より

$$m(G \cap S) \geqq m^*(E \cap S), \quad m(G \cap S^c) \geqq m^*(E \cap S^c),$$

したがって

$$m^*(E) \geqq m^*(E \cap S) + m^*(E \cap S^c) - \varepsilon \tag{7.18}$$

となります. $\varepsilon > 0$ は任意なので

$$m^*(E) \geqq m^*(E \cap S) + m^*(E \cap S^c), \tag{7.19}$$

すなわち, S はカラテオドリの意味で可測となります. 証明は省略しますが, この定理は S が有界ではないときにも成立します.

カラテオドリの意味での可測性の定義で注意すべきは, この条件にはルベーグ内測度と基本長方形という概念が使われていないことです. ルベーグ内測度も基本長方形も平面において定義されたものです. n 次元実数空間に拡張する

ことは可能ですが，これらを用いた議論は実数空間を離れて一般化する際には使えません．それに対してカラテオドリの意味での可測性は，ルベーグ外測度のみを用いて表現されています．したがってルベーグ外測度の一般化・抽象化ができれば，可測性の一般化・抽象化が可能となります．具体的な議論は次章で行いますが，この事実に着目してルベーグの理論の一般化・抽象化を行ったというのがカラテオドリのアイデアです．

7.4　n 次元実数空間におけるルベーグ測度

§2.4 において学んだように，半開 n 方体を

$$I = \{(x_1, x_2, \ldots, x_n) \mid a_1 \leqq x_1 < b_1,\ a_2 \leqq x_2 < b_2,\ \ldots,\ a_n \leqq x_n < b_n \}$$

（ただし，a_i, b_i は実数 $(a_i < b_i,\ i = 1, 2, \ldots, n)$）の形の集合として定義し，その n 次元容積（$n = 1$ のときは長さ，$n = 3$ のときは体積）を

$$|I| = (b_1 - a_1)(b_2 - a_2) \cdots (b_n - a_n)$$

とします．平面での議論の基本長方形を半開 n 方体に，面積を n 次元容積にそれぞれ読み替えれば，これまでの議論は n 次元実数空間においても同様に行えます．したがってルベーグ外測度・ルベーグ可測性・ルベーグ測度の概念がすべて n 次元実数空間で定義可能となります．例えば，

定義 7.11

部分集合 $S \subset \mathbb{R}^n$ に対して

$$\mathscr{L}(S) = \left\{ \sum_{n=1}^{\infty} |I_k| \ \middle|\ I_k\ (n = 1, 2, 3, \ldots)\ \text{は半開}\,n\,\text{方体で} \right.$$
$$\left. S \subset \bigcup_{k=1}^{\infty} I_k \text{を満たすもの} \right\}$$

とおく．ただし，$S \subset \bigcup_{k=1}^{\infty} I_k$ を満たす半開 n 方体 I_k $(k = 1, 2, 3, \ldots)$ に対して $\sum_{k=1}^{\infty} |I_k| = +\infty$ のときは $+\infty \in \mathscr{L}(S)$ であると約束する．こ

のとき，

$$m^*(S) = \inf \mathscr{L}(S)$$

と書き，$m^*(S)$ を S の **n 次元ルベーグ外測度**という．特に次元 n を明示する場合には $m_n^*(S)$ と書くこともある．

　このように定めると，平面での議論とまったく同様に n 次元実数空間 ($n = 1, 3, 4, \ldots$) でも定理 4.1 が成り立ちます．n 次元実数空間におけるルベーグ可測性，およびルベーグ測度，さらにその基本性質などもまったく同様です．例えば，§5.3 で学んだ定理 5.8 の次元を一般化すると，開集合 $G \subset \mathbb{R}^n$ は（n 次元）ルベーグ可測であり，G が互いに交わらない可算無限個の半開 n 方体の和集合として書けているとき，G のルベーグ測度は，各方体の n 次元容積の和となります．すべての議論は，ほぼ読み替えだけで再構成できます．ここでは再構成する議論は省略します．

第8章

カラテオドリの外測度論

　本章は盛り沢山でやや重い内容です．学ぶことは，ルベーグ外測度の抽象化，およびそれに基づく測度の抽象化です．少し辛抱して読み進めると，抽象的な理論展開に対する馴染みが増すと思います．わかりにくいと感じたら，§8.3だけ頭に入れてから，第9章に進んでも論理的なつながりにギャップは生じません．

8.1　カラテオドリの外測度

　§7.3で紹介したように，ルベーグ外測度のみを用いたカラテオドリの意味での可測性の定義は，測度を実数空間から離れて一般化する際の鍵となります．その際，ルベーグ外測度をどのように一般化するか，という疑問が当然現れます．そこで注目するのが定理4.1 (i), (iii) の性質です．(ii)，すなわち平行移動不変性は実数空間固有の性質ですが，(i), (iii) は有界性の仮定を取り払うと実数空間を離れて定式化できる性質です．そこで思い切って抽象化を行います．まずは，次の定義を見ましょう．

定義 8.1

　集合 X の任意の部分集合 A に対して，広義の実数に値をとる集合関数 $m^*(A)$ が定義されていて次の (C1), (C2), (C3) を満たしていると

する.

(C1) $0 \leqq m^*(A) \leqq +\infty$, $m^*(\emptyset) = 0$

(C2) $A, B \subset X$ について $A \subset B$ ならば $m^*(A) \leqq m^*(B)$

(C3) $A_1, A_2, A_3, \ldots \subset X$ ならば $m^*\left(\bigcup_{j=1}^{\infty} A_j\right) \leqq \sum_{j=1}^{\infty} m^*(A_j)$

このとき m^* を X 上の**カラテオドリ外測度**または単に**外測度**という.

ここでは m^* を太字で印字しています. わざわざ太字にしているのは, カラテオドリ外測度 m^* とルベーグ外測度 m^* を区別するためです.

なぜ区別するのか. それはルベーグ外測度とカラテオドリ外測度は, 同じ外測度という用語を使っているにもかかわらず, 言葉の抽象度が違うからです. もちろん, 平面のルベーグ外測度は X を $\mathbb{R}^2$, m^* を m^* と読み替えて (C1)〜(C3) の性質を満たしています. したがって, ルベーグ外測度はカラテオドリ外測度の 1 つの例になっています. これはカラテオドリ外測度がルベーグ外測度の抽象化である, ということでもあります.

カラテオドリは定義 8.1 を出発点に据え直して測度論を展開しました. その理論を少し見てみましょう. 定義 8.1 を出発点に据えるということは, 論理的には 7 章までの議論は以下を理解するためには必要ないということです. もちろん, ルベーグ外測度なくしてカラテオドリ外測度のアイデアは思いつきませんから, これまで学んだことが無駄になるわけではありません. 抽象化によって新たに出発点を設定し, 理論を見通しよく整理するというのは数学の理論展開における 1 つの典型的な方法です.

このことを念頭に置いて, 以下の議論では m^* をいちいち太字では印字せず, ルベーグ外測度と同じ m^* で表記します. 頭の中で区別してください.

次元にかかわらず, 実数空間におけるルベーグ外測度は, カラテオドリ外測度の例です. これ以外の例を挙げておきます.

《**例 8.2**》 $\varphi : \mathbb{R} \to \mathbb{R}$ を単調増加関数とする. 任意の半開区間 $I = [a, b) \subset \mathbb{R}$ に対して

$$|\varphi(I)| = \varphi(b - 0) - \varphi(a)$$

とおく. ただし, $\varphi(b-0) = \lim_{x \to b-0} \varphi(x)$ である. $S \subset \mathbb{R}$ に対して

$$m_\varphi^*(S) = \inf\left\{\sum_{j=1}^\infty |\varphi(I_j)| \,\middle|\, I_j \ (j=1,2,3,\dots) \text{ は半開区間で} \right.$$

$$\left. S \subset \bigcup_{j=1}^\infty I_j \text{ を満たすもの} \right\}$$

とおく. このとき m_φ^* は $\mathbb{R}$ 上のカラテオドリ外測度となる. これをルベーグ・スチルチェス外測度という. $\varphi(x) = x$ のときが $\mathbb{R}$ 上のルベーグ外測度である.

問 8.1 例 8.2 で定義された m_φ^* はカラテオドリ外測度であることを証明せよ.

《例 8.3》 X を集合とし, $A \subset X$ に対して

$$m^*(A) = \begin{cases} \#A & (A \text{ が有限集合のとき}), \\ +\infty & (A \text{ が無限集合のとき}) \end{cases}$$

とおく. ただし, 有限集合 A に対して $\#A$ は A の元の個数を表す. このとき, m^* は X 上のカラテオドリ外測度となる.

8.2 可測集合

カラテオドリ外測度 m^* が与えられた集合 X を考えます. 注意すべきは, ここでは m^* がいかに定義されたかは問題にせず, (C1)〜(C3) を満たすことだけを (天下り的に) 仮定しているということです. このような状況下で, 可測性を定義する鍵は定義 7.9 です. (7.14) は実数空間に限らず考えられる条件です.

定義 8.4

X の部分集合 A が可測であるとは, 任意の $E \subset X$ に対して

$$m^*(E) = m^*(E \cap A) + m^*(E \cap A^c) \tag{8.1}$$

が成り立つことをいう.

(C1) および (C3) から，$m^*(E) \leqq m^*(E \cap A) + m^*(E \cap A^c)$ はいつでも成り立ちますから，A の可測性をいうためには

$$m^*(E) \geqq m^*(E \cap A) + m^*(E \cap A^c)$$

をいえばよいことになります.

次に X の可測集合全体のなす集合族を考えます.

定義 8.5

X の可測な部分集合全体を $\mathfrak{M}$ とおく[1]. すなわち，

$$\mathfrak{M} = \{\, A \mid A \subset X \text{ で任意の } E \subset X \text{ に対して}$$
$$m^*(E) \geqq m^*(E \cap A) + m^*(E \cap A^c) \,\}.$$
$$\tag{8.2}$$

集合族という用語は，前にも登場しました. ジョルダン可測集合全体などを考えたことを思い出してください. X の部分集合全体のなす集合族は X の**べき集合**とよばれ，2^X で表されます. この記法は X が有限集合のとき，X の要素の個数が N であれば，X の部分集合は全部で 2^N 個あることから来ています. いま，考えている $\mathfrak{M}$ は 2^X の部分集合ということになります.

問 8.2 $X = \{0, 1, 2\}$ のとき 2^X の元をすべて書き出せ.

これから $\mathfrak{M}$ がもつ性質を調べます. そのために，先回りして $\mathfrak{M}$ がもつ性質を抽象化した概念（ボレル集合体という）を導入し，その性質をチェックしていくという手法をとります. ルベーグ外測度からカラテオドリ外測度の定義に至ったやり方とは違い，いわば先にカラテオドリ外測度を定義しておいてから「ルベーグ外測度はカラテオドリ外測度である」という主張を証明する道筋をとります.

---

[1] $\mathfrak{M}$ は M のドイツ文字です.

8.3　ボレル集合体

§8.2の最後に注意したように，まず抽象化された次の定義を導入します．これは，第7章で定義された，平面内のルベーグ可測集合全体のなす集合族 £ が満たす性質（p.82，定理7.5）の要点を抽象化したものです．

定義8.6

集合 X のべき集合 2^X の部分集合 $\mathfrak{B} \subset 2^X$ が次の3つの条件を満たすとき[2]，$\mathfrak{B}$ はボレル集合体である，または σ-加法族であるという．

(B1) $\mathfrak{B}$ は少なくとも1つの部分集合を含む．

(B2) $A \in \mathfrak{B}$ ならば $A^{\mathrm{c}} \in \mathfrak{B}$ である．

(B3) $A_j \in \mathfrak{B}$ $(j = 1, 2, 3, \dots)$ ならば $\displaystyle\bigcup_{j=1}^{\infty} A_j \in \mathfrak{B}$ である．

繰り返しますが，これも抽象化された定義で前章までの内容と独立しているため，以下，本節の議論は予備知識無しで理解可能です．使うのは条件(B1)〜(B3)のみです．もちろん，集合の記号や分配法則などの演算，ド・モルガンの法則といった基本的なことは用いますが，それ以外は何も使いません．ルベーグ外測度やルベーグ測度のことは，以下の議論の理解には必要ないということです．抽象的な議論は，取っ付きにくく難しいと感じることがありますが，論理というツールを使いこなせば簡単にわかることが多いのです．

補題8.7

$\mathfrak{B} \subset 2^X$ をボレル集合体とする．このとき，次が成り立つ．

(i) $A, B \in \mathfrak{B}$ ならば $A \cup B,\ A \cap B,\ A - B \in \mathfrak{B}$．

(ii) $X, \emptyset \in \mathfrak{B}$．

(iii) $A_j \in \mathfrak{B}$ $(j = 1, 2, 3, \dots)$ ならば $\displaystyle\bigcap_{j=1}^{\infty} A_j \in \mathfrak{B}$ である．

---

[2] $\mathfrak{B}$ はBのドイツ文字です．

【証明】 (i) (B3) において $A_1 = A$, $A_2 = A_3 = \cdots = B$ とおくと

$$\bigcup_{j=1}^{\infty} A_j = A \cup B \cup B \cup B \cup \cdots = A \cup B \in \mathfrak{B}.$$

$A \cap B$ については，ド・モルガンの法則から $A \cap B = (A^c \cup B^c)^c$ に注意する．(B2) より，$A^c, B^c \in \mathfrak{B}$ であり，いま見たことにより $A^c \cup B^c \in \mathfrak{B}$ となる．再度 (B2) を使うと $(A^c \cup B^c)^c \in \mathfrak{B}$．よって $A \cap B \in \mathfrak{B}$．また，$A - B = A \cap B^c$ に注意する．(B2) と上で示したことから $A \cap B^c \in \mathfrak{B}$ となる．したがって $A - B \in \mathfrak{B}$．

(ii) (B1) により，$\mathfrak{B}$ には少なくとも 1 つの X の部分集合 A が含まれる．(B2) より $A^c \in \mathfrak{B}$ であるから，(i) より $X = A \cup A^c \in \mathfrak{B}$．また，$\emptyset = A \cap A^c \in \mathfrak{B}$ となる．

(iii) $A_j \in \mathfrak{B}$ および (B2) より $A_j^c \in \mathfrak{B}$ $(j = 1, 2, 3, \ldots)$ だから，ド・モルガンの法則より

$$\bigcap_{j=1}^{\infty} A_j = \left(\bigcup_{j=1}^{\infty} A_j^c \right)^c \in \mathfrak{B},$$

ただし，ここで (B2), (B3) を用いた． (証明終)

実際に，ある集合族がボレル集合体かどうかを判定するには，次の定理を用います．

定理 8.8

集合族 $\mathfrak{B} \subset 2^X$ がボレル集合体であるためには (B1), (B2) および次の (B3′), (B3″) が成り立つことが必要かつ十分である．

(B3′) $A, B \in \mathfrak{B}$ ならば $A \cap B \in \mathfrak{B}$．

(B3″) $A_j \in \mathfrak{B}$ $(j = 1, 2, 3, \ldots)$ かつ $i \neq j$ のとき $A_i \cap A_j = \emptyset$ であれば $\bigcup_{j=1}^{\infty} A_j \in \mathfrak{B}$．

【証明】 条件 (B1), (B2) は定義 8.6 と共通であり，$\mathfrak{B}$ がボレル集合体であれば (B3″) が成り立つことは明らかであり，(B3′) も補題 8.7 で示した．逆に集合

族 $\mathfrak{B} \subset 2^X$ が条件 (B1), (B2), (B3′), (B3″) を満たすとする．このとき，(B3) が成り立つことを示せばよい．$A_j \in \mathfrak{B}$ $(j = 1, 2, 3, \dots)$ のとき，

$$
\begin{cases}
B_1 = A_1, \, B_2 = A_2 - A_1 (= A_2 \cap A_1^c), \dots, \\
B_j = A_j - \displaystyle\bigcup_{k=1}^{j-1} A_k \left(= A_j \cap \bigcap_{k=1}^{j-1} A_k^c \right)
\end{cases}
\tag{8.3}
$$

とおく（図 8.1〜8.5 参照）．

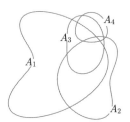

図 8.1 A_j $(j = 1, 2, 3, 4)$ の例.

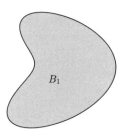

図 8.2 $B_1 = A_1$.

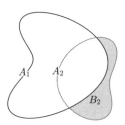

図 8.3 $B_2 = A_2 - A_1$ （灰色部分）.

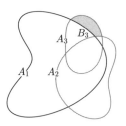

図 8.4 $B_3 = A_3 - A_1 \cup A_2$.

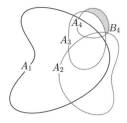

図 8.5 $B_4 = A_4 - A_1 \cup A_2 \cup A_3$.

(B2), (B3′) から $B_j \in \mathfrak{B}$ かつ $i \neq j$ のとき $B_i \cap B_j = \emptyset$ であり，

$$\bigcup_{j=1}^{\infty} A_j = \bigcup_{j=1}^{\infty} B_j \in \mathfrak{B}$$

となる. よって (B3) が成り立つ.　　　　　　　　　　　　　　　　　（証明終）

集合列 $\{A_j\}$ の合併を, (8.3) のように定めた互いに交わらない集合列 $\{B_j\}$ の合併に分解する方法は, 測度論においてしばしば用いられる基本的技術です.

8.4　可測集合族

ここでは, 定義 8.5 で定められた $\mathfrak{M}$, すなわち, 可測集合全体のなす集合族がボレル集合体であることを証明します. m^* として, 特に実数空間上のルベーグ外測度を考えると, ルベーグ可測集合全体のなす集合族がボレル集合体であることがわかります.

定理 8.9

集合 X に外測度 m^* が与えられているとする. このとき, m^* に関して可測な集合全体のなす集合族 $\mathfrak{M}$ はボレル集合体である.

証明はやや込み入っていますが, 使うことは限られています. 順を追って見ていきましょう. これを証明するためには定義 8.6 および定理 8.8 により (B1), (B2), (B3$'$), (B3$''$)（$\mathfrak{B}$ を $\mathfrak{M}$ に読み替えて）が成り立つことを確認すればよいだけです. まず, $\mathfrak{M}$ の定義 (8.2) を復習しておきます:

$$\mathfrak{M} = \{\, A \mid A \subset X \text{ で任意の } E \subset X \text{ に対して}$$
$$m^*(E) \geqq m^*(E \cap A) + m^*(E \cap A^c) \,\}.$$

$X \in \mathfrak{M}$ に注意すれば, $\mathfrak{M}$ は少なくとも 1 つの集合を含むことがわかり, (B1) が成り立ちます.

(B2) を確認するためには, $A \in \mathfrak{M}$ ならば $A^c \in \mathfrak{M}$, すなわち

$$\forall E \subset X, \quad m^*(E) \geqq m^*(E \cap A) + m^*(E \cap A^c) \tag{8.4}$$

ならば

$$\forall E \subset X, \quad m^*(E) \geqq m^*(E \cap A^c) + m^*(E \cap (A^c)^c) \tag{8.5}$$

をいえばよいことになります．ところが，これは $(A^c)^c = A$ より (8.4) と同じことです．よって成り立ちます．

(B3$'$) を示すには仮定 $A, B \in \mathfrak{M}$, すなわち，(8.4) および

$$\forall E \subset X, \quad m^*(E) \geqq m^*(E \cap B) + m^*(E \cap B^c) \tag{8.6}$$

の下で，$A \cap B \in \mathfrak{M}$, すなわち

$$\forall E \subset X, \quad m^*(E) \geqq m^*(E \cap (A \cap B)) + m^*(E \cap (A \cap B)^c) \tag{8.7}$$

をいえばよいことになります．これを示すために，(8.6) の E を特に $E \cap A$ とした式が成り立つことに注意します．すなわち，

$$m^*(E \cap A) \geqq m^*((E \cap A) \cap B) + m^*((E \cap A) \cap B^c). \tag{8.8}$$

$(E \cap A) \cap B = E \cap (A \cap B)$ および $(E \cap A) \cap B^c = E \cap (A \cap B^c)$ ですから，(8.4) の不等式の右辺にある $m^*(E \cap A)$ を (8.8) 右辺で置き換えると

$$m^*(E) \geqq m^*(E \cap (A \cap B)) + m^*(E \cap (A \cap B^c)) + m^*(E \cap A^c) \tag{8.9}$$

となります．(8.7) の形に少し近づきました．(8.9) と (8.7) の右辺を比較すると，次の不等式が成り立っていれば (8.7) が成り立つことになります：

$$m^*(E \cap (A \cap B^c)) + m^*(E \cap A^c) \geqq m^*(E \cap (A \cap B)^c). \tag{8.10}$$

この不等式は成り立ちます．その理由は

$$
\begin{aligned}
(A \cap B^c) \cup A^c &= ((A \cap B^c)^c \cap A)^c \\
&= ((A^c \cup B) \cap A)^c \quad \text{（以上ド・モルガンの法則より）} \\
&= ((A \cap A^c) \cup (A \cap B))^c \quad \text{（分配法則より）} \\
&= (A \cap B)^c \quad (A \cap A^c = \emptyset \text{ より})
\end{aligned}
$$

ですから，この等式を E との共通部分で考えると

$$(E \cap (A \cap B^c)) \cup (E \cap A^c) = E \cap (A \cap B)^c.$$

したがって定義 8.1 (C3) において $A_1 = E \cap (A \cap B^c)$, $A_2 = E \cap A^c$, $A_3 = A_4 = \cdots = \emptyset$ とおくと

$$m^*(E \cap (A \cap B)^c) \leqq m^*(E \cap (A \cap B^c)) + m^*(E \cap A^c),$$

すなわち，(8.10) が得られました．以上より，$A \cap B \in \mathfrak{M}$，すなわち，(B3′) が成り立ちます．

残るは (B3″) の確認です．これは手間がかかります．仮定は $A_j \in \mathfrak{M}$ $(j = 1, 2, 3, \dots)$ かつ $i \neq j$ のとき $A_i \cap A_j = \emptyset$ です．$A_j \in \mathfrak{M}$ $(j = 1, 2, 3, \dots)$ ですから

$$\forall E \subset X, \quad m^*(E) \geqq m^*(E \cap A_j) + m^*(E \cap A_j{}^c) \tag{8.11}$$

が成り立ちます．示したいのは $A = \bigcup_{j=1}^{\infty} A_j$ とおくと

$$\forall E \subset X, \quad m^*(E) \geqq m^*(E \cap A) + m^*(E \cap A^c) \tag{8.12}$$

が成り立つことです．これを示すために，次の補題を用います．

補題 8.10

各自然数 k に対して $S_k = \bigcup_{j=1}^{k} A_j$ とおく．任意の自然数 k に対して

$$\forall E \subset X, \quad m^*(E) \geqq \sum_{j=1}^{k} m^*(E \cap A_j) + m^*(E \cap S_k{}^c) \tag{8.13}$$

が成り立つとする．このとき (8.12) が成り立つ．

【補題 8.10 の証明】 $S_k{}^c = \bigcap_{j=1}^{k} A_j{}^c \supset \bigcap_{j=1}^{\infty} A_j{}^c = \left(\bigcup_{j=1}^{\infty} A_j \right)^c = A^c$ ゆえ $E \cap S_k{}^c \supset E \cap A^c$ が成り立つ．よって，$m^*(E \cap S_k{}^c) \geqq m^*(E \cap A^c)$ である．したがって (8.13) が成り立つとき，任意の k と任意の $E \subset X$ に対して

$$m^*(E) \geqq \sum_{j=1}^{k} m^*(E \cap A_j) + m^*(E \cap A^c) \tag{8.14}$$

が成り立つ．この式において $k \to \infty$ とすると

$$m^*(E) \geqq \sum_{j=1}^{\infty} m^*(E \cap A_j) + m^*(E \cap A^c) \tag{8.15}$$

であるが，$\displaystyle\bigcup_{j=1}^{\infty}(E \cap A_j) = E \cap A$ および (C3) より $m^*(E \cap A) \leqq \displaystyle\sum_{j=1}^{\infty} m^*(E \cap A_j)$

であるので

$$\forall E \subset X, \quad m^*(E) \geqq m^*(E \cap A) + m^*(E \cap A^{\mathrm{c}})$$

すなわち，(8.12) が得られた．　　　　　　　　　　　　　　（補題の証明終）

　定理の証明に戻りましょう．補題 8.10 より，任意の自然数 k に対して (8.13) が成り立つことを示せば (B3″) が成り立ち，定理 8.9 が証明できます．(8.13) を k についての数学的帰納法で示しましょう．

$\underline{k = 1 \text{ のとき}}$　$S_1{}^{\mathrm{c}} = A_1{}^{\mathrm{c}}$ ですから，(8.13) は

$$\forall E \subset X, \quad m^*(E) \geqq m^*(E \cap A_1) + m^*(E \cap A_1{}^{\mathrm{c}})$$

となり，これは仮定 $A_1 \in \mathfrak{M}$ そのもので，明らかに成り立ちます．

$\underline{k \text{ のとき } (8.13) \text{ が成り立つと仮定する}}$　このとき，(8.13) の k を $k+1$ に読み替えた不等式

$$\forall E \subset X, \quad m^*(E) \geqq \sum_{j=1}^{k+1} m^*(E \cap A_j) + m^*(E \cap S_{k+1}{}^{\mathrm{c}}) \tag{8.16}$$

が成り立つことを示せば，数学的帰納法により (8.13) がすべての k に対して成立します．$m^*(E \cap S_k{}^{\mathrm{c}}) = \infty$ のときは，$E \cap S_k{}^{\mathrm{c}} \subset E$ ですから，$m^*(E) = \infty$ となり，(8.16) は自明に成り立ちます．そこで，$m^*(E \cap S_k{}^{\mathrm{c}}) < \infty$ と仮定します．このとき，(8.16) の不等式を少し書き換えます：

$$\begin{aligned} m^*(E) \geqq &\sum_{j=1}^{k} m^*(E \cap A_j) + m^*(E \cap S_k{}^{\mathrm{c}}) \\ &+ m^*(E \cap A_{k+1}) + m^*(E \cap S_{k+1}{}^{\mathrm{c}}) - m^*(E \cap S_k{}^{\mathrm{c}}). \end{aligned} \tag{8.17}$$

$j = k+1$ の部分の和を独立させ，余計な $m^*(E \cap S_k{}^{\mathrm{c}})$ を加えた上で，さらに同じものを引いて帳尻を合わせただけです．しかし，このように変形して (8.17) の第 1 行目を切り取ってみると，これはこれだけで帰納法の仮定から成り立っています．したがって，もし

$$0 \geqq m^*(E \cap A_{k+1}) + m^*(E \cap S_{k+1}{}^{\mathrm{c}}) - m^*(E \cap S_k{}^{\mathrm{c}}) \tag{8.18}$$

がいえれば，(8.13) の不等式に (8.18) を辺々加えて (8.16) が成り立つことがわかります．したがって (8.18) を示せば証明が完結します．(8.18) を書き直して

$$m^*(E \cap S_k{}^c) \geqq m^*(E \cap A_{k+1}) + m^*(E \cap S_{k+1}{}^c) \tag{8.19}$$

の形にして，これが成り立つことを示しましょう．$i \neq j$ のとき $A_i \cap A_j = \emptyset$ でしたから，$A_j{}^c \supset A_{k+1}$ $(j = 1, 2, \ldots, k)$ に注意して

$$(E \cap S_k{}^c) \cap A_{k+1} = E \cap \Big(\bigcup_{j=1}^{k} A_j \Big)^c \cap A_{k+1} = E \cap \bigcap_{j=1}^{k} A_j{}^c \cap A_{k+1} = E \cap A_{k+1}$$

がわかります．さらに

$$S_{k+1}{}^c = \Big(\bigcup_{j=1}^{k+1} A_j \Big)^c = \Big(\bigcup_{j=1}^{k} A_j \cup A_{k+1} \Big)^c = S_k{}^c \cap A_{k+1}{}^c$$

ですから，結局 (8.19) は仮定 $A_{k+1} \in \mathfrak{M}$，すなわち

$$\forall E \subset X, \quad m^*(E) \geqq m^*(E \cap A_{k+1}) + m^*(E \cap A_{k+1}{}^c) \tag{8.20}$$

において，特に E を $E \cap S_k{}^c$ と読み替えた不等式に他ならないことがわかりました．したがって (8.19) は成り立ち，数学的帰納法が進みます．以上から定理 8.9 が証明されました．

8.5 可測集合の測度

§8.4 の記号はそのまま断りなく使います．カラテオドリ外測度から可測性が定義され，可測集合全体がボレル集合体であることがわかりましたが，可測集合に対して，その測度が定義できます．

定義 8.11

　$A \in \mathfrak{M}$ に対して $m(A) = m^*(A)$ とおいて，この値を A の測度という．

この「測度」は実数空間上のルベーグ測度を抽象化したものになっています．同じ「測度」という言葉を用いますが，抽象度の違いに注意してください．m は集合関数

$$m : \mathfrak{M} \to \mathbb{R} \cup \{+\infty\}$$

とみなすことができます．この集合関数を測度，あるいは m^* から**導かれた測度**といいます．この測度に対して，ルベーグ測度と同様に完全加法性が成り立ちます．

定理 8.12

$A_j \in \mathfrak{M}$ $(j = 1, 2, 3, \dots)$ かつ $i \neq j$ のとき $A_i \cap A_j = \emptyset$ であるとすると

$$m\Big(\bigcup_{j=1}^{\infty} A_j \Big) = \sum_{j=1}^{\infty} m(A_j) \tag{8.21}$$

が成り立つ．

証明には §8.4 で導いた式 (8.15) を用います：

$$m^*(E) \geqq \sum_{j=1}^{\infty} m^*(E \cap A_j) + m^*(E \cap A^c).$$

この式において $E = A \Big(= \bigcup_{j=1}^{\infty} A_j \Big)$ とすると $A \cap A^c = \emptyset$ であり，$A \cap A_j = A_j$ ですから

$$m^*\Big(\bigcup_{j=1}^{\infty} A_j \Big) \geq \sum_{j=1}^{\infty} m^*(A_j)$$

となります．(C3) より，逆向きの不等式

$$m^*\Big(\bigcup_{j=1}^{\infty} A_j \Big) \leq \sum_{j=1}^{\infty} m^*(A_j)$$

はいつでも成り立つので，これらを併せて $m^*(A) = m(A)$，$m^*(A_j) = m(A_j)$ と書けば (8.21) が得られます．

特別な場合として，実数空間におけるルベーグ測度の完全加法性の別証明が得られたことにもなります．ただし，ルベーグ可測性の定義5.3, 7.3 の代わりに，定義 7.9（カラテオドリの意味で可測）を改めて可測性の定義として採用することにします．これらが同等であることは，すでに見ました（定理 7.10）から，別の方法で，というよりは，より一般的な視点から完全加法性が理解できたことになります．$X, \mathfrak{M}, m$ という3つの対象は，第9章で学ぶ**測度空間**の概念へと抽象化されます．カラテオドリの外測度論は，測度空間の例を構成する有効な方法を与えています．

問 8.3 $A \in \mathfrak{M}$ に対して $m(A) = 0$ であれば，任意の $S \subset A$ に対して $S \in \mathfrak{M}$ であり，さらに $m(S) = 0$ が成り立つことを証明せよ．

外測度から導かれた測度がもつ問 8.3 の性質を，後に測度空間において抽象化して，測度の**完備性**（定義 13.6）という概念が導入されます．

第 9 章

測度空間

前章ではルベーグ外測度を抽象化してカラテオドリ外測度という概念を導入しました．そして，その枠組みの中で可測性を定義し，可測な部分集合全体がボレル集合体をなすことを示したと同時に，可測集合全体の集合族上で定義された測度を考えると完全加法性が成り立つことを見ました．この議論を念頭に置いて，本章ではさらなる抽象化を行います．またまた思考の次元を 1 つ上げて，完全加法性をもつ集合関数を出発点に据えるのです．その結果，理論は完全にリセットされて新たな地点からの出発となります．前章同様に，本章も論理的にはボレル集合体の定義と基本性質以外は，これまでの積み重ねをまったく無視しても理解できます．ただし，いままでの議論を知っていて初めて理論の神髄がわかります．

9.1 抽象的測度と測度空間

次の定義から始めます．心を白紙にして素直に定義を読んでください．2^X は X の部分集合全体のなす集合族を表し，X のべき集合とよばれるものでした．ボレル集合体の定義は第 8 章を参照してください．

定義 9.1

集合 X と，ボレル集合体 $\mathfrak{B} \subset 2^X$ が与えられているとする．$\mathfrak{B}$ 上で定義された集合関数 $m : \mathfrak{B} \to \mathbb{R} \cup \{+\infty\}$ が与えられていて次の (M1)，(M2) を満たすとき，m を $\mathfrak{B}$ 上の**測度**という．また，$\mathfrak{B}$ に属する集合を**可測集合**という．

(M1) $A \in \mathfrak{B}$ に対して $0 \leqq m(A) \leqq +\infty$，ただし $m(\emptyset) = 0$ とする．

(M2) $A_j \in \mathfrak{B}$ $(j = 1, 2, 3, \dots)$ かつ $i \neq j$ のとき $A_i \cap A_j = \emptyset$ ならば

$$m\Big(\bigcup_{j=1}^{\infty} A_j \Big) = \sum_{j=1}^{\infty} m(A_j).$$

ここでも前章の m^* と同様に m を太字で印字しています．理由は，いままでに現れたルベーグ測度やカラテオドリ外測度から誘導された測度 m と区別するためです．前章の議論でルベーグ外測度のもつ基本性質を公理化してカラテオドリ外測度の概念を導入したのと同様に，これらの測度（ルベーグ測度やカラテオドリ外測度から誘導された測度）m がもつ完全加法性およびその議論の基になるボレル集合体を，改めて出発点に据え直して抽象的な概念として m を定義しているのです．その意味で m を**抽象的測度**とよぶこともあります．太字 m の意味が了解できたことにして，以後は m も単に普通の m と書きます．頭の中で区別してください．

定義 9.2

集合 X と，ボレル集合体 $\mathfrak{B} \subset 2^X$，および $\mathfrak{B}$ 上の測度 m が与えられたとき，**測度空間**が与えられたという．測度空間を 3 つの組 $(X, \mathfrak{B}, m)$ などの記号で表す．$\mathfrak{B}, m$ が明確なときは，単に X で表すこともある．

注意すべきは $X, \mathfrak{B}, m$ がどのように与えられたかを問題にしていないことです．その結果，今回の議論は基本的に (M1)，(M2) という，たった 2 つの性質からすべて理解できることになります．つまり，過去の経緯を知らなくても

この先の内容は理解可能ということです．もちろん，$X = \mathbb{R}^2$ で m を $\mathbb{R}^2$ 上の
ルベーグ測度，$\mathfrak{B}$ として平面上のルベーグ可測な部分集合全体の場合を考え
ると，(M1), (M2) が満たされるので，これらは測度空間を与えます．カラテ
オドリ外測度から導かれた測度についても同様です．この 2 つは重要な例です
が，あくまで例にすぎません．このような抽象化によって「測度」という概念
は，図形のような幾何学的対象を離れて，さまざまな場面で考えられることに
なります．

《例 9.3》 X を集合とし，$\mathfrak{B} \subset 2^X$ をボレル集合体とする．
(1) $A \in \mathfrak{B}$ に対して

$$m(A) = \begin{cases} \#A & (A \text{ が有限集合のとき}), \\ +\infty & (A \text{ が無限集合のとき}) \end{cases}$$

とおく．このとき，$(X, \mathfrak{B}, m)$ は測度空間となる．m を X 上の**計数測度**とい
う．$\mathfrak{B} = 2^X$ のときは，例 8.3 で与えた m^* と同じものである．
(2) $x \in X$ とする．$A \in \mathfrak{B}$ に対して

$$m_x(A) = \begin{cases} 1 & (x \in A \text{ のとき}), \\ 0 & (x \notin A \text{ のとき}) \end{cases}$$

とおく．このとき，$(X, \mathfrak{B}, m_x)$ は測度空間となる．m_x を x における**デルタ測
度**という．

　それでは (M1), (M2) から導かれる基本性質を見ていきましょう．

定理 9.4

　$(X, \mathfrak{B}, m)$ を測度空間とする．
(i) $A_j \in \mathfrak{B}\ (j = 1, 2, 3, \ldots, n)$ かつ $i \neq j$ のとき $A_i \cap A_j = \emptyset$ である
　　ならば
$$m\left(\bigcup_{j=1}^{n} A_j \right) = \sum_{j=1}^{n} m(A_j).$$
(ii) $A, B \in \mathfrak{B}$ が $A \subset B$ を満たすならば $m(A) \leqq m(B)$.

(iii) $A, B \in \mathfrak{B}$ に対して

$$m(A \cup B) + m(A \cap B) = m(A) + m(B).$$

証明はいずれも簡単です．(M1), (M2) だけ（ただし，測度空間の定義に現れた「ボレル集合体」の概念および，その基本性質は用いる）しか使わないことに注意してください．

【証明】 (i) $j \geqq n + 1$ に対して $A_j = \emptyset$ である場合に (M2) を適用して $m(\emptyset) = 0$ を用いればよい．

(ii) $A_1 = A$, $A_2 = B - A$ とおくと，ボレル集合体の基本性質から $A_2 \in \mathfrak{B}$ であり，また $B = A_1 \cup A_2$, $A_1 \cap A_2 = \emptyset$ であるから，$n = 2$ として (i) を適用すると，$m(B - A) \geqq 0$（(M1) より）に注意して

$$m(B) = m(A_1) + m(A_2) = m(A) + m(B - A) \geqq m(A)$$

を得る．

(iii) $A_1 = A - (A \cap B)$, $A_2 = A \cap B$, $A_3 = B - (A \cap B)$ とおくと $A_1, A_2, A_3 \in \mathfrak{B}$ であり $i \neq j$ のとき $A_i \cap A_j = \emptyset$ かつ $A \cup B = A_1 \cup A_2 \cup A_3$ が成り立つ．したがって $n = 3$ として (i) を適用すると

$$m(A \cup B) = m(A - (A \cap B)) + m(A \cap B) + m(B - (A \cap B)) \tag{9.1}$$

である．同様に

$$m(A) = m(A - (A \cap B)) + m(A \cap B),$$
$$m(B) = m(B - (A \cap B)) + m(A \cap B)$$

である．(9.1) の両辺に $m(A \cap B)$ を加えると，$m(A - (A \cap B))$, $m(B - (A \cap B))$ を消去でき，(iii) が得られる． (証明終)

注 9.5 $m(A \cap B) < \infty$ の場合は，(iii) を

$$m(A \cup B) = m(A) + m(B) - m(A \cap B)$$

と書き換えることができる．

9.2 集合の極限と測度

測度空間における測度の優れた利点は，測度と極限操作の相性が良いことです．まず，集合の列の極限を定義します．極限といっても，位相空間論における極限とは意味が異なります．しかし，次の定義は直観的に見て極限とよぶに相応しいものです．ここでも，通常用いる lim とは区別してはじめは太字 **lim** を用います．

定義 9.6

(i) 集合の増加列 $A_1 \subset A_2 \subset A_3 \subset \cdots \subset A_j \subset A_{j+1} \subset \cdots$ に対して

$$\operatorname*{\mathbf{lim}}_{j \to \infty} A_j = \bigcup_{j=1}^{\infty} A_j$$

と定める．

(ii) 集合の減少列 $A_1 \supset A_2 \supset A_3 \supset \cdots \supset A_j \supset A_{j+1} \supset \cdots$ に対して

$$\operatorname*{\mathbf{lim}}_{j \to \infty} A_j = \bigcap_{j=1}^{\infty} A_j$$

と定める．

このとき，次の結果が成り立ちます．

定理 9.7

$(X, \mathfrak{B}, m)$ を測度空間，$A_j \in \mathfrak{B}$ $(j = 1, 2, 3, \dots)$ とする．

(i) $A_1 \subset A_2 \subset A_3 \subset \cdots \subset A_j \subset A_{j+1} \subset \cdots$ のとき

$$m\left(\operatorname*{\mathbf{lim}}_{j \to \infty} A_j \right) = \lim_{j \to \infty} m(A_j)$$

が成り立つ．

(ii) $m(A_1) < \infty$ かつ $A_1 \supset A_2 \supset A_3 \supset \cdots \supset A_j \supset A_{j+1} \supset \cdots$ のとき

$$m\Big(\lim_{j\to\infty} A_j\Big) = \lim_{j\to\infty} m(A_j)$$

が成り立つ.

これらの式において,左辺の **lim** と右辺の lim は定義が違うことに注意しましょう.左辺は定義 9.6 で与えられたもので,右辺は通常の数列の極限です.ただし,広義の実数で極限を考えています.このことを了解した上で,以下では太字で区別せず,どちらの極限にも通常の lim を使います.区別は明確にしてください.これらの式を lim と m が「交換」できる,と見ることができます.ごく自然に納得できる性質なのではないでしょうか.これらの性質を測度の連続性といいます.(ii) の仮定「$m(A_1) < \infty$」を外すと,結論は成り立つとは限りません.理由を考えてみてください(問 9.1 参照).

【定理 9.7 の証明】 (i) $m(A_j) = \infty$ となる j が存在する場合は,定理の主張は自明に成り立つ.したがって,任意の j に対して $m(A_j) < \infty$ の場合に証明すればよい.$\{A_j\}$ が増加列であることから,$B_1 = A_1$, $B_j = A_j - A_{j-1}$ $(j = 2, 3, 4, \dots)$ とおくと $\bigcup_{j=1}^{\infty} A_j = \bigcup_{j=1}^{\infty} B_j$, $i \neq j$ のとき $B_i \cap B_j = \emptyset$ であるので,定理 9.4 (i) より $m(B_j) = m(A_j) - m(A_{j-1})$ $(j \geqq 2)$ となる.したがって,

$$
\begin{aligned}
m\Big(\lim_{j\to\infty} A_j\Big) &= m\Big(\bigcup_{j=1}^{\infty} A_j\Big) \quad (\text{lim の定義より}) \\
&= m\Big(\bigcup_{j=1}^{\infty} B_j\Big) \\
&= \sum_{j=1}^{\infty} m(B_j) \quad ((\text{M2}) \text{より}) \\
&= \lim_{n\to\infty} \sum_{j=1}^{n} m(B_j) \\
&= \lim_{n\to\infty} \left\{ m(A_1) + \sum_{j=2}^{n} m(A_j - A_{j-1}) \right\}
\end{aligned}
$$

$$
\begin{aligned}
&= \lim_{n\to\infty} \{m(A_1) + (m(A_2) - m(A_1)) \\
&\qquad + (m(A_3) - m(A_2)) + \cdots + (m(A_n) - m(A_{n-1}))\} \\
&= \lim_{n\to\infty} m(A_n).
\end{aligned}
$$

よって

$$
m\left(\lim_{j\to\infty} A_j \right) = \lim_{j\to\infty} m(A_j)
$$

を得る.

(ii) $\{A_j\}$ は減少列であり, $m(A_1) < \infty$ であるから, 任意の j に対して $m(A_j) < \infty$ であることに注意する. 各 j に対して $B_j = A_1 - A_j$ とおくと $B_j \in \mathfrak{B}$ であり, $\emptyset = B_1 \subset B_2 \subset B_3 \subset \cdots \subset B_n \subset \cdots$ となるから (i) を用いることができる. したがって, 定理 9.4 (i) より

$$
\begin{aligned}
m\left(\lim_{j\to\infty} B_j \right) &= \lim_{j\to\infty} m(B_j) \\
&= \lim_{j\to\infty} (m(A_1) - m(A_j)) \qquad (9.2) \\
&= m(A_1) - \lim_{j\to\infty} m(A_j)
\end{aligned}
$$

が成り立つ. $\{A_j\}$ が減少列であることとド・モルガンの法則より

$$
\lim_{j\to\infty} B_j = \bigcup_{j=1}^{\infty} (A_1 - A_j) = A_1 - \bigcap_{j=1}^{\infty} A_j.
$$

$A_1 \supset \bigcap_{j=1}^{\infty} A_j$ であるから, 再び定理 9.4 (i) を用いると

$$
\begin{aligned}
m\left(\lim_{j\to\infty} B_j \right) &= m(A_1) - m\left(\bigcap_{j=1}^{\infty} A_j \right) \\
&= m(A_1) - m\left(\lim_{j\to\infty} A_j \right). \qquad (9.3)
\end{aligned}
$$

(9.2) と (9.3) から

$$
m(A_1) - \lim_{j\to\infty} m(A_j) = m(A_1) - m\left(\lim_{j\to\infty} A_j \right)
$$

を得るが, 両辺から $m(A_1) < \infty$ を引いて整理すると

$$m\Big(\lim_{j\to\infty} A_j\Big) = \lim_{j\to\infty} m(A_j)$$

が示された. （定理の証明終）

問 9.1 定理 9.7 (ii) において仮定「$m(A_1) < \infty$」を外したとき, 結論が成り立たない例を挙げよ.

問 9.2 $(X, \mathfrak{B}, m)$ を測度空間とする. 任意の $A_j \in \mathfrak{B}$ $(j = 1, 2, 3, \dots)$ に対して

$$m\Big(\bigcup_{j=1}^{\infty} A_j\Big) \leqq \sum_{j=1}^{\infty} m(A_j)$$

であることを証明せよ.

9.3 集合列の上極限・下極限

単調性（単調増加または単調減少）を仮定しない集合列に対する極限は一般には考えられませんが, 実数列の上極限・下極限に対応する概念を考えることはできます. 例によって, 実数列の上極限 $\overline{\lim}$ および下極限 $\underline{\lim}$ と区別するために, はじめは "$\overline{\lim}$" および "$\underline{\lim}$" を用います.

定義 9.8

集合 X の部分集合列 $\{A_j\}$ $(j = 1, 2, 3, \dots)$ が与えられたとき,

$$"\overline{\lim}" A_j = \bigcap_{j=1}^{\infty} \bigcup_{k=j}^{\infty} A_k, \tag{9.4}$$

$$"\underline{\lim}" A_j = \bigcup_{j=1}^{\infty} \bigcap_{k=j}^{\infty} A_k \tag{9.5}$$

とおいて "$\overline{\lim}$" A_j を A_j の上極限集合, "$\underline{\lim}$" A_j を A_j の下極限集合という. "$\overline{\lim}$" $A_j = $ "$\underline{\lim}$" A_j のとき, $\{A_j\}$ は収束するといい

$$\lim A_j = "\overline{\lim}" A_j = "\underline{\lim}" A_j$$

と定める. $\lim A_j$ を A_j の**極限集合**という.

この定義は一見してわかりにくいですね。しかし，∩や∪の定義を素直に思い出せば，徐々に意味がわかってくると思います。まず，

$$x \in \text{``}\overline{\lim}\text{''}\, A_j \iff \text{任意の } j \text{ に対して } j \leqq k \text{ を満たす } k \text{ が存在して } x \in A_k$$
$$\iff \text{単調増加数列 } k_1 < k_2 < \cdots < k_n < \cdots \text{ が存在して}$$
$$x \in A_{k_n}\ (n = 1, 2, 3, \dots)$$
$$\iff x \text{ は無限個の } A_k \text{ に含まれる}$$

に注意します。同様に

$$x \in \text{``}\underline{\lim}\text{''}\, A_j \iff \text{ある } j \text{ が存在して}$$
$$j \leqq k \text{ を満たすすべての } k \text{ に対して } x \in A_k$$
$$\iff x \text{ は無限個の } A_k \text{ に含まれ,}$$
$$\text{かつ } x \text{ を含まない } A_k \text{ は有限個である}$$

となります。次の書き換えも理解の助けになります。

$$B_j = \bigcup_{k=j}^{\infty} A_k, \quad C_j = \bigcap_{k=j}^{\infty} A_k \tag{9.6}$$

とおくと，$\{B_j\}$ は単調減少，$\{C_j\}$ は単調増加となりますから，

$$\text{``}\overline{\lim}\text{''}\, A_j = \lim_{j \to \infty} B_j, \tag{9.7}$$

$$\text{``}\underline{\lim}\text{''}\, A_j = \lim_{j \to \infty} C_j \tag{9.8}$$

と書くことができます。ここで実数列の上極限・下極限の定義を復習しておきましょう。$\{a_j\}\ (j = 1, 2, 3, \dots)$ を実数列としたとき，

$$x_j = \sup\{a_k \,|\, k \geqq j\}, \quad y_j = \inf\{a_k \,|\, k \geqq j\}$$

とおきます。このとき，$\{x_j\}$ は単調減少，$\{y_j\}$ は単調増加な数列となります。したがって，広義の実数で考えるとこれらの極限が存在します。そこで

$$\overline{\lim}\, a_j = \lim_{j \to \infty} x_j, \quad \underline{\lim}\, a_j = \lim_{j \to \infty} y_j$$

とおいて，それぞれ $\{a_j\}$ の上極限，および下極限といいいます．これが実数列に対する上極限・下極限の定義でした．一般に $\underline{\lim} a_j \leqq \overline{\lim} a_j$ が成り立ちます（問 9.4 参照）．また，$\underline{\lim} a_j = \overline{\lim} a_j$ のとき $\lim_{n\to\infty} a_n$ は存在し，極限値はこの共通の値と一致します．逆に $\lim_{n\to\infty} a_n$ が存在するとき $\underline{\lim} a_j = \overline{\lim} a_j = \lim_{n\to\infty} a_n$ が成り立ちます．集合列の上極限・下極限は数列の上極限・下極限の類似物であることが理解できると思います．ただし，実数列の極限が位相と深く関係しているのに対して，**集合列の極限は位相とは無関係である**ことを注意しておきます．あくまで形式的な類似物として定義しています．しかし，そのお陰で以下に見るような自然な性質が理解できるようになります．以下では“ ”を付けた区別は省略して，集合列に対する上極限・下極限も実数列のものと同じ $\overline{\lim}, \underline{\lim}$ を用います．すなわち，改めて

$$\overline{\lim} A_j = \bigcap_{j=1}^{\infty} \bigcup_{k=j}^{\infty} A_k, \quad \underline{\lim} A_j = \bigcup_{j=1}^{\infty} \bigcap_{k=j}^{\infty} A_k$$

と約束することにします．数列の上極限・下極限との区別に注意してください．

《**例 9.9**》 $\mathbb{R}^2$ の部分集合列 $\{A_j\}$ $(j = 1, 2, 3, \dots)$ を

$$A_j = \{(x_1, x_2)|\, x_2 > x_1^j\}$$

により定めるとき，

$$\overline{\lim} A_j = L_1 \cup S_1 \cup S_2 \cup L_2 \cup S_3, \quad \underline{\lim} A_j = L_+ \cup T \cup L_- \tag{9.9}$$

となる．ただし，

$$L_1 = \{(x_1, x_2)|\, x_1 = 1,\ x_2 > 1\},$$
$$S_1 = \{(x_1, x_2)|\, 0 \leqq x_1 < 1,\ x_2 > 0\},$$
$$S_2 = \{(x_1, x_2)|\, -1 < x_1 < 0,\ x_2 \geqq 0\},$$
$$L_2 = \{(x_1, x_2)|\, x_1 = -1,\ x_2 > -1\},$$
$$S_3 = \{(x_1, x_2)|\, x_1 < -1\},$$
$$L_\pm = \{(x_1, x_2)|\, x_1 = \pm 1,\ x_2 > 1\}\ (複合同順),$$
$$T = \{(x_1, x_2)|\, -1 < x_1 < 1,\ x_2 > 0\}.$$

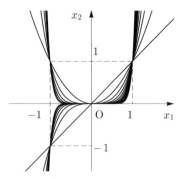

図 **9.1**　$x_2 = x_1^j \ (j = 1, 2, 3, \ldots, 13)$ のグラフ.

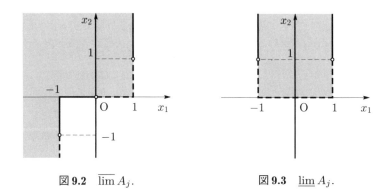

図 **9.2**　$\overline{\lim} A_j$.　　　　　　　　図 **9.3**　$\underline{\lim} A_j$.

問 **9.3**　例 9.9 の等式 (9.9) を証明せよ.

　可測な集合列の上極限・下極限の測度と, 集合列を構成する各集合の測度と
して得られる実数列の上極限・下極限の間には, 次の簡潔な関係が成り立ち
ます.

定理 9.10

　$(X, \mathfrak{B}, m)$ を測度空間とする. 任意の $A_j \in \mathfrak{B} \ (j = 1, 2, 3, \ldots)$ に対
して集合列 $\{A_j\}$ を考える. このとき次が成り立つ.

(i) $m(\underline{\lim} A_j) \leqq \underline{\lim} m(A_j)$　（ファトゥーの不等式）

(ii) $m\left(\bigcup_{j=1}^{\infty} A_j \right) < \infty$ のとき $m(\overline{\lim} A_j) \geqq \overline{\lim} m(A_j)$

【証明】 B_j, C_j $(j = 1, 2, 3, \dots)$ を (9.6) で定義する. このとき $B_j, C_j \in \mathfrak{B}$ となる.

(i) $\{C_j\}$ は単調増加である. (9.8) より, 定理 9.7 (i) を用いると

$$m(\varliminf A_j) = m(\lim C_j) = \lim_{j \to \infty} m(C_j).$$

ここで $\lim C_j = \lim_{j \to \infty} C_j$ を用いた. 両辺の定義は異なるが, 一致していることに注意する (問 9.5 参照). また, $C_j \subset A_j$ に注意すると $m(C_j) \leqq m(A_j)$ ゆえ

$$\varliminf m(C_j) \leqq \varliminf m(A_j).$$

さらに, $\{m(C_j)\}$ は単調増加ゆえ, $\varliminf m(C_j) = \lim_{j \to \infty} m(C_j) \leqq \varliminf m(A_j)$ である. これらを併せると

$$m(\varliminf A_j) \leqq \varliminf m(A_j)$$

が得られる.

(ii) $\{B_j\}$ は単調減少である. $m(B_1) < \infty$ および (9.7) より定理 9.7 (ii) を用いると

$$m(\varlimsup A_j) = m(\lim B_j) = \lim_{j \to \infty} m(B_j)$$

である. ここでも $\lim B_j = \lim_{j \to \infty} B_j$ を用いたことに注意する. $B_j \supset A_j$ であるから $m(B_j) \geqq m(A_j)$ である. したがって

$$\varlimsup m(B_j) \geqq \varlimsup m(A_j).$$

さらに, $\{m(B_j)\}$ は単調減少であるから, $\varlimsup m(B_j) = \lim_{j \to \infty} m(B_j) \geqq \varlimsup m(A_j)$ である. これらより,

$$m(\varlimsup A_j) \geqq \varlimsup m(A_j)$$

を得る. (証明終)

定理の (i), (ii) をまとめて次の形にしたものを系として述べます. 次の 2 つの系は, ともに定理 9.10 と同じ記号を用います.

系 9.11 $m\left(\bigcup_{j=1}^{\infty} A_j\right) < \infty$ のとき

$$m(\underline{\lim} A_j) \leqq \underline{\lim} m(A_j) \leqq \overline{\lim} m(A_j) \leqq m(\overline{\lim} A_j)$$

が成り立つ.

特に $\underline{\lim} A_j = \overline{\lim} A_j$, すなわち $\{A_j\}$ が収束するときは次が成り立つことになります.

系 9.12 $m\left(\bigcup_{j=1}^{\infty} A_j\right) < \infty$ で $\lim A_j$ が存在するとき

$$m(\lim A_j) = \lim_{j \to \infty} m(A_j)$$

が成り立つ.

繰り返しになりますが, この等式の lim は左辺と右辺で定義がまったく異なります. 集合列の極限を定義 9.8 のように定義したお陰で, 極限と測度の関係がこのように自然に表現できました.

問 9.4 実数列 $\{a_j\}$ $(j = 1, 2, 3, \dots)$ に対して $\underline{\lim} a_j \leqq \overline{\lim} a_j$ が成り立つことを証明せよ.

問 9.5 集合 X の部分集合 C_j $(j = 1, 2, 3, \dots)$ について集合列 $\{C_j\}$ は単調 (増加または減少) であるとする. このとき $\{C_j\}$ は収束して

$$\lim C_j = \lim_{j \to \infty} C_j$$

が成り立つことを証明せよ (集合列に対して $\lim$ と $\lim_{j \to \infty}$ の定義は異なることに注意).

問 9.6 次により定めた $\mathbb{R}^2$ の部分集合 A_n $(n = 1, 2, 3, \dots)$ について $\lim_{n \to \infty} A_n$ を求め, 図示せよ.

(1) $A_n = \left\{(x_1, x_2) \,\middle|\, \left(x_1 - \dfrac{1}{n}\right)^2 + x_2^2 \leqq \left(\dfrac{1}{n}\right)^2\right\}$

(2) $A_n = \left\{ (x_1, x_2) \,\middle|\, \left(x_1 - \dfrac{1}{n} \right)^2 + x_2^2 < \left(\dfrac{1}{n} \right)^2 \right\}$

(3) $A_n = \left\{ (x_1, x_2) \,\middle|\, x_2 \geqq \dfrac{x_1^2}{n} \right\}$

問 9.7 集合 X の部分集合からなる集合列 $\{A_n\}$ $(n = 1, 2, 3, \dots)$ に対して

$$\underline{\lim} A_n \subset \overline{\lim} A_n$$

が成り立つことを証明せよ.

問 9.8 次により定めた $\mathbb{R}^2$ の部分集合 A_n $(n = 1, 2, 3, \cdots)$ について $\underline{\lim} A_n$ および $\overline{\lim} A_n$ を求めよ. また, $m(\underline{\lim} A_n)$, $m(\overline{\lim} A_n)$, $\underline{\lim} m(A_n)$, $\overline{\lim} m(A_n)$ の値をそれぞれ求めよ. ただし, m は $\mathbb{R}^2$ のルベーグ測度であり, これらの集合については, すべてジョルダン測度とルベーグ測度が一致することを用いてよい.

(1) $A_n = \left\{ (x_1, x_2) \,\middle|\, x_1^2 + x_2^2 < \dfrac{1}{2} \left(1 + (-1)^n \left(1 - \dfrac{1}{n} \right) \right) \right\}$

(2) $A_n = \left\{ (x_1, x_2) \,\middle|\, \left(x_1 - (-1)^n \dfrac{n-1}{n} \right)^2 + x_2^2 < 1 \right\}$

第10章
可測関数

　本章では，積分を考える上で必須となる**可測関数**の概念を導入します．これを基に，通常ルベーグ積分論とよばれる理論の構成を始めます．ルベーグの名が付いた積分論ですが，基礎になるのは実数空間上のルベーグ測度から一段抽象化した測度，すなわち第9章で展開した測度論を土台とする積分の理論です．予備知識として必要なことは，ボレル集合体の定義と基本性質および第9章の内容のみです．その意味で，以下の理論は単純です．しかし，繰り返し強調しているように，（抽象的）測度はルベーグ測度を一例として含んでいます．ルベーグ測度は主に2次元の場合に重点を置いて学びましたが，次元に関係なく実数空間上で定義可能であることを注意しました．したがって，以下で展開する積分論は一般の n 次元実数空間におけるルベーグ測度に基づいた積分論を例として含みます．

　このような積分論を考える目的は，リーマン積分の限界を超えることにあります．限界を超えるというのは，単にリーマン可積分ではない関数の積分が考えられるというだけではなく，第9章で学んだ測度と極限の相性の良さを受け継いだ積分の理論が得られるという意味を含みます．そもそも，リーマン積分は実数空間上のリーマン可積分な関数に対してのみ定義されました．それに対して，以下の積分論は，より広い対象を考察可能にします．

　とはいえ，ルベーグ積分論でも実数空間上での積分が重要であることは言うまでもありません．1変数や2変数の場合のリーマン積分を念頭に置いて学ぶことは当然のことながら理解の助けになります．1次元実数空間上での，リー

マン積分は第2章において定義されました．そこでは，関数のグラフとx軸（横軸）で囲まれた図形に縦の線を細かく入れて分割し，各小部分の面積を長方形で内と外から近似して，分割を細かくした「極限」を考えました（図10.1〜10.4）．

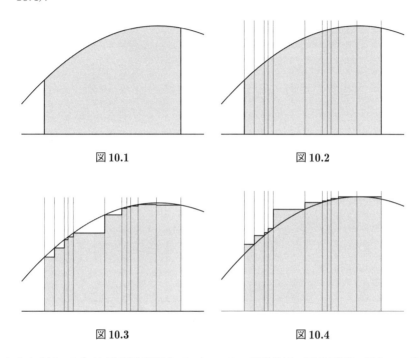

図10.1　　　　　　　　　　　　図10.2

図10.3　　　　　　　　　　　　図10.4

これに対して（1次元実数空間上での）ルベーグ積分は，同じ図形に対して，横に細かく線を入れます．そのあとで，ある意味で図形を縦に切るのですが，大雑把に言えば，先に線を入れるのが縦か横か，これがリーマンかルベーグかの違いです（図10.5, 10.6）．これらの図を見る限り，大差ないように思えます．実際，上図のようにグラフが滑らかな関数，さらにリーマン可積分な関数に対しては，リーマン積分とルベーグ積分は一致します（第15章参照）．しかし，例えば，関数が至るところで不連続であるときには，リーマン可積分でなくなり，話が変わります．横に切るというのは，関数の値の範囲を微少な部分に限ったときに，その範囲に対応する変数の値全体の集合を考えることになります．このような考えから可測関数の概念が生まれます．

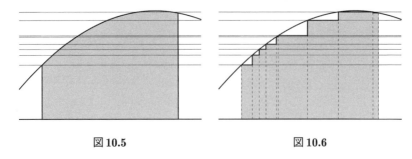

図 10.5　　　　　　　　　　　　図 10.6

10.1　可測関数の定義

以下，しばらくの間は測度空間 $(X, \mathfrak{B}, m)$ を 1 つ決めて，この上で議論を行います．$\mathfrak{B} \subset 2^X$ はボレル集合体，$m : \mathfrak{B} \to \mathbb{R} \cup \{+\infty\}$ は $\mathfrak{B}$ 上の測度です．

X 上で定義された関数 $f : X \to \mathbb{R} \cup \{\pm\infty\}$ を考えます．$A \subset \mathbb{R} \cup \{\pm\infty\}$ に対して A の f による逆像は

$$f^{-1}(A) = \{x \in X \mid f(x) \in A\} \tag{10.1}$$

により定義されます．

定義 10.1

　$E \in \mathfrak{B}$ とする．E 上で定義された関数 $f : E \to \mathbb{R} \cup \{\pm\infty\}$ が任意の実数 α, β $(\alpha < \beta)$ に対して

$$f^{-1}([\alpha, \beta)) \in \mathfrak{B}$$

かつ

$$f^{-1}(\{+\infty\}) \in \mathfrak{B}, \ \text{かつ} \ f^{-1}(\{-\infty\}) \in \mathfrak{B}$$

を満たすとき，f は E 上 $\mathfrak{B}$-可測である，または単に E 上可測であるという．ただし，$[\alpha, \beta) = \{y \in \mathbb{R} \mid \alpha \leqq y < \beta\}$ は半開区間を表す．X 上可測な関数を単に**可測関数**とよぶ．

以下，特に断らなければ X 上の可測関数を考えますが，以下の議論は $E \in \mathfrak{B}$ に対して E 上の可測関数についても成り立ちます．

ここで集合の演算と逆像の関係を復習しておきます．一般に集合 X から集

合 Y への写像 $\varphi : X \to Y$ が与えられたとき，$A \subset Y$ に対して A の φ による逆像 $\varphi^{-1}(A)$ は (10.1) と同様に

$$\varphi^{-1}(A) = \{\, x \in X \mid \varphi(x) \in A \,\} \tag{10.2}$$

で定義されます．

《例 10.2》 写像 $\varphi : \mathbb{R} \to \mathbb{R}$ を $\varphi(x) = x^2$ により定めるとき，

$$\varphi^{-1}((-1,\infty)) = \mathbb{R}, \quad \varphi^{-1}([1,2]) = [-\sqrt{2},-1] \cup [1,\sqrt{2}]$$

となる．

Y の部分集合 $A, B, A_n \ (n = 1, 2, 3, \dots)$ に対して

$$\begin{cases} \varphi^{-1}(A \cup B) = \varphi^{-1}(A) \cup \varphi^{-1}(B), \\ \varphi^{-1}(A \cap B) = \varphi^{-1}(A) \cap \varphi^{-1}(B), \\ \quad A \subset B \implies \varphi^{-1}(A) \subset \varphi^{-1}(B), \\ \varphi^{-1}(A^{\mathrm{c}}) = \left\{ \varphi^{-1}(A) \right\}^{\mathrm{c}} \end{cases} \tag{10.3}$$

および

$$\begin{cases} \varphi^{-1}\left(\displaystyle\bigcup_{n=1}^{\infty} A_n \right) = \displaystyle\bigcup_{n=1}^{\infty} \varphi^{-1}(A_n), \\ \varphi^{-1}\left(\displaystyle\bigcap_{n=1}^{\infty} A_n \right) = \displaystyle\bigcap_{n=1}^{\infty} \varphi^{-1}(A_n) \end{cases} \tag{10.4}$$

が成り立ちます．例えば，(10.3) の第 1 式は

$$\begin{aligned} x \in \varphi^{-1}(A \cup B) &\iff \varphi(x) \in A \cup B \\ &\iff \varphi(x) \in A \ \text{または} \ \varphi(x) \in B \\ &\iff x \in \varphi^{-1}(A) \cup \varphi^{-1}(B) \end{aligned}$$

からわかります．他も同様です．

問 10.1 (10.4) を証明せよ．

問 10.2 $A \subset X$ に対して A の φ による像を

$$\varphi(A) = \{\varphi(x) \mid x \in A\}$$

により定めるとき，$A, B \subset X$ に対して

$$\varphi(A \cup B) = \varphi(A) \cup \varphi(B) \tag{10.5}$$

$$\varphi(A \cap B) = \varphi(A) \cap \varphi(B) \tag{10.6}$$

は成り立つか．成り立てば証明を，成り立たないときは反例を 1 つ挙げよ.

　本論に戻って，再び $(X, \mathfrak{B}, m)$ は測度空間とします．定義 10.1 において，f による半開区間の逆像が $\mathfrak{B}$ に属することで可測関数の定義を行いましたが，f が可測であれば，さまざまな集合の f による逆像が $\mathfrak{B}$ に属します.

定理 10.3

　f を可測な関数とする．このとき，任意の $\alpha, \beta \in \mathbb{R}$ に対して次が成り立つ.

(i) $f^{-1}((-\infty, \alpha)) \in \mathfrak{B}$.

(ii) $f^{-1}([\alpha, +\infty)) \in \mathfrak{B}$.

(iii) $f^{-1}((\alpha, \beta)) \in \mathfrak{B}$ $(\alpha < \beta)$.

(iv) $f^{-1}([\alpha, \beta]) \in \mathfrak{B}$ $(\alpha \leqq \beta)$.

(v) $f^{-1}((\alpha, \beta]) \in \mathfrak{B}$ $(\alpha < \beta)$.

【証明】 (ii) および (v) を示す.

$$[\alpha, \infty) = \bigcup_{j=1}^{\infty} [\alpha, j)$$

と書ける．ただし，$j \leqq \alpha$ のときは $[\alpha, j) = \emptyset$ であることに注意する．(10.4) を用いると

$$f^{-1}([\alpha, \infty)) = \bigcup_{j=1}^{\infty} f^{-1}([\alpha, j)).$$

f は可測だから，各 j に対して $f^{-1}([\alpha, j)) \in \mathfrak{B}$ となる．したがってボレル集合体の定義 8.6 における (B3) より

$$\bigcup_{j=1}^{\infty} f^{-1}([\alpha, j)) \in \mathfrak{B}$$

であり，$f^{-1}([\alpha, +\infty)) \in \mathfrak{B}$ を得る．

(v) を示すために $\gamma = (\alpha + \beta)/2$ とおく．このとき

$$(\alpha, \beta] = \bigcup_{j=2}^{\infty} \Big[\alpha + \frac{\gamma - \alpha}{j}, \gamma\Big) \cup \bigcap_{k=1}^{\infty} \Big[\gamma, \beta + \frac{1}{k}\Big)$$

と書くことができる（図 10.7 は上の等式の概念図）．

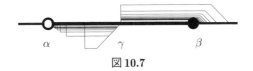

図 10.7

f は可測ゆえ，

$$f^{-1}\Big(\Big[\alpha + \frac{\gamma - \alpha}{j}, \gamma\Big)\Big) \in \mathfrak{B}, \quad f^{-1}\Big(\Big[\gamma, \beta + \frac{1}{k}\Big)\Big) \in \mathfrak{B}$$

であるから，ボレル集合体の定義と基本性質から

$$f^{-1}\Big(\bigcup_{j=2}^{\infty} \Big[\alpha + \frac{\gamma - \alpha}{j}, \gamma\Big)\Big) \in \mathfrak{B}, \quad f^{-1}\Big(\bigcap_{k=1}^{\infty} \Big[\gamma, \beta + \frac{1}{k}\Big)\Big) \in \mathfrak{B}.$$

したがって

$$f^{-1}((\alpha, \beta]) = f^{-1}\Big(\bigcup_{j=2}^{\infty} \Big[\alpha + \frac{\gamma - \alpha}{j}, \gamma\Big)\Big) \cup f^{-1}\Big(\bigcap_{k=1}^{\infty} \Big[\gamma, \beta + \frac{1}{k}\Big)\Big) \in \mathfrak{B}$$

がわかる．(i), (iii), (iv) も同様に示せるので証明は省略する．　　　（証明終）

逆に，(i)〜(v) の 1 つが任意の α, β（(i), (ii) では任意の α）に対して成り立ち，$f^{-1}(\{\pm\infty\}) \in \mathfrak{B}$ であれば f は可測であることがわかります．したがって，可測性をチェックするためには半開区間だけではなく，開区間や閉区間を用いることができます．さらに $\mathbb{R}$ の開部分集合，閉部分集合の逆像でも同様です．これを示すには次の補題を用います．

補題 10.4

$\mathbb{R}$ の任意の開部分集合 U に対して，半開区間の列 $I_n = [\alpha_n, \beta_n)$ $(n = 1, 2, 3, \dots)$ が存在して

$$U = \bigcup_{n=1}^{\infty} I_n \tag{10.7}$$

となる．

証明は定理 5.6 (p. 60) と同様の考え方を用います．定理 5.6 の証明における 2 進正方形の代わりに「2 進区間」に当たるものを考えれば証明できます．

問 10.3　補題 10.4 を証明せよ．

定理 10.5

f を可測な関数とする．このとき，次が成り立つ．

(i) $\mathbb{R}$ の任意の開集合 U に対して $f^{-1}(U) \in \mathfrak{B}$.

(ii) $\mathbb{R}$ の任意の閉集合 F に対して $f^{-1}(F) \in \mathfrak{B}$.

【証明】　(i) 補題 10.4 により U は半開区間列 $\{I_n\}$ を用いて (10.7) のように表される．このとき，

$$f^{-1}(U) = \bigcup_{n=1}^{\infty} f^{-1}(I_n)$$

となる．f は可測であるから $f^{-1}(I_n) \in \mathfrak{B}$ $(n = 1, 2, 3, \dots)$ である．したがってボレル集合体の定義より $f^{-1}(U) \in \mathfrak{B}$ となる．

(ii) $F \subset \mathbb{R}$ は閉集合であるから F^c は開集合である．したがって (i) より $f^{-1}(F^c) = f^{-1}(F)^c \in \mathfrak{B}$ である．$f^{-1}(F) = f^{-1}(F^c)^c$ と書けること，および定義 8.6（ボレル集合体の定義）(B2) により $f^{-1}(F) \in \mathfrak{B}$ を得る．(証明終)

《**例 10.6**》　$\mathbb{R}$ に 1 次元ルベーグ測度，および 1 次元ルベーグ可測集合全体のなすボレル集合体を併せた測度空間において，連続関数 $f : \mathbb{R} \to \mathbb{R}$ は可測である．

10.2 可測関数の基本性質

　可測関数がもつ基本的な性質を見ておきましょう．これらは，可測関数の積分を考える上で重要な役割を果たします．$(X, \mathfrak{B}, m)$ を測度空間とします．

定理 10.7

　f, g を可測関数とする．このとき，次の (1)〜(3) が成り立つ．ただし，$0 \times (\pm\infty), (\pm\infty) \times 0, \infty + (-\infty), -\infty + \infty$ は現れないとする．

(i)　任意の実数 a, b に対して $af + bg$ は可測関数である．

(ii)　fg は可測関数である．

(iii)　$|f|$ は可測関数である．

　ただし，$af + bg, fg, |f|$ はそれぞれ

$$(af + bg)(x) = af(x) + bg(x),$$
$$(fg)(x) = f(x)g(x),$$
$$|f|(x) = |f(x)|$$

で定義される関数です．

　定理を証明するために，次の補題を準備します．

補題 10.8

　$f_j : X \to \mathbb{R} \ (j = 1, 2, \ldots, \ell)$ を可測関数，V を $\mathbb{R}^\ell$ の開集合とする．写像 $F : X \to \mathbb{R}^\ell$ を

$$F(x) = (f_1(x), f_2(x), \ldots, f_\ell(x))$$

により定めるとき $F^{-1}(V) \in \mathfrak{B}$ が成り立つ．

　この補題の証明には定理 5.6 および補題 10.4 を ℓ 次元で考えた次の補題を用います．

補題 10.9

$\mathbb{R}^\ell$ の任意の開集合 V に対して

$$I_n = \{(y_1, y_2, \ldots, y_\ell) \,|\, \alpha_{n,j} \le y_j < \beta_{n,j}, \; j = 1, 2, \ldots, \ell \}$$

$(n = 1, 2, \ldots)$ の形の集合（半開 n 方体とよんだ）が存在して

$$V = \bigcup_{n=1}^\infty I_n \qquad\qquad (10.8)$$

と書ける.

この補題も定理 5.6 の証明と同様に示せますので省略します.

【補題 10.8 の証明】 補題 10.9 より V を (10.8) の形に書いておくと

$$
\begin{aligned}
F^{-1}(V) &= F^{-1}\Big(\bigcup_{n=1}^\infty I_n \Big) \\
&= \bigcup_{n=1}^\infty F^{-1}(I_n) \\
&= \bigcup_{n=1}^\infty \bigcap_{j=1}^\ell \{x \in X \,|\, \alpha_{n,j} \le f_j(x) < \beta_{n,j}\} \\
&= \bigcup_{n=1}^\infty \bigcap_{j=1}^\ell f_j^{-1}([\alpha_{n,j}, \beta_{n,j})) \in \mathfrak{B}.
\end{aligned}
$$

よって $F^{-1}(V) \in \mathfrak{B}$ となる $\hspace{4cm}$ （補題の証明終）

【定理 10.7 の証明】 (i) $h(x) = af(x) + bg(x)$ とおく. $f(x)$ または $g(x)$ の値が $\pm\infty$ のとき, 等式 $h^{-1}(\pm\infty) = f^{-1}(\pm\infty) \cup g^{-1}(\pm\infty)$ が左辺の複号いずれに対しても, 右辺の複号のどれかの組合せで成り立つから, $h^{-1}(\pm\infty) \in \mathfrak{B}$ である. 定理 10.3 のあとの注意により, 任意の $\alpha, \beta \in \mathbb{R}$ $(\alpha < \beta)$ に対して, 開区間 (α, β) の h による逆像について, $h^{-1}((\alpha, \beta)) \in \mathfrak{B}$ であることをいえばよい.

写像 $\varphi : \mathbb{R}^2 \to \mathbb{R}$ および $F : X \to \mathbb{R}^2$ をそれぞれ $\varphi(t_1, t_2) = at_1 + bt_2$ $((t_1, t_2) \in \mathbb{R}^2)$ および $F(x) = (f(x), g(x))$ により定義すると, $h(x) = \varphi(F(x)) = \varphi \circ F(x)$ である. 明らかに φ は連続写像である. したがって

$$\varphi^{-1}((\alpha, \beta)) = \{(t_1, t_2) \in \mathbb{R}^2 \mid \alpha < at_1 + bt_2 < \beta\}$$

は $\mathbb{R}^2$ の開集合となる. $h^{-1} = F^{-1} \circ \varphi^{-1}$ に注意すると

$$h^{-1}((\alpha, \beta)) = F^{-1}(\varphi^{-1}((\alpha, \beta)))$$

であり, $\varphi^{-1}((\alpha, \beta))$ が開集合であることから, 補題 10.8 により $h^{-1}((\alpha, \beta)) \in \mathfrak{B}$ となる. よって $h = af + bg$ は可測である. (ii), (iii) も同様に証明できるので, これらについては省略する. (定理の証明終)

補題 10.8 では, 簡単のために可測関数の値は実数であると仮定しましたが, 広義の実数, すなわち $\pm\infty$ を含む場合でも同様のことがいえます. 可測関数 f が与えられたとき, 定義により任意の α, β に対して $f^{-1}([\alpha, \beta)) \in \mathfrak{B}$ となります. これは $m(f^{-1}([\alpha, \beta)))$ の値が (広義の実数として) 決まることを意味します.

次に, 関数が可測であるという性質は, いろいろな極限をとる操作で保たれることを見ていきましょう. その基になるのは, $\mathfrak{B}$ がボレル集合体であるという性質です.

X 上の関数列 $\{f_j\}$ $(j = 1, 2, 3, \dots)$ が与えられたとき, この関数列の上限 $\sup f_n$, および下限 $\inf f_n$ は, $x \in X$ に対してそれぞれ

$$\sup f_n(x) = \sup\{f_n(x) \mid n = 1, 2, 3, \dots\},$$
$$\inf f_n(x) = \inf\{f_n(x) \mid n = 1, 2, 3, \dots\} \tag{10.9}$$

を対応させる関数です. ただし, 集合 $\{f_n(x) \mid n = 1, 2, 3, \dots\}$ が上に有界ではないときは,

$$\sup\{f_n(x) \mid n = 1, 2, 3, \dots\} = +\infty$$

と定めます. 同様に集合 $\{f_n(x) \mid n = 1, 2, 3, \dots\}$ が下に有界ではないときは

$$\inf\{f_n(x) \mid n = 1, 2, 3, \dots\} = -\infty$$

とします.

《例 **10.10**》 $X = [0, 1]$ 上の関数列 $\{f_n\}$, $\{g_n\}$ $(n = 1, 2, 3, \dots)$ を

$$f_n(x) = (1 - x^n)^{1/n}, \quad g_n(x) = (1 - x^{1/n})^n$$

により定めるとき,

$$\sup f_n(x) = \begin{cases} 1 & (0 \leqq x < 1), \\ 0 & (x = 1), \end{cases} \qquad \inf f_n(x) = x,$$

$$\sup g_n(x) = x, \qquad \inf g_n(x) = \begin{cases} 1 & (x = 0), \\ 0 & (0 < x \leqq 1). \end{cases}$$

図 10.8, 10.9 は,$n = 1, 2, 3, \dots, 15$ について,$f_n(x)$, $g_n(x)$ のグラフの様子.

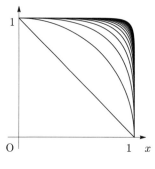 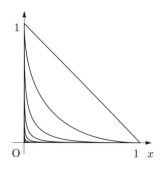

図 **10.8**　$\{f_n(x)\}$ のグラフ.　　　図 **10.9**　$\{g_n(x)\}$ のグラフ.

問 **10.4**　$X = \mathbb{R}$ 上の関数列 $\{f_n\}$ $(n = 1, 2, 3, \dots)$ を

$$f_n(x) = x^n$$

により定めるとき $\sup f_n(x)$ および $\inf f_n(x)$ を求めよ.

次の定理は可測性と極限の関係を述べる際の基本となります.

定理 10.11

　　X 上の任意の可測関数列 $\{f_n\}$ $(n = 1, 2, 3, \dots)$ に対して $\sup f_n$,
$\inf f_n$ は可測関数である.

【証明】　まず,
$$M = \{x \in X \mid \sup f_n(x) = +\infty\}$$

とおく. 上限の定義より

$$\sup f_n(x) = +\infty \iff \{f_n(x) \mid n = 1, 2, 3, \dots\} \text{ は上に有界ではない}$$
$$\iff \text{任意の } N \text{ に対して } n_0 \in \mathbb{N} \text{ が存在して } f_{n_0}(x) > N$$
$$\iff \text{任意の } N \text{ に対して } x \in \bigcup_{n=1}^{\infty} \{z \in X \mid f_n(z) > N\}$$
$$\iff x \in \bigcap_{N=1}^{\infty} \bigcup_{n=1}^{\infty} \{z \in X \mid f_n(z) > N\}.$$

よって $M = \displaystyle\bigcap_{N=1}^{\infty} \bigcup_{n=1}^{\infty} f_n^{-1}((N, \infty) \cup \{\infty\})$ と書ける. 各 n に対して f_n は可測であるから, $f_n^{-1}((N, \infty) \cup \{\infty\}) \in \mathfrak{B}$ である. よって $M \in \mathfrak{B}$ である. したがって, 再び定理 10.3 後に注意したことを少し一般化して, 任意の $\alpha \in \mathbb{R}$ に対して

$$(\sup f_n)^{-1}((-\infty, \alpha]) \in \mathfrak{B} \tag{10.10}$$

をいえばよい.

$$x \in (\sup f_n)^{-1}((-\infty, \alpha]) \iff \sup f_n(x) \leqq \alpha$$
$$\iff \text{任意の } n \text{ に対して } f_n(x) \leqq \alpha$$
$$\iff x \in \bigcap_{n=1}^{\infty} \{z \in X \mid f_n(z) \leqq \alpha\}$$
$$\iff x \in \bigcap_{n=1}^{\infty} f_n^{-1}((-\infty, \alpha]).$$

したがって,

$$(\sup f_n)^{-1}((-\infty, \alpha]) = \bigcap_{n=1}^{\infty} f_n^{-1}((-\infty, \alpha])$$

となる. 仮定より任意の n に対して f_n は可測であるから, $f_n^{-1}((-\infty, \alpha]) \in \mathfrak{B}$ である. よってボレル集合体の基本性質より (10.10) がわかる. $\inf f_n$ の可測

性については

$$\inf f_n(x) = -\sup(-f_n(x))$$

に注意すれば $\sup f_n$ に対する結果の系として得られる. （証明終）

特に $\{f_n\}$ が n について単調増加列, すなわち

$$f_1(x) \leqq f_2(x) \leqq \cdots \leqq f_n(x) \leqq f_{n+1}(x) \leqq \cdots$$

のときは $\displaystyle\lim_{n\to\infty} f_n(x)$ が（値 $+\infty$ も許して）存在して

$$\sup f_n(x) = \lim_{n\to\infty} f_n(x)$$

となります. 同様に, n について単調減少列, すなわち

$$f_1(x) \geqq f_2(x) \geqq \cdots \geqq f_n(x) \geqq f_{n+1}(x) \geqq \cdots$$

のときは（値 $-\infty$ も許して）

$$\inf f_n(x) = \lim_{n\to\infty} f_n(x)$$

もわかります. したがって次が得られます:

定理 10.12

X 上の可測関数の単調増加列, または単調減少列 $\{f_n\}$ $(n = 1, 2, 3, \dots)$ に対して極限関数 $\displaystyle\lim_{n\to\infty} f_n$ は可測である.

ただし $\displaystyle\lim_{n\to\infty} f_n$ は $\left(\displaystyle\lim_{n\to\infty} f_n\right)(x) = \displaystyle\lim_{n\to\infty} f_n(x)$ で定まる関数です. $\overline{\lim} f_n$, $\underline{\lim} f_n$ についても同様です.

より一般に次の定理が成り立ちます.

定理 10.13

X 上の任意の可測関数列 $\{f_n\}$ $(n = 1, 2, 3, \dots)$ に対して

$$\overline{\lim} f_n, \quad \underline{\lim} f_n$$

は可測である．特に $f_n(x)$ が関数 $f(x)$ に（各点 $x \in X$ で）収束しているとき，f は可測である．

問 10.5 定理 10.13 を証明せよ．

第11章
可測関数の積分

　本章では測度空間 $(X, \mathfrak{B}, m)$ を1つ固定し，その上で考えます．X 上の可測関数に対して，その積分を定義するのが本節の目標です．

11.1　単関数とその積分

　まず，単関数という概念を導入します．文字どおり単純な関数ですが，積分を定義するために重要な役割を果たします．単関数を定義するために用いるのが，与えられた集合の特性関数です．この定義から始めます．

定義 11.1

　X の部分集合 A に対して

$$\chi(x; A) = \begin{cases} 1 & (x \in A), \\ 0 & (x \in X - A) \end{cases} \tag{11.1}$$

で定まる X 上の関数 $\chi(x; A)$ を A の特性関数という[1].

---

[1] ここで χ はギリシャ文字の「カイ」です．x, X と混同しないように注意してください．x と A の間の ; (セミコロン) は変数 x と集合 A というレベルの違うものを分けていると理解してください．

=== 定義 11.2 ===

X の可測集合 E に対して E 上の関数 φ が **単関数** であるとは，互いに交わらない有限個の可測集合 A_i $(i = 1, 2, \ldots, n)$ で $E = A_1 \cup A_2 \cup \cdots \cup A_n$ となるものと，実数 $\alpha_1, \alpha_2, \ldots, \alpha_n$ が存在して $x \in E$ のとき

$$\varphi(x) = \alpha_1 \chi(x; A_1) + \alpha_2 \chi(x; A_2) + \cdots + \alpha_n \chi(x; A_n) \qquad (11.2)$$

と書けることをいう．特に $\alpha_i \geqq 0$ $(i = 1, 2, \ldots, n)$ のとき φ は **非負値単関数** であるという．

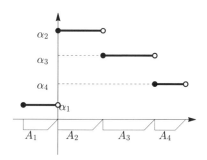

図 11.1 単関数のグラフの概念図．

可測集合 E 上で定義された単関数は，$X - E$ 上で値が 0 であると定めることにより X 上の単関数に延長可能です．E 上の単関数は，必要に応じて，このように X 上の単関数とみなすことにします．

単関数の意味は簡単です．(11.2) の形の単関数に対しては，各 i $(i = 1, 2, \ldots, n)$ に対して

$$x \in A_i \quad \text{のとき} \quad \varphi(x) = \alpha_i$$

となります．単関数は有限個の値しかとりません．そして A_i が可測集合であることがポイントです．この点を押さえておきましょう．また，(11.2) は $x \in E$ のとき

$$\varphi(x) = \sum_{i=1}^{n} \alpha_i \chi(x; A_i) \qquad (11.3)$$

と書けることに注意します．単関数であるという性質は，基本的な演算に関して閉じています．以下では簡単のため，特に断らない限り X 上の単関数を考えます．

定理 11.3

(i) 単関数は可測関数である．

(ii) 2つの単関数 $\varphi,\ \psi$ および実数 $s,\ t$ に対して

$$s\varphi + t\psi, \quad \varphi\psi, \quad |\varphi|,$$

$$\max\{\varphi,\psi\}, \quad \min\{\varphi,\psi\}$$

はまた単関数である．さらに $\psi(x) \neq 0\ (x \in X)$ であれば φ/ψ も単関数である．

ただし，$\max\{\varphi,\psi\}$ は $\max\{\varphi,\psi\}(x) = \max\{\varphi(x),\psi(x)\}$ で定義される関数，$\min\{\varphi,\psi\}$ も同様です．

【証明】 (i) $A \in \mathfrak{B}$ すなわち A が可測集合であるとき，A の特性関数は可測関数である．実際，$\varphi(x) = \chi(x; A)$ とおくと，

- $1 \in [\alpha, \beta)$ かつ $0 \notin [\alpha, \beta)$ のとき $\varphi^{-1}([\alpha, \beta)) = A \in \mathfrak{B}$,
- $0 \in [\alpha, \beta)$ かつ $1 \notin [\alpha, \beta)$ のとき $\varphi^{-1}([\alpha, \beta)) = A^{c} \in \mathfrak{B}$,
- $0, 1 \in [\alpha, \beta)$ のとき $\varphi^{-1}([\alpha, \beta)) = X \in \mathfrak{B}$,
- $0, 1 \notin [\alpha, \beta)$ のとき $\varphi^{-1}([\alpha, \beta)) = \emptyset \in \mathfrak{B}$.

よって，任意の $\alpha, \beta \in \mathbb{R}$ に対して $\varphi^{-1}([\alpha, \beta)) \in \mathfrak{B}$ である．単関数は可測集合の特性関数の線型結合であるから，定理 10.7 により可測である．

(ii) 単関数の定義より $A_i, B_j \in \mathfrak{B}\ (i = 1, 2, \ldots, n; j = 1, 2, \ldots, l)$ で $X = \bigcup_{i=1}^{n} A_i = \bigcup_{j=1}^{l} B_j$, $i \neq i'$, $j \neq j'$ ならば $A_i \cap A_{i'} = \emptyset$, $B_j \cap B_{j'} = \emptyset$ となるもの，および実数 α_i, β_j が存在して

$$\varphi(x) = \sum_{i=1}^{n} \alpha_i \chi(x; A_i), \tag{11.4}$$

$$\psi(x) = \sum_{j=1}^{l} \beta_j \chi(x; B_j) \tag{11.5}$$

と書けている．ここで次の補題を用意する．

補題 11.4

X の部分集合 A, B が与えられたとき，特性関数について，次の等式が成り立つ：

(i) $\quad A \cap B = \emptyset$ ならば $\quad \chi(x; A \cup B) = \chi(x; A) + \chi(x; B)$, $\quad$ (11.6)

(ii) $\qquad\qquad \chi(x; A \cap B) = \chi(x; A)\chi(x; B)$. $\qquad$ (11.7)

問 11.1 補題 11.4 を証明せよ．

A_i, B_j の取り方から各 i, j に対して

$$A_i = A_i \cap X = A_i \cap \bigcup_{j'=1}^{l} B_{j'} = \bigcup_{j'=1}^{l} (A_i \cap B_{j'}), \tag{11.8}$$

$$B_j = X \cap B_j = \left(\bigcup_{i'=1}^{n} A_{i'} \right) \cap B_j = \bigcup_{i'=1}^{n} (A_{i'} \cap B_j) \tag{11.9}$$

が成り立つ．図 11.2〜11.4 は，これらの等式のイメージを表す．

(11.8), (11.9) は，それぞれ A_i, B_j の互いに共通点をもたない分割になっている．したがって補題 11.4 を繰り返し用いると

$$\begin{aligned}
\varphi(x) &= \sum_{i=1}^{n} \alpha_i \chi(x; A_i) \\
&= \sum_{i=1}^{n} \alpha_i \chi \left(x; \bigcup_{j'=1}^{l} (A_i \cap B_{j'}) \right) \\
&= \sum_{i=1}^{n} \sum_{j=1}^{l} \alpha_i \chi(x; A_i \cap B_j)
\end{aligned}$$

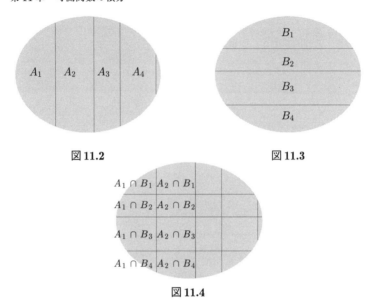

図 11.2　　　　　　　　　　　　　　　図 11.3

図 11.4

と書くことができる．ただし，最後の行で j' は j に書き換えた．同様に

$$\psi(x) = \sum_{i=1}^{n} \sum_{j=1}^{l} \beta_j \chi(x; A_i \cap B_j)$$

となる．したがって

$$s\varphi(x) + t\psi(x) = s\sum_{i=1}^{n} \sum_{j=1}^{l} \alpha_i \chi(x; A_i \cap B_j) + t\sum_{i=1}^{n} \sum_{j=1}^{l} \beta_j \chi(x; A_i \cap B_j)$$

$$= \sum_{i=1}^{n} \sum_{j=1}^{l} (s\alpha_i + t\beta_j)\chi(x; A_i \cap B_j) \tag{11.10}$$

と書ける．明らかに $A_i \cap B_j \in \mathfrak{B}$ であり，$\displaystyle\bigcup_{i=1}^{n} \bigcup_{j=1}^{l} A_i \cap B_j = X$ かつ $(i,j) \neq$

(i',j') ならば $(A_i \cap B_j) \cap (A_{i'} \cap B_{j'}) = \emptyset$ であるから (11.10) の表示は単関数を与える（添字は 2 次元であるが，適当に番号を振って 1 次元に並べられる）．よって $s\varphi(x) + t\psi(x)$ は単関数である．他の演算については同様に証明できるので省略する．　　　　　　　　　　　　　　　　　　（定理の証明終）

問 11.2 定理 11.3 (ii) の残りの演算結果が単関数であることを証明せよ.

単関数の例を挙げておきましょう. いずれも 1 次元実数空間 $\mathbb{R}$ を X として, 1 次元ルベーグ可測集合全体を $\mathfrak{B}$ とした場合を考えます.

《**例 11.5**》 $A_1 = [0, 1), A_2 = [1, 2), A_3 = (-\infty, 0) \cup [2, \infty), \alpha_1 = 1, \alpha_2 = 2, \alpha_3 = 0$ の場合の (11.3) を考えると

$$
\varphi(x) = \begin{cases} 1 & (0 \leqq x < 1), \\ 2 & (1 \leqq x < 2), \\ 0 & (x < 0 \text{ または } 2 \leqq x) \end{cases}
$$

となり, これは単関数である (図 11.5 参照).

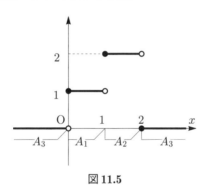

図 11.5

《**例 11.6**》 $A_1 = \mathbb{Q}, A_2 = \mathbb{R} - \mathbb{Q}, \alpha_1 = 1, \alpha_2 = 0$ の場合の (11.3) を考えると

$$
\varphi(x) = \begin{cases} 1 & (x \in \mathbb{Q}), \\ 0 & (x \in \mathbb{R} - \mathbb{Q}) \end{cases}
$$

となる. 単関数とはいえ, この関数のグラフは頭の中でしか描くことができない. また, この関数はリーマン可積分ではないことに注意する.

単関数に対して積分を定義します. 可測集合 $A \in \mathfrak{B}$ の特性関数 $\chi(x; A)$ の積分の値を $m(A)$ と定めます. 特性関数のグラフの例を図 11.6 に示しています.

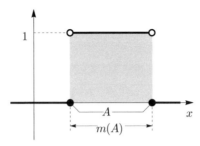

図 11.6　特性関数の積分値.

$\mathbb{R}$ の部分集合 A の特性関数の積分値を灰色部分の「面積」としたいので，その値を $m(A) \times 1 = m(A)$ と定めるのは自然です．積分操作は線型性をもつべきと考えれば，特性関数の非負実数係数の線型結合である非負値単関数の積分を次のように定めるのもまた自然です．

定義 11.7

X 上の非負値単関数 φ で (11.3) の形をしたものに対して

$$\int_X \varphi(x)dx = \sum_{i=1}^n \alpha_i m(A_i)$$

とおいて，この値を (11.3) で定められた φ の X 上での**積分**という．さらに，可測集合 E に対して

$$\int_E \varphi(x)dx = \sum_{i=1}^n \alpha_i m(A_i \cap E)$$

とおいて φ の E 上での**積分**という．

　上の定義において，関数値（$x \in A_i$ のとき $\varphi(x) = \alpha_i$）と測度の積が現れますので，関数値が 0，測度が ∞ の場合には $0 \times \infty = 0$ という約束に従います（p. 79 参照）．本書では，リーマン積分に対して一般的に用いられている記法を流用して，上のように書きますが，測度 m に関して積分することを明示するために，

$$\int_X \varphi(x)dm(x), \qquad \int_X \varphi dm$$

などの記法を用いる場合があります.

単関数 (11.3) の表示の仕方は一意的ではありません. 同じ単関数を別の表し方で

$$\varphi(x) = \sum_{j=1}^{n'} \alpha'_j \chi(x; A'_j)$$

のように表示することは可能です. ただし, $\alpha'_j \in \mathbb{R}$, $A'_j \in \mathfrak{B}$, $X = A'_1 \cup A'_2 \cup \cdots \cup A'_{n'}$, $i \neq j$ ならば $A'_i \cap A'_j = \emptyset$ です. 上で定めた積分がこのような単関数の表示に依らないことを見ましょう. 定理 11.3 の証明で用いた考え方に従えば

$$A_i = \bigcup_{j=1}^{n'} (A_i \cap A'_j), \quad A'_j = \bigcup_{i=1}^{n} (A_i \cap A'_j)$$

のように共通点のない和に書けますから

$$\varphi(x) = \sum_{i=1}^{n} \sum_{j=1}^{n'} \alpha_i \chi(x; A_i \cap A'_j) = \sum_{i=1}^{n} \sum_{j=1}^{n'} \alpha'_j \chi(x; A_i \cap A'_j)$$

であることがわかります. したがって $x \in A_i \cap A'_j$ のときは $\varphi(x) = \alpha_i = \alpha'_j$ が成り立ちます. すなわち, $A_i \cap A'_j \neq \emptyset$ のときは $\alpha_i = \alpha'_j$ となります. $A_i \cap A'_j = \emptyset$ のときは $m(A_i \cap A'_j) = 0$ なので, $\alpha_i m(A_i \cap A'_j) = \alpha'_j m(A_i \cap A'_j) = 0$ が成り立ちます. 測度の有限加法性から

$$m(A_i) = \sum_{j=1}^{n'} m(A_i \cap A'_j), \quad m(A'_j) = \sum_{i=1}^{n} m(A_i \cap A'_j)$$

ですから, 結局

$$\sum_{i=1}^{n} \alpha_i m(A_i) = \sum_{i=1}^{n} \sum_{j=1}^{n'} \alpha_i m(A_i \cap A'_j)$$
$$= \sum_{i=1}^{n} \sum_{j=1}^{n'} \alpha'_j m(A_i \cap A'_j)$$

$$= \sum_{j=1}^{n'} \sum_{i=1}^{n} \alpha'_j m(A_i \cap A'_j)$$

$$= \sum_{j=1}^{n'} \alpha'_j m(A'_j)$$

という変形が可能となり，積分が φ の表示に依らずに定まることがわかります．

　上のように単関数の表示は一意的ではありませんが，非負値単関数については標準的な表示を考えることができます．(11.3) において特に $A_i \neq \emptyset$ $(i = 1, 2, \ldots, n)$, $0 \leqq \alpha_1 < \alpha_2 < \cdots < \alpha_n$ が成り立つとき，(11.3) は非負値単関数 φ の**正規表現**とよびます．非負値単関数 φ に対して正規表現は一意的に定まります．上の議論と併せると，以下で，単関数の表示の仕方の任意性について悩む必要はありません．

　定義により非負値単関数の積分は非負の実数または $+\infty$ となります．単関数の積分の基本性質を述べておきます．証明は問とします．

定理 11.8

　X 上の 2 つの非負値単関数 φ, ψ および $E, F \in \mathfrak{B}$ に対して，次の性質が成り立つ．

(i) 任意の $x \in X$ に対して $\varphi(x) \leqq \psi(x)$ ならば

$$\int_E \varphi(x) dx \leqq \int_E \psi(x) dx.$$

(ii) 実数 $a, b \geqq 0$ に対して $a\varphi(x) + b\psi(x)$ はまた非負値単関数であり

$$\int_E (a\varphi(x) + b\psi(x)) dx = a \int_E \varphi(x) dx + b \int_E \psi(x) dx.$$

(iii) $E \cap F = \emptyset$ ならば

$$\int_{E \cup F} \varphi(x) dx = \int_E \varphi(x) dx + \int_F \varphi(x) dx.$$

問 11.3　定理 11.8 の (i)〜(iii) を証明せよ．

11.2 可測関数の積分

ようやく可測関数の積分を定義できます．まず，非負値のものを考えます．

定義 11.9

f を X 上の可測関数とし，任意の $x \in X$ に対して $f(x) \geqq 0$ であるとする．$E \in \mathfrak{B}$ に対して

$$\mathscr{S}(f;E) = \left\{ \int_E \varphi(x)dx \,\middle|\, \varphi \text{ は } \varphi(x) \leqq f(x) \ (\forall\, x \in X) \right.$$
$$\left. \text{を満たす非負値単関数} \right\}$$

とおくと $\mathscr{S}(f;E)$ は $\mathbb{R} \cup \{+\infty\}$ の部分集合である[2)]．このとき

$$\int_E f(x)dx = \sup \mathscr{S}(f;E)$$

とおき，この値を f の E 上の**積分**という．

定義より $0 \leqq \displaystyle\int_E f(x)dx \leqq +\infty$ です．

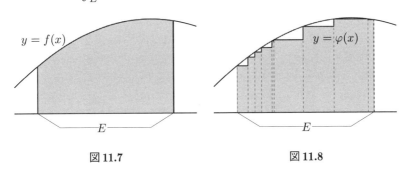

図 11.7　　　　　　　　**図 11.8**

図 11.7, 11.8 は，$\mathbb{R}$ で定義された関数の，可測集合 E 上での積分の値の定義を単純化して説明するものです．図 11.7 の灰色部分の「面積」に当たるものとして $f(x)$ の積分値を定めるために，$0 \leqq \varphi(x) \leqq f(x)$ を満たす単関数の E 上

[2)] ここで $\mathscr{S}$ は S のスクリプト体です．

での積分を考えます．それは図11.8の灰色部分の「面積」に当たります．この積分値が $\mathscr{S}(f;E)$ に属する1つの実数となります．$0 \leqq \varphi(x) \leqq f(x)$ を満たすあらゆる単関数 $\varphi(x)$ について，その積分値の集合が $\mathscr{S}(f;E)$ であり，その上限として f の E 上での積分が定まります．図のような滑らかなグラフをもつ関数に対しては，この定義はリーマン積分と大差ないように思えますが，リーマン可積分でない場合に威力を発揮します．

これまでの議論と同様に，一般にはこの積分の値を定義に従って計算する術はありません．しかし，非負実数（または $+\infty$）として存在することは原理的に保証される，ということが重要です．実際，$0 \in \mathscr{S}(f;E)$ は明らかですから $\mathscr{S}(f;E) \neq \emptyset$ となり，もしこれが上に有界ならば積分は実数の連続性により有限な値として定まります．また，上に有界でなければ積分は $+\infty$ となります．

負の値もとりうる可測関数 f に対して

$$f^{+}(x) = \max\{f(x), 0\}, \qquad f^{-}(x) = \max\{-f(x), 0\}$$

とおいて関数 f^{+}, f^{-} を定めます．明らかに f^{+}, f^{-} ともに非負値可測関数で

$$f(x) = f^{+}(x) - f^{-}(x)$$

が成り立ちます．

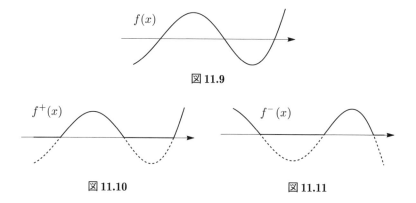

$f(x)$

図 11.9

$f^{+}(x)$

$f^{-}(x)$

図 11.10

図 11.11

=== **定義 11.10** ===

$E \in \mathfrak{B}$ に対して $\displaystyle\int_E f^+(x)dx$, $\displaystyle\int_E f^-(x)dx$ のうち，少なくとも一方が有限な値であるとき，f は E 上で**積分確定**であるという．このとき

$$\int_E f(x)dx = \int_E f^+(x)dx - \int_E f^-(x)dx$$

とおいて，この値を f の E 上の**積分**という．

1次元リーマン積分 (§ 2.3) の定義との違いを意識しましょう．同じ「積分」という単語を使っているので，共通するイメージはありますが，ここでは，より一般的なものを対象としています．

《**例 11.11**》 $X = \mathbb{N}$ を自然数全体の集合，$\mathfrak{B} = 2^X$，m を X 上の計数測度（例 9.3）とする．$\mathbb{N}$ 上で定義された（実数値）関数 f を考える．f は $\mathbb{N}$ 上の可測関数である．$f(k) = a_k$ $(k = 1, 2, \dots)$, $a_k^+ = \max\{a_k, 0\}$, $a_k^- = \max\{-a_k, 0\}$ とおく．f が $\mathbb{N}$ 上で積分確定となるのは，$\displaystyle\sum_{k=1}^{\infty} a_k^+$, $\displaystyle\sum_{k=1}^{\infty} a_k^-$ のうち，少なくとも一方が収束するときであり，このとき

$$\int_{\mathbb{N}} f(x)dx = \sum_{k=1}^{\infty} a_k^+ - \sum_{k=1}^{\infty} a_k^-$$

となる．

問 11.4 例 11.11 と同じ測度空間において，関数

$$f(x) = \frac{1}{x(x+1)} \quad (x \in \mathbb{N})$$

は可測関数であること，および積分確定であることを示し，$\displaystyle\int_{\mathbb{N}} f(x)dx$ の値を求めよ（積分の定義に従って求める）．

11.3 可測関数の単関数による近似

次の定理は重要です．前節で積分の値を定義に従って計算する一般的方法はない，と述べましたが，次の定理を用いると計算可能な場合があることがわかります．具体的な議論は次章で行います．ここでは近似定理として述べておきます．

定理 11.12

任意の非負値可測関数 f に対して，非負値単関数の n に関する単調増加列

$$0 \leqq \varphi_1(x) \leqq \varphi_2(x) \leqq \cdots \leqq \varphi_n(x) \leqq \varphi_{n+1}(x) \leqq \cdots$$

が存在して

$$f(x) = \lim_{n \to \infty} \varphi_n(x), \quad \forall x \in X$$

が成り立つ．

【証明】 自然数 n に対して次のように $\varphi_n(x)$ を定める：

$$\varphi_n(x) = \begin{cases} \dfrac{1}{2^n}\big[2^n f(x)\big] & (0 \leqq f(x) < n \text{ のとき}), \\ n & (n \leqq f(x) \text{ のとき}). \end{cases} \tag{11.11}$$

ただし，実数 a に対して $[a]$ は a を超えない最大の整数を表す．

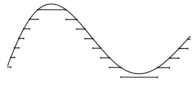

図 11.12　$f(x)$ と $\varphi_n(x)$ の例．

定義から $x \in X$ に対して自然数 k が $k \leqq 2^n f(x) < k+1$ を満たすとき $[2^n f(x)] = k$ である．したがって $\dfrac{k}{2^n} \leqq f(x) < \dfrac{k+1}{2^n}$ のとき $\dfrac{1}{2^n}[2^n f(x)] = \dfrac{k}{2^n}$ となる．よってこのとき，もし $k < n2^n$ ならば $\varphi_n(x) = \dfrac{k}{2^n}$ である．ま

た，$n2^n \leqq k$ ならば $n \leqq f(x)$ となるので $\varphi_n(x) = n$ である．そこで

$$A_k^{(n)} = f^{-1}\left(\left[\frac{k}{2^n}, \frac{k+1}{2^n}\right)\right) \quad (k = 0, 1, 2, \ldots, n2^n - 1),$$

$$A^{(n)} = f^{-1}([n, \infty) \cup \{\infty\})$$

とおくと，これらの集合は互いに交わらない可測集合であり

$$X = \bigcup_{k=0}^{n2^n-1} A_k^{(n)} \cup A^{(n)}$$

が成り立ち

$$\varphi_n(x) = \sum_{k=0}^{n2^n-1} \frac{k}{2^n} \chi(x; A_k^{(n)}) + n\chi(x; A^{(n)})$$

と書ける．したがって $\varphi_n(x)$ は非負値単関数である．

$$\left[\frac{k}{2^n}, \frac{k+1}{2^n}\right) = \left[\frac{2k}{2^{n+1}}, \frac{2k+1}{2^{n+1}}\right) \cup \left[\frac{2k+1}{2^{n+1}}, \frac{2(k+1)}{2^{n+1}}\right)$$

であるから f による逆像を考えると

$$A_k^{(n)} = A_{2k}^{(n+1)} \cup A_{2k+1}^{(n+1)} \quad (k = 0, 1, 2, \ldots, n2^n - 1)$$

である．$x \in A_k^{(n)}$ のとき $\varphi_n(x) = \dfrac{k}{2^n}$ であったが，上の等式より $x \in A_{2k}^{(n+1)}$ または $x \in A_{2k+1}^{(n+1)}$ のいずれか一方が成り立つ．前者の場合は $\varphi_{n+1}(x) = \dfrac{2k}{2^{n+1}} = \dfrac{k}{2^n} = \varphi_n(x)$ であり，後者の場合は $\varphi_{n+1}(x) = \dfrac{2k+1}{2^{n+1}} \geq \dfrac{k}{2^n} = \varphi_n(x)$ となる．したがっていずれの場合も $\varphi_n(x) \leqq \varphi_{n+1}(x)$ である．また，

$$[n, \infty) = \bigcup_{j=0}^{2^{n+1}-1} \left[\frac{n2^{n+1}+j}{2^{n+1}}, \frac{n2^{n+1}+j+1}{2^{n+1}}\right) \cup [n+1, \infty)$$

であるから，f による逆像をとると

$$A^{(n)} = \bigcup_{j=0}^{2^{n+1}-1} A_{n2^{n+1}+j}^{(n+1)} \cup A^{(n+1)}$$

が成り立つ. $x \in A^{(n)}$ のとき, $\varphi_n(x) = n$ であり, ある j $(0 \leqq j \leqq 2^{n+1} - 1)$ に対して $x \in A^{(n+1)}_{n2^{n+1}+j}$ または $x \in A^{(n+1)}$ のいずれかが成り立つ. 前者の場合は $\varphi_{n+1}(x) = \dfrac{n2^{n+1} + j}{2^{n+1}}$, 後者の場合は $\varphi_{n+1}(x) = n + 1$ となり, いずれにせよ $\varphi_n(x) \leqq \varphi_{n+1}(x)$ となる. 以上より, $\{\varphi_n(x)\}$ は単調増加な非負値単関数列である. φ_n の作り方から, 自然数 N に対して $f(x) < N$ である集合上では

$$0 \leq f(x) - \varphi_n(x) < \frac{1}{2^n}, \quad n \geqq N$$

である. また $f(x) = \infty$ となる x に対しては

$$\lim_{n \to \infty} \varphi_n(x) = \infty$$

である. したがって

$$\lim_{n \to \infty} \varphi_n(x) = f(x), \quad \forall x \in X$$

が成り立つ. (証明終)

$\varphi_n(x)$ の定義 (11.11) で 2^n を用いた理由は, $\{\varphi_n(x)\}$ を n について単調増加列にするためです. 2^n の代わりに n は使えませんが, 3^n など, 2 より大きな自然数のべきを用いて定義することも可能です. ただし, 2^n が最も簡単です.

問 11.5 $X = [0, 1)$ とし, 1 次元ルベーグ測度 m を X に制限したものを X 上の測度として X を測度空間とみなす. $\varphi_n(x) = \dfrac{1}{2^n}[2^n x]$ $(n = 1, 2, 3, \ldots)$ とおくとき φ_n は X 上の単関数であることを確認し, $\displaystyle\int_X \varphi_n(x)dx$ の値を求めよ. また, $\displaystyle\lim_{n \to \infty} \int_X \varphi_n(x)dx$ を求めよ.

第 12 章

可積分関数

　本章では，測度論においてだけでなく，応用上も重要な**可積分関数**の概念とその基本性質を学びます．本章においても，$(X, \mathfrak{B}, m)$ を測度空間とします．すでに定義 11.10 において，可測関数に対して積分確定およびその積分の定義を与えました．この定義においては，積分は $\pm\infty$ に値をもつ可能性がありました．可積分関数というのは，積分の値が有限である可測関数のことを指します（定義 12.5）．可積分関数の性質を調べるために，積分の定義そのものは上限を用いて与えられていて使いにくいので，積分を数列の極限値として表せる，という単調収束定理（定理 12.2）を証明します．この定理と，単関数の増加列で可測関数をいくらでも近似できる，という定理 11.12 を組み合わせることにより，可積分関数の積分に関するさまざまな性質がわかります．これらの議論の準備として，まず，積分の定義から簡単にわかる次の性質に注意します．

定理 12.1

　E を可測集合，f, g を X 上の非負値可測関数とする．任意の $x \in E$ に対して $f(x) \leqq g(x)$ であれば

$$\int_E f(x)dx \leqq \int_E g(x)dx$$

が成り立つ．

問 12.1　定理 12.1 を証明せよ．

12.1 単調収束定理

すでに述べたように，非負値可測関数の積分の値は原理的には定まるものの，定義から直接その値を計算する術はありません．実数の部分集合の「上限」という超越的な概念を用いて定義しているからです．しかし，単調収束定理ともよばれる次の定理を用いると，積分値を計算できることがあります．

定理 12.2

E を可測集合，f を E 上の関数，$\{f_n\}$ $(n = 1, 2, 3, \dots)$ を E 上の非負値可測関数の列で

$$f_1(x) \leqq f_2(x) \leqq \cdots \leqq f_n(x) \leqq f_{n+1}(x) \leqq \cdots,$$

$$\lim_{n \to \infty} f_n(x) = f(x) \quad (\forall\, x \in E)$$

を満たすものとする．このとき，f は E 上の可測関数であり

$$\lim_{n \to \infty} \int_E f_n(x)dx = \int_E f(x)dx \tag{12.1}$$

が成り立つ．

(12.1) は値として ∞ も許しています．定理の証明には次の補題を用います．

補題 12.3

$\{E_n\}$ を可測集合の増加列，すなわち $E_1 \subset E_2 \subset \cdots \subset E_n \subset E_{n+1} \subset \cdots$ を満たすものとし，$E = \bigcup_{n=1}^{\infty} E_n \left(= \lim_{n \to \infty} E_n\right)$ とおく．このとき，E 上の任意の非負値単関数 φ に対して

$$\lim_{n \to \infty} \int_{E_n} \varphi(x)dx = \int_E \varphi(x)dx$$

が成り立つ．

【補題 12.3 の証明】 単関数の定義より，$A_1, A_2, \dots, A_k \in \mathfrak{B}$ で $E = A_1 \cup$

$A_2 \cup \cdots \cup A_k$, $A_i \cap A_j = \emptyset$ $(i \neq j)$ および実数 $\alpha_1, \alpha_2, \ldots, \alpha_k \geqq 0$ が存在して

$$\varphi(x) = \sum_{j=1}^{k} \alpha_j \chi(x; A_j)$$

と書ける. このとき定義 11.7 (p. 140) およびそれに続く注意より

$$\int_{E_n} \varphi(x)dx = \sum_{j=1}^{k} \alpha_j m(A_j \cap E_n)$$

である. したがって

$$\lim_{n \to \infty} \int_{E_n} \varphi(x)dx = \lim_{n \to \infty} \sum_{j=1}^{k} \alpha_j m(A_j \cap E_n)$$

$$= \sum_{j=1}^{k} \alpha_j \lim_{n \to \infty} m(A_j \cap E_n).$$

測度の連続性 (p. 110, 定理 9.7 (i)) より

$$\lim_{n \to \infty} m(A_j \cap E_n) = m(A_j \cap E)$$

であるから

$$\lim_{n \to \infty} \int_{E_n} \varphi(x)dx = \sum_{j=1}^{k} \alpha_j m(A_j \cap E)$$

$$= \int_{E} \varphi(x)dx$$

となる. (補題の証明終)

【定理 12.2 の証明】 f の可測性は定理 10.12 (p. 132) から得られる. $\{f_n\}$ の単調性および $f_n(x) \leqq f(x)$ より, 定理 12.1 を用いると $\left\{\int_E f_n(x)dx\right\}$ が単調増加数列であり

$$\int_E f_n(x)dx \leqq \int_E f(x)dx$$

であるから (12.1) の左辺の極限は ∞ も許せば存在して

$$\lim_{n\to\infty} \int_E f_n(x)dx \leqq \int_E f(x)dx \tag{12.2}$$

となる．以下では，逆向きの不等式を示す．

　E 上の非負値単関数 φ で $\varphi(x) \leqq f(x)$ $(\forall\, x \in E)$ を満たすものを任意にとる．$0 < a < 1$ を満たす任意の実数 a に対して

$$E_n = \{\, x \in E \mid a\varphi(x) \leqq f_n(x) \,\}$$

とおく．φ, f_n ともに可測関数であるから $E_n \in \mathfrak{B}$ である．$\{f_n\}$ が単調増加列であるから $\{E_n\}$ は増加列となり，a の取り方に依らず，

$$\bigcup_{n=1}^{\infty} E_n = E \tag{12.3}$$

が成り立つ．

問 12.2　(12.3) を証明せよ．

　したがって補題 12.3 より

$$\lim_{n\to\infty} \int_{E_n} \varphi(x)dx = \int_E \varphi(x)dx$$

となる．一方，$E_n \subset E$ であり，E_n 上 $a\varphi(x) \leqq f_n(x)$ であるから

$$\int_E f_n(x)dx \geqq \int_{E_n} f_n(x)dx \geqq a \int_{E_n} \varphi(x)dx$$

が成り立つ．ここで $n \to \infty$ とすると，補題 12.3 により

$$\lim_{n\to\infty} \int_E f_n(x)dx \geqq a \lim_{n\to\infty} \int_{E_n} \varphi(x)dx = a \int_E \varphi(x)dx.$$

さらに a は $0 < a < 1$ を満たす任意の実数であることより，$a \to 1$ とすると

$$\lim_{n\to\infty} \int_E f_n(x)dx \geqq \int_E \varphi(x)dx$$

を得る. 右辺の φ に関する上限が f の E 上での積分の定義であったので

$$\lim_{n\to\infty}\int_E f_n(x)dx \geqq \int_E f(x)dx$$

となる. (12.2) と併せて

$$\lim_{n\to\infty}\int_E f_n(x)dx = \int_E f(x)dx$$

が示された.   （定理の証明終）

問 12.3 上の証明において, a の役割は何か（はじめから $a=1$ としても証明は成立するか）.

問 12.4 定理 12.2 の仮定のうち,$\{f_n\}$ が n に関して単調増加列である,という仮定を

$$f_1(x) \geqq f_2(x) \geqq \cdots \geqq f_n(x) \geqq f_{n+1}(x) \geqq \cdots$$

で置き換えたとき,(12.1) が成り立たない例を挙げよ.

単調収束定理と定理 11.12 (p. 146) を組み合わせると,積分の値が極限により計算可能な場合があることがわかります.すなわち,可測集合 E 上の非負値可測関数 f に対して,$f(x)$ に収束する非負値単関数の増加列 $\{\varphi_n(x)\}$ が作れます（定理 11.12）から,単調収束定理により

$$\int_E f(x)dx = \lim_{n\to\infty}\int_E \varphi_n(x)dx$$

が成り立ちます.したがって,もし右辺が計算可能なら左辺の積分の値が求められます.

問 12.5 問 11.5 と同じ設定の下で,定理 12.2 を用いて $\displaystyle\int_X x\,dx$ の値を求めよ.

問 12.6 前問と同じく,問 11.5 の設定の下で,$X=[0,1)$ に対して,$\displaystyle\int_X \sqrt{x}\,dx$ の値を求めよ.

単調収束定理の応用として,積分の加法性を証明しておきます.

> **定理 12.4**
>
> 可測集合 E 上の非負値可測関数 $f_1, f_2, \ldots, f_n$ に対して
>
> $$\int_E \Big(\sum_{j=1}^n f_j(x) \Big) dx = \sum_{j=1}^n \int_E f_j(x) dx \tag{12.4}$$
>
> が成り立つ.

【証明】 各 j に対して $f_j(x)$ に収束する非負値単関数の増加列 $\left\{ \varphi_k^{(j)} \right\}$ ($k = 1, 2, 3, \ldots$) をとる. 定理 11.8 (ii) を繰り返し適用すると, 各 k に対して

$$\int_E \Big(\sum_{j=1}^n \varphi_k^{(j)}(x) \Big) dx = \sum_{j=1}^n \int_E \varphi_k^{(j)}(x) dx$$

が成り立つ. 明らかに $\left\{ \sum_{j=1}^n \varphi_k^{(j)} \right\}$ は $\sum_{j=1}^n f_j$ に収束する非負値単関数の増加列であるから, $k \to \infty$ とすると単調収束定理により (12.4) が得られる.

(証明終)

問 12.7 可測集合 E 上の非負値可測関数 $f_1, f_2, \ldots, f_n, \ldots$ に対して

$$\int_E \Big(\sum_{j=1}^\infty f_j(x) \Big) dx = \sum_{j=1}^\infty \int_E f_j(x) dx \tag{12.5}$$

が成り立つことを証明せよ.

問 12.8 $E_n \in \mathfrak{B}$ ($n = 1, 2, 3, \ldots$) が $E_i \cap E_j = \emptyset$ ($i \neq j$) を満たすとき $E = \bigcup_{n=1}^\infty E_n$ とおく. E 上の非負値可測関数 f に対して

$$\int_E f(x) dx = \sum_{n=1}^\infty \int_{E_n} f(x) dx \tag{12.6}$$

が成り立つことを証明せよ (ヒント：問 12.7 の結果を用いよ).

12.2 可積分関数と積分の基本性質

$E \in \mathfrak{B}$ 上の可測関数 f は

$$\tilde{f}(x) = \begin{cases} f(x) & (x \in E), \\ 0 & (x \in X - E) \end{cases}$$

とおくことにより X 上の可測関数 $\tilde{f}$ に拡張可能です．したがって，以下では特に断らない限り X 上の可測関数を単に可測関数とよびます．

可測関数 f は非負値可測関数 f^+, f^- を用いて

$$f(x) = f^+(x) - f^-(x)$$

と書くことができました．ただし，f^+, f^- はそれぞれ

$$f^+(x) = \max\{f(x), 0\}, \qquad f^-(x) = \max\{-f(x), 0\}$$

で定義されました（p. 145 参照）．定義 11.10 では，これを用いて f の積分を定義しましたが，この値は $\pm\infty$ をとることを許していました．積分の値が有限である関数を考えることが重要な意味をもつので，ここで新しい概念を導入します．

定義 12.5

可測関数 f および $E \in \mathfrak{B}$ に対して

$$\int_E f^+(x)dx < \infty, \qquad \int_E f^-(x)dx < \infty$$

が成り立つとき，f を E 上の**可積分関数**という．

---

f が可測集合 E 上の可積分関数であるとき，その E 上での積分

$$\int_E f(x)dx = \int_E f^+(x)dx - \int_E f^-(x)dx$$

は有限な値となります．さらに

$$\int_E |f(x)|dx = \int_E f^+(x)dx + \int_E f^-(x)dx$$

が成り立ち，この値も有限となります．全空間 X 上で可積分である関数を単に**可積分関数**とよびます．

《例 12.6》　$\mathbb{R}$ に1次元ルベーグ測度を併せた測度空間を考える．$\mathbb{R}$ の有界閉区間 I 上で定義された連続関数は，I 上の可積分関数である．

　次の補題はいろいろな場面で使われる積分の基本的な性質です．

補題 12.7

f を可測集合 E 上で積分確定である可測関数とするとき

$$\left| \int_E f(x)dx \right| \leq \int_E |f(x)|dx \tag{12.7}$$

である．

【証明】　（広義の）実数に対する三角不等式を用いる．

$$\left| \int_E f(x)dx \right| = \left| \int_E f^+(x)dx - \int_E f^-(x)dx \right|$$

$$\leq \left| \int_E f^+(x)dx \right| + \left| \int_E f^-(x)dx \right|$$

$$= \int_E f^+(x)dx + \int_E f^-(x)dx$$

$$= \int_E |f(x)|dx.$$

よって (12.7) が得られた．　　　　　　　　　　　　　　　　　　　（証明終）

　ここまでは広義の実数値関数（実数または $\pm\infty$ に値をとる関数）について積分を考えました．同様の議論が複素数値関数（値が複素数である関数）についても可能です．複素数値関数 $f : X \to \mathbb{C}$ に対してその実部と虚部

$$\mathrm{Re}\, f(x), \quad \mathrm{Im}\, f(x)$$

はともに実数値関数ですから，これらの関数がともに E 上可積分であるとき f は E 上可積分であるといい，

$$\int_E f(x)dx = \int_E \mathrm{Re}\, f(x)dx + i \int_E \mathrm{Im}\, f(x)dx$$

と定めます．ただし i は虚数単位です．複素数値可積分関数 f に対しても (12.7) が成り立つことに注意しておきます．複素数値関数の場合は，その実部および虚部の値として $\pm\infty$ は考えません．したがって，複素数値関数の積分を考えるときには，値の取り方に注意が必要です．

次の性質も積分の取り扱いでは基本中の基本です．従来の積分（リーマン積分）でも当然成り立つので，いままで普通に使ってきました．成り立つのが当たり前のように思えますが，いま考えている枠組みの中で証明を与える必要があります．以下断らない限り複素数値関数を考えます．

定理 12.8 （積分の線型性）

$E \in \mathfrak{B}$，f, g を E 上の可積分関数，$\alpha \in \mathbb{C}$ とするとき，$\alpha f(x)$，$f(x) + g(x)$ は E 上の可積分関数であり，

$$\int_E \{\alpha f(x)\}dx = \alpha \int_E f(x)dx, \tag{12.8}$$

$$\int_E \{f(x) + g(x)\}dx = \int_E f(x)dx + \int_E g(x)dx \tag{12.9}$$

が成り立つ．

この定理では f, g の可積分性を仮定しています．積分確定である関数の積分について，(12.9) が成り立つとは限りません．例えば，$\infty - \infty$ が出てきてしまう可能性があるからです．定理の証明は順を追って一段一段進みます．各段階は難しくはありませんが，全部集めると長くなるので，理解するには若干の忍耐が必要です．ひとつひとつの議論は定義に基づいて進んでいることを確認してください．全部きっちりフォローするのが大変だったら，まず定理の主張を納得し，当然成り立つはずだと感じたら初読の際は証明を飛ばして先に進んでも構いません．証明をフォローするときには，自分ならどのように証明するかを少し考えてから読むと理解の糸口が得られると思います．

【定理 12.8 の証明】 （第1段）$\alpha > 0$，f が非負単関数の場合，(12.8)，(12.9) は定理 11.8 (ii) (p. 142) に含まれるので，すでに証明済みである．したがって $\alpha > 0$ であり，f が非負値可測関数の場合は，f に収束する単関数の増加列を考えれば (12.8) が得られる．また，この場合，(12.9) は定理 12.4 に含まれる．

（第2段）$\alpha \in \mathbb{R}$ であり，f が実数値可積分関数のときを考える．$\alpha > 0$ ならば $(\alpha f)^{\pm}(x) = \alpha f^{\pm}(x)$ であるから（αf は $x \mapsto \alpha f(x)$ という関数を表すことに注意），$\alpha f(x)$ は E 上の可積分関数であり，

$$
\begin{aligned}
\int_E \{\alpha f(x)\}dx &= \int_E (\alpha f)^+(x)dx - \int_E (\alpha f)^-(x)dx \\
&= \int_E (\alpha f^+(x))dx - \int_E (\alpha f^-(x))dx \\
&= \alpha \int_E f^+(x)dx - \alpha \int_E f^-(x)dx \quad (第1段より) \\
&= \alpha \left(\int_E f^+(x)dx - \int_E f^-(x)dx \right) \\
&= \alpha \int_E f(x)dx.
\end{aligned}
$$

$\alpha < 0$ のときは $(\alpha f)^{\pm}(x) = -\alpha f^{\mp}(x)$ に注意して（可積分であることは $\alpha > 0$ の場合と同様）

$$
\begin{aligned}
\int_E \{\alpha f(x)\}dx &= \int_E (\alpha f)^+(x)dx - \int_E (\alpha f)^-(x)dx \\
&= \int_E \{-\alpha f^-(x)\}dx - \int_E \{-\alpha f^+(x)\}dx \\
&= -\alpha \int_E f^-(x)dx - (-\alpha) \int_E f^+(x)dx \quad (-\alpha > 0 に注意) \\
&= -\alpha \left(\int_E f^-(x)dx - \int_E f^+(x)dx \right) \\
&= \alpha \int_E f(x)dx.
\end{aligned}
$$

$\alpha = 0$ の場合は自明なので，以上から $\alpha \in \mathbb{R}$ で f が実数値可積分関数の場合に (12.8) が示された．

（第3段）f, g が実数値可積分関数のときは $h(x) = f(x) + g(x)$ とおくと $|h(x)| \leqq |f(x)| + |g(x)|$ であるので定理 12.1 より

$$\int_E |h(x)|dx = \int_E h^+(x)dx + \int_E h^-(x)dx \leqq \int_E |f(x)|dx + \int_E |g(x)|dx < \infty$$

となるので，$h(x)$ は E 上の可積分関数である．h の定義より

$$h(x) = (f^+(x) - f^-(x)) + (g^+(x) - g^-(x))$$

であるが，$h(x) = h^+(x) - h^-(x)$ と書けているので

$$h^+(x) - h^-(x) = f^+(x) - f^-(x) + g^+(x) - g^-(x).$$

この式を変形して正のもの同士をまとめると

$$h^+(x) + f^-(x) + g^-(x) = h^-(x) + f^+(x) + g^+(x).$$

この式の両辺の各項は非負値可積分関数であるから，両辺をそれぞれ積分すると（第1段）の結果より

$$\int_E \{h^+(x) + f^-(x) + g^-(x)\}dx = \int_E h^+(x)dx + \int_E f^-(x)dx + \int_E g^-(x)dx$$

および

$$\int_E \{h^-(x) + f^+(x) + g^+(x)\}dx = \int_E h^-(x)dx + \int_E f^+(x)dx + \int_E g^+(x)dx$$

が成り立つ．これらの値は等しいので，右辺同士を等号で結ぶと

$$\int_E h^+(x)dx + \int_E f^-(x)dx + \int_E g^-(x)dx$$
$$= \int_E h^-(x)dx + \int_E f^+(x)dx + \int_E g^+(x)dx$$

となる．各項は有限な値をもつので，移項すると，

$$\int_E h^+(x)dx - \int_E h^-(x)dx$$
$$= \int_E f^+(x)dx - \int_E f^-(x)dx + \int_E g^+(x)dx - \int_E g^-(x)dx$$

と書き直せる. $h = f + g$ であったので, これは可積分関数の積分の定義により

$$\int_E \{f(x) + g(x)\}dx = \int_E f(x)dx + \int_E g(x)dx$$

が成り立つことを意味する. 以上より, 実数値可積分関数 f, g に対して (12.9) が成り立つことがわかった.

(第4段) $\alpha \in \mathbb{C}$ であり, f が複素数値可積分関数であるとき $\alpha = a + ib$ $(a, b \in \mathbb{R})$ とおくと

$$
\begin{aligned}
\alpha f(x) &= (a + ib)(\operatorname{Re} f(x) + i \operatorname{Im} f(x)) \\
&= (a \operatorname{Re} f(x) - b \operatorname{Im} f(x)) + i(a \operatorname{Im} f(x) + b \operatorname{Re} f(x))
\end{aligned}
$$

であるから

$$
\begin{aligned}
\operatorname{Re}\{\alpha f(x)\} &= a \operatorname{Re} f(x) - b \operatorname{Im} f(x), \\
\operatorname{Im}\{\alpha f(x)\} &= a \operatorname{Im} f(x) + b \operatorname{Re} f(x)
\end{aligned}
$$

となる. したがって $\alpha f(x)$ は E 上の可積分関数であり, 複素数値可積分関数の積分の定義と (第2段), (第3段) の結果を適用して

$$
\begin{aligned}
\int_E \{\alpha f(x)\}dx &= \int_E \operatorname{Re}\{\alpha f(x)\}dx + i \int_E \operatorname{Im}\{\alpha f(x)\}dx \\
&= \int_E (a \operatorname{Re} f(x) - b \operatorname{Im} f(x))dx + i \int_E (a \operatorname{Im} f(x) + b \operatorname{Re} f(x))dx \\
&= a \int_E \operatorname{Re} f(x)dx + (-b) \int_E \operatorname{Im} f(x)dx \\
&\qquad\qquad + i \left(a \int_E \operatorname{Im} f(x)dx + b \int_E \operatorname{Re} f(x)dx \right) \\
&= (a + ib) \left(\int_E \operatorname{Re} f(x)dx + i \int_E \operatorname{Im} f(x)dx \right) \\
&= \alpha \int_E f(x)dx
\end{aligned}
$$

が得られる. 複素数値可積分関数 f, g に対して $f + g$ が可積分であり, (12.9) が成り立つことは, f, g それぞれを実部と虚部に分けて考えると, (第3段) の結果からわかる.

(定理の証明終)

上の証明において，（第3段）はやや回りくどく見えますが，このような議論をしなければならない理由を考えてみてください．

問 12.9 可積分関数 f, g に対して $h(x) = f(x) + g(x)$ とおいて関数 h（上の議論から，h も可積分である）を定める．このとき

$$h^+(x) = f^+(x) + g^+(x), \tag{12.10}$$

$$h^-(x) = f^-(x) + g^-(x) \tag{12.11}$$

は成り立つか．成り立てば証明を，成り立たなければ反例を挙げよ．

次の定理は，f が非負値可積分関数の場合には問 12.8 の主張に含まれます．証明は，可積分関数の積分の定義および問 12.8 の主張から得られます．

定理 12.9

f を可積分関数，$E_1, E_2 \in \mathfrak{B}$ は $E_1 \cap E_2 = \emptyset$ を満たすとする．このとき

$$\int_{E_1 \cup E_2} f(x)dx = \int_{E_1} f(x)dx + \int_{E_2} f(x)dx$$

が成り立つ．

問 12.10 定理 12.9 を証明せよ．

第13章
積分と極限

　積分論の大きな目標の1つをこれから学びます．それは積分と極限の順序交換に関するルベーグの収束定理とよばれるものです．非負値の関数・関数列については，すでに定理 12.2（単調収束定理，p. 150）を学びました．非負値とは限らない可積分関数を取り扱うのがルベーグの収束定理です．この定理の優れた点は，少ない仮定の下に，極限記号 lim と積分記号 $\int$ の順序交換が可能であることを保証するところです．リーマン積分にも類似の定理はあり，解析学で学んだ読者も多いと思います．リーマン積分では極限と積分の順序交換に関数の連続性と収束の一様性を仮定する必要があり，応用上は強い制限となります．それに比べてルベーグの収束定理はフーリエ級数の収束のように，一様収束とは限らない場合でも適用できるので応用範囲が広くなります．まず，準備から始めます．この章でも測度空間 $(X, \mathfrak{B}, m)$ を1つ固定して，その上で考えます．

13.1　ファトゥーの不等式

　X 上の実数値関数列 $\{f_n\}$（$n = 1, 2, 3, \dots$）に対して，下極限 $\varliminf f_n$ は次のように定義されたことを思い出しておきます．まず，$x \in X$ に対して $g_k(x) = \inf\{f_j(x) \mid k \le j\}$ とおくと，関数列 $\{g_k\}$（$k = 1, 2, 3, \dots$）は，k について単調増加列，すなわち

$$g_1(x) \le g_2(x) \le \cdots \le g_n(x) \le g_{n+1}(x) \le \cdots$$

となります．したがって広義の実数で考えると $\lim_{k\to\infty} g_k(x)$ は存在します．そこで

$$\varliminf f_n(x) = \lim_{k\to\infty} g_k(x) \tag{13.1}$$

とおいて，これにより定まる X 上の関数 $\varliminf f_n$ を $\{f_n\}$ の下極限とよびました．数列の下極限については，上極限と併せて §9.3 (p.115) でも復習しました．上極限・下極限の定義と意味を頭に入れておけば，以下の内容が理解できます．

次はファトゥーの**補題**とよばれる重要な補題です．この補題に現れる不等式はファトゥーの**不等式**ともよばれます．定理 9.10 (i) (p.116) で学んだ，同名の不等式と実質的に同じことを述べています．

補題 13.1

X 上の非負値可測関数列 $\{f_n\}$ $(n = 1, 2, 3, \dots)$ および $E \in \mathfrak{B}$ に対して不等式

$$\int_E \varliminf f_n(x)\,dx \leqq \varliminf \int_E f_n(x)\,dx \tag{13.2}$$

が成り立つ．

この補題では，関数列が非負値であること，および下極限を用いることが本質的です．証明は下極限の定義と定理 12.2 (p.150) から得られます．まず，非負値可測関数列 $\{f_n\}$ に対して，上のように $g_k(x)$ を定義すると，$\{g_k\}$ は非負値可測関数の単調増加列であり，(13.1) および定理 12.2 より

$$\lim_{k\to\infty} \int_E g_k(x)\,dx = \int_E \varliminf f_n(x)\,dx$$

が成り立ちます．この等式は，広義の実数列 $\left\{ \displaystyle\int_E g_k(x)\,dx \right\}$ $(k = 1, 2, 3, \dots)$ について

$$\lim_{k\to\infty} \int_E g_k(x)\,dx$$

が $\mathbb{R} \cup \{\infty\}$ に値をとることを保証していますので

$$\lim_{k \to \infty} \int_E g_k(x)dx = \underline{\lim} \int_E g_k(x)dx$$

も成り立ちます. なぜなら, 数列が収束するとき, その極限値と下極限は一致するからです. 定義により $g_k(x) \leqq f_k(x)$ ($x \in X$, $k = 1, 2, 3, \dots$) が成り立っていますから, 定理 12.1 により

$$\int_E g_k(x)dx \leqq \int_E f_k(x)dx$$

が成り立ち, したがって両辺の $\underline{\lim}$ をとって

$$\underline{\lim} \int_E g_k(x)dx \leqq \underline{\lim} \int_E f_k(x)dx$$

を得ます. 以上からファトゥーの不等式 (13.2) が得られました.

問 13.1 $E = [0, 1]$ 上に 1 次元ルベーグ測度を備えた測度空間における連続 (したがって可測) 関数列 $\{f_n\}$ ($n = 1, 2, 3, \dots$) を

$$f_n(x) = \frac{n^2 x}{(1 + n^2 x^2)^2}$$

により定める. このとき, $\displaystyle\int_E \underline{\lim} f_n(x)dx$ および $\displaystyle\underline{\lim} \int_E f_n(x)dx$ を求めよ. ただし, $\displaystyle\int_E f_n(x)dx$ の計算は, E 上のリーマン積分を用いてよい (§ 15.1 参照).

問 13.2 実数列 $\{a_n\}$, $\{b_n\}$ ($n = 1, 2, 3, \dots$) が, 任意の n に対して $a_n \leqq b_n$ を満たすとき $\underline{\lim} a_n \leqq \underline{\lim} b_n$ が成り立つことを証明せよ.

13.2 ルベーグの収束定理

本章の冒頭でも述べたように, 次の定理は積分論における最も重要な定理の1つです. 単調収束定理 (p. 150) では, 関数列の非負値・単調 (n について) 性を仮定しましたが, ここでは単調性は必要ありません. 可積分関数を対象とするので, 積分値は有限のものだけを考えます (単調収束定理は, 積分値 ∞ も扱

いました). 証明の細かいところは初読の際にわからなくても構いません. まずは, 定理の仮定と結論を正確に記憶してください.

定理 13.2（ルベーグの収束定理）

X 上の可測関数列 $\{f_n\}$ $(n = 1, 2, 3, \dots)$ が, X 上の関数 f に各点 $x \in X$ で収束しているとする:

$$\lim_{n \to \infty} f_n(x) = f(x).$$

もし X 上の可積分関数 $F(x)$ で

$$|f_n(x)| \leqq F(x), \quad \forall x \in X, \ n = 1, 2, 3, \dots$$

となるものが存在するならば, $f(x)$ は X 上可積分で, 任意の $E \in \mathfrak{B}$ に対して

$$\lim_{n \to \infty} \int_E f_n(x) dx = \int_E f(x) dx.$$

【証明】 仮定より,

$$\int_E |f_n(x)| dx \leqq \int_E F(x) dx$$

が成り立つので, 各 $f_n(x)$ は任意の $E \in \mathfrak{B}$ 上可積分であることに注意する.

複素数値の場合は, 実部と虚部に分ければよいので, f が広義の実数値可積分関数の場合を考える. 仮定より $|f(x)| = |\lim_{n \to \infty} f_n(x)| \leqq F(x)$ であるから任意の $E \in \mathfrak{B}$ に対して

$$\int_E |f(x)| dx \leqq \int_E F(x) dx < \infty$$

となり, f は可積分である. また, 仮定より各 $x \in X$, $n = 1, 2, 3, \dots$ に対して

$$-F(x) \leqq f_n(x) \leqq F(x) \tag{13.3}$$

であるから $\{F + f_n\}$ および $\{F - f_n\}$ $(n = 1, 2, 3, \dots)$ はともに非負値可測関数列となる. したがって補題 13.1 により

$$\int_E \varliminf (F(x) + f_n(x)) dx \leqq \varliminf \int_E (F(x) + f_n(x)) dx, \tag{13.4}$$

$$\int_E \underline{\lim}(F(x) - f_n(x))dx \leqq \underline{\lim} \int_E (F(x) - f_n(x))dx \qquad (13.5)$$

が成り立つ. 積分の加法性, および $F(x)$ は n に依存しないので $\underline{\lim} F(x) = F(x)$ および $\underline{\lim} \int_E F(x)dx = \int_E F(x)dx$ が成り立つことより, (13.4) から

$$\int_E F(x)dx + \int_E \underline{\lim} f_n(x)dx \leqq \int_E F(x)dx + \underline{\lim} \int_E f_n(x)dx$$

が成り立つ. 両辺から $\int_E F(x)dx < \infty$ を引くと

$$\int_E \underline{\lim} f_n(x)dx \leqq \underline{\lim} \int_E f_n(x)dx \qquad (13.6)$$

となる. 同様に, (13.5) から

$$\int_E \underline{\lim} (-f_n(x))dx \leqq \underline{\lim} \int_E (-f_n(x))dx$$

が得られる. 一般に実数列 $\{a_n\}$ に対して $\underline{\lim}(-a_n) = -\overline{\lim} a_n$ が成り立つので, これより

$$-\int_E \overline{\lim} f_n(x)dx \leqq -\overline{\lim} \int_E f_n(x)dx$$

となる. すなわち

$$\overline{\lim} \int_E f_n(x)dx \leqq \int_E \overline{\lim} f_n(x)dx$$

が成り立つ. (13.6) と併せると

$$\int_E \underline{\lim} f_n(x)dx \leqq \underline{\lim} \int_E f_n(x)dx \leqq \overline{\lim} \int_E f_n(x)dx \leqq \int_E \overline{\lim} f_n(x)dx$$

が得られた. ただし, 一般的に成り立つ不等式 $\underline{\lim} a_n \leqq \overline{\lim} a_n$ を用いた. 仮定より

$$\underline{\lim} f_n(x) = \overline{\lim} f_n(x) = \lim_{n \to \infty} f_n(x) = f(x)$$

であるから，$\displaystyle\lim_{n\to\infty}\int_E f_n(x)dx$ は存在して

$$\lim_{n\to\infty}\int_E f_n(x)dx = \int_E \lim_{n\to\infty} f_n(x)dx = \int_E f(x)dx$$

が成り立つ．

　はじめに述べたように，f が複素数値可積分関数であるときは実部・虚部に分けて，

$$f(x) = \operatorname{Re} f(x) + i \operatorname{Im} f(x)$$

と書くと，

$$|\operatorname{Re} f(x)| \leqq F(x), \quad |\operatorname{Im} f(x)| \leqq F(x)$$

であるから，$\operatorname{Re} f$ および $\operatorname{Im} f$ それぞれについて上の議論を適用すればよい．

$$（証明終）$$

《例 13.3》 1 次元ルベーグ測度を備えた $X = \mathbb{R}$ 上の関数列 $\{f_n\}$ $(n = 1, 2, 3, \dots)$ を

$$f_n(x) = \frac{1}{1 + x^{2n}}$$

により定める．$f_n(x)$ は連続関数であるから可測関数である．また，X 上可積分である．

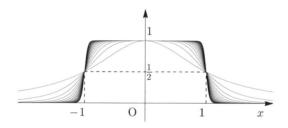

図 **13.1**　$\{f_n(x)\}$ $(n = 1, 2, \dots, 20)$ のグラフ．

図 13.1 から容易に推測できるように，

$$\lim_{n\to\infty} f_n(x) = \begin{cases} 1 & (-1 < x < 1), \\[2mm] \dfrac{1}{2} & (x = \pm 1), \\[2mm] 0 & (|x| > 1) \end{cases}$$

である. これを証明することも容易である. $|f_n(x)| \leqq 2f_1(x)$ であるから, ルベーグの収束定理より,

$$\lim_{n \to \infty} \int_X f_n(x)dx = \int_X \lim_{n \to \infty} f_n(x)dx = 2$$

となる.

問 13.3 例 13.3 に現れた関数 $f_n(x)$ $(n = 1, 2, 3, \ldots)$ は $\mathbb{R}$ 上の可積分関数であることを証明せよ.

例 13.3 において, f_n は一様収束しないので, リーマン積分の理論で極限と積分の順序交換を正当化するには, 広義一様収束などの慎重な議論が必要となります. もちろん, 各 n に対して $\int_X f_n(x)dx$ の値が求まってしまえば, $n \to \infty$ の極限は, その形からも計算可能です. リーマン積分として $\mathscr{R}\int_{-\infty}^{\infty} f_n(x)dx$ は, 非有界な集合上での積分であり, **広義積分**とよばれます. この値 ($\pi/(n\sin(\pi/2n))$ となることが知られている) を求めることは, リーマン積分の問題としても簡単ではなく, 複素関数論の知識が必要です. しかし, ルベーグの収束定理を用いると, 上のように簡単に極限が計算できます.

次の例も, 一様収束しない関数列の積分です. 引き続き 1 次元ルベーグ測度を考えます.

《例 13.4》 $X = [0, \pi] \subset \mathbb{R}$ で定義された関数列 $\{f_n(x) = \sin^n x\}$ $(n = 1, 2, 3, \ldots)$ を考える. 各 n について f_n は X 上で連続ゆえ, X 上可積分である. $x \in X$ のとき $|\sin^n x| \leqq 1$ であり, 定数関数 1 は X 上可積分, さらに $x \neq \pi/2$ のとき, $0 \leqq \sin x < 1$ より,

$$\lim_{n \to \infty} f_n(x) = \begin{cases} 0 & \left(x \neq \dfrac{\pi}{2} \right), \\ 1 & \left(x = \dfrac{\pi}{2} \right) \end{cases}$$

となるので, ルベーグの収束定理を用いて

$$\lim_{n \to \infty} \int_X f_n(x)dx = \int_X \lim_{n \to \infty} f_n(x)dx = 0$$

が得られる.

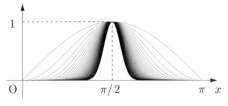

図 13.2 $\{f_n(x)\}$ $(n = 1, 2, \ldots, 50)$ のグラフ.

この例で，f_n が可積分であることは，X 上リーマン可積分ということからも従います（第 15 章参照）．微分積分学の例題などで学ぶように，$I_n = \mathscr{R}\displaystyle\int_0^\pi \sin^n x\,dx$ は，漸化式を用いれば具体的に計算可能で，

$$I_n = \sqrt{\pi}\,\Gamma\left(\frac{n+1}{2}\right)\Big/\Gamma\left(\frac{n+2}{2}\right)$$

となります（Γ はガンマ関数）．これを用いて極限値を計算することも可能ですが，例 13.4 の計算に比べると手間がかかります．

13.3 概収束

本節では，ルベーグの収束定理を少し一般化します．その準備として，積分論において重要な概念を導入します．$(X, \mathfrak{B}, m)$ を測度空間とします．

定義 13.5

$E \in \mathfrak{B}$ とする．$x \in E$ に関する命題 $P(x)$ に対して

$$N = \{x \in E \mid P(x) \text{ が成り立たない}\}$$

とおく．このとき $N \in \mathfrak{B}$ かつ

$$m(N) = 0$$

であるとき，$P(x)$ は E 上のほとんどすべての点で成り立つ，または $P(x)$ は E 上ほとんど至るところで成り立つという．

　命題 $P(x)$ が E 上のほとんどすべての点で成り立つとき「$P(x)$ は a.e. $x \in E$ で成り立つ」または「$P(x)$ は a.e. E で成り立つ」などと略記します．「a.e. $x \in E$」は「almost every $x \in E$」，「$P(x)$ は a.e. E」は「almost everywhere in E」の省略です．よく使われる命題の例を挙げましょう．X 上の 2 つの関数 f, g および $E \in \mathfrak{B}$ に対して

$$f(x) = g(x) \quad \text{a.e. } x \in E$$

あるいは

$$f = g \quad \text{a.e. } E$$

などと書けば，$f(x)$ と $g(x)$ は E から測度が 0 である集合を除いた集合の上で等しいことを意味します．特に $E = X$ のときは単に

$$f = g \quad \text{a.e.}$$

と略記します．注意しないと混乱しますが，ここで $N \in \mathfrak{B}$ の測度が 0 というのは $m(N) = 0$ であって，§3.3，定義 3.2 (p.39) の測度零（または零集合）とは区別する必要があります．測度零の集合は実数空間で定義された概念です．一方，いまの「測度が零」は測度空間における測度が 0 ということであり，考えている対象の抽象度が異なります．

問 13.4 X 上の 2 つの可測関数 f, g に対して

$$f \sim g \iff f(x) = g(x) \text{ a.e. } X$$

とおくとき，$\sim$ は X 上の可測関数全体の集合における同値関係になっていることを証明せよ．

　次の定義は §8.5，問 8.3 の性質を抽象化したものです．

定義 13.6

　$(X, \mathfrak{B}, m)$ を測度空間とし，$A \in \mathfrak{B}$ が $m(A) = 0$ を満たすとする．任意の $S \subset A$ に対して $S \in \mathfrak{B}$ であるとき，この測度空間は完備であるという（このとき $m(S) = 0$ となる）．

　問 8.3 によりカラテオドリ外測度から導かれた測度は完備です．実数空間上のルベーグ測度も完備となります．また，測度空間が完備ではないとき，$\mathfrak{B}$ を含むボレル集合体 $\overline{\mathfrak{B}}$ および，その上の集合関数 $\overline{m} : \overline{\mathfrak{B}} \to \mathbb{R} \cup \{\infty\}$ で $(X, \overline{\mathfrak{B}}, \overline{m})$ が完備測度空間となるものを構成できることが知られています．$(X, \overline{\mathfrak{B}}, \overline{m})$ を $(X, \mathfrak{B}, m)$ の**完備化**といいます．完備化の構成方法については，例えば伊藤清三著『ルベーグ積分入門』(裳華房)，吉田伸生著『[新装版] ルベーグ積分入門』(日本評論社) などを参照してください．

　次の定理は，ほとんど至るところで等しい 2 つの関数は積分を考える上で区別できないことを表しています．

定理 13.7

　$(X, \mathfrak{B}, m)$ を完備測度空間とする．f を X 上の関数，g を X 上の可積分関数，$E \in \mathfrak{B}$ とし

$$f(x) = g(x) \quad \text{a.e. } x \in E$$

であるとする．このとき f も E 上可積分となり

$$\int_E f(x)dx = \int_E g(x)dx$$

が成り立つ．

定理の証明には，次の補題を用います．

補題 13.8

　$(X, \mathfrak{B}, m)$ を測度空間とする．f を X 上の可測関数，$N \in \mathfrak{B}$ は $m(N) = 0$ を満たすとする．このとき

$$\int_N f(x)dx = 0$$

である．特に f が X 上可積分ならば

$$\int_X f(x)dx = \int_{X-N} f(x)dx$$

が成り立つ.

【補題 13.8 の証明】　まず，f が非負値単関数 φ の場合を考える．$A_j \in \mathfrak{B}$,
$\alpha_j \geqq 0$ $(j = 1, 2, 3, \ldots, n)$ で $A_1 \cup A_2 \cup \cdots \cup A_n = X$, $A_i \cap A_j = \emptyset$ $(i \neq j)$
となるものが存在して

$$\varphi(x) = \sum_{j=1}^{n} \alpha_j \chi(x; A_j)$$

と書けている．このとき $0 \leqq m(A_j \cap N) \leqq m(N) = 0$ に注意すると，定義
11.7 より

$$\int_N \varphi(x)dx = \sum_{j=1}^{n} \alpha_j m(A_j \cap N) = 0$$

を得る．したがって，定義 11.9 より非負値可測関数 f に対しても

$$\int_N f(x)dx = 0$$

となる．実際，定義 11.9 の記号を用いると $\mathscr{S}(f; N) = \{0\}$ となるからである．
　f が実数値可測関数の場合には分解 $f(x) = f^+(x) - f^-(x)$ を用いれば

$$\int_N f(x)dx = \int_N f^+(x)dx - \int_N f^-(x)dx = 0$$

を得る．したがって

$$\int_X f(x)dx = \int_{X-N} f(x)dx + \int_N f(x)dx = \int_{X-N} f(x)dx$$

である．f が複素数値の場合は，実部と虚部に分けて考えれば明らかである．

（補題の証明終）

【定理 13.7 の証明】　f, g ともに（広義の）実数値関数の場合を示す．

$$N = \{x \in X \mid f(x) \neq g(x)\}, \quad A = \{x \in X \mid f(x) = g(x)\}$$

とおくと

$$N \cup A = X, \quad N \cap A = \emptyset$$

であり，仮定から $N \in \mathfrak{B}, m(N) = 0$ となる．したがって $A = X - N \in \mathfrak{B}$ である．

任意の実数 α に対して

$$\{x \in X \mid f(x) > \alpha\} \cap A = \{x \in X \mid f(x) > \alpha\} \cap \{x \in X \mid f(x) = g(x)\}$$
$$= \{x \in X \mid g(x) > \alpha\} \cap A \in \mathfrak{B}$$

である．また，$\{x \in X \mid f(x) > \alpha\} \cap N \subset N$ であるから，測度空間の完備性により $\{x \in X \mid f(x) > \alpha\} \cap N \in \mathfrak{B}$ となる．したがって

$$\{x \in X \mid f(x) > \alpha\}$$
$$= (\{x \in X \mid f(x) > \alpha\} \cap N) \cup (\{x \in X \mid f(x) > \alpha\} \cap A) \in \mathfrak{B}$$

となり，f は可測である．よって補題13.8により

$$\int_N f(x)dx = 0$$

となる．仮定から g は X 上可積分，したがって $\int_X |g(x)|dx < \infty$ であり $X - N = A$ 上 $f(x) = g(x)$ であるから，再び補題13.8より

$$\int_X |g(x)|dx = \int_{X-N} |g(x)|dx = \int_{X-N} |f(x)|dx = \int_X |f(x)|dx,$$

したがって f も X 上可積分となる．同様に

$$\int_X f(x)dx = \int_X g(x)dx$$

もわかる．f, g が複素数値関数の場合は，それぞれを実部・虚部に分ければよい．（定理の証明終）

このように，積分を考える上では，ほとんど至るところで等しい2つの関数を区別することはできませんし，する必要もないのです．定理13.7および補題13.8を念頭に置いて，可測関数の概念とその積分を一般化します．

定義 13.9

X 上の関数 f に対して，X 上の可測関数 g が存在して

$$f = g \quad \text{a.e.}$$

となるとき，f はほとんど至るところで可測であるという．さらに，g が $E \in \mathfrak{B}$ 上積分確定（または可積分）であるとき，f は $E \in \mathfrak{B}$ 上積分確定（または可積分）である，といい，

$$\int_E f(x)dx = \int_E g(x)dx$$

により f の積分を定める．

これらの定義を基に，関数列の収束を一般化して「概収束」の概念を導入します．

定義 13.10

$\{f_n\}\ (n = 1, 2, 3, \dots)$ を X 上の可測関数列，f を X 上の関数とする．

$$X_0 = \{\, x \in X \mid \lim_{n \to \infty} f_n(x) = f(x) \,\}$$

とおくと $X_0 \in \mathfrak{B}$（したがって $X - X_0 \in \mathfrak{B}$）かつ

$$m(X - X_0) = 0$$

であるとき，すなわち，X 上ほとんど至るところで f_n が f に収束しているとき，f_n は X 上で f に概収束するという．

上の定義で X を $E \in \mathfrak{B}$ に置き換えた条件が成り立つとき，f_n は E 上概収束するといいます．概収束について，次のことが成り立ちます．これは直観的には当然成り立つべき性質です．また，証明も難しくはありません．

補題 13.11

$\{f_n\}$ $(n = 1, 2, 3, \ldots)$ を X 上の可測関数列，f を X 上の関数とする．f_n が f に X 上概収束しているならば，f はほとんど至るところで可測である．

問 13.5 補題 13.11 を証明せよ．

§ 13.2 までに展開した収束に関する議論は，ほぼすべて概収束に置き換えて成立します．例えば，これまでの議論でたびたび使われた単調収束定理（定理12.2，p.150）の一般化は次のようになります．

定理 13.12（単調収束定理・概収束版）

E を可測集合，f を E 上の関数，$\{f_n\}$ $(n = 1, 2, 3, \ldots)$ を E 上のほとんど至るところで非負値をとる可測関数の列で

$$f_1(x) \leqq f_2(x) \leqq \cdots \leqq f_n(x) \leqq f_{n+1}(x) \leqq \cdots \quad \text{a.e. } E$$

かつ f_n は E 上で f に概収束しているとする．このとき，f は E 上のほとんど至るところで可測な関数であり

$$\lim_{n \to \infty} \int_E f_n(x)dx = \int_E f(x)dx \tag{13.7}$$

が成り立つ．

【証明】 $f_n(x)$ が n について単調に増加し，$f(x)$ に収束する E の点全体の集合を E_0 とする：

$$E_0 = \{\, x \in E \,|\, 0 \leqq f_1(x) \leqq f_2(x) \leqq \cdots \leqq f_n(x) \leqq \cdots, \ \lim_{n \to \infty} f_n(x) = f(x)\}.$$

$N = E - E_0$ とおくと，仮定より $E_0, N \in \mathfrak{B}$ かつ $m(N) = 0$ である．定理12.2 より f は E_0 上可測であり

$$\lim_{n \to \infty} \int_{E_0} f_n(x)dx = \int_{E_0} f(x)dx \tag{13.8}$$

が成り立つ. E 上の関数 $\tilde{f}(x)$ を

$$\tilde{f}(x) = \begin{cases} f(x) & (x \in E_0), \\ 0 & (x \in N) \end{cases}$$

により定めると, $\tilde{f}$ は E 上可測である. したがって, f は E 上ほとんど至るところで可測である. 補題13.8は X を $E \in \mathfrak{B}$ と読み替えても成り立つから

$$\int_E f_n(x)dx = \int_{E_0} f_n(x)dx, \quad \int_E f(x)dx = \int_{E_0} f(x)dx$$

である. (13.8) と併せると (13.7) が得られる. (証明終)

ルベーグの収束定理（定理13.2）も「収束」を「概収束」と読み替えて成立します.

定理13.13（ルベーグの収束定理・概収束版）

X 上の可測関数列 $\{f_n\}$ $(n = 1, 2, 3, \ldots)$ が, X 上の関数 f に概収束しているとする. もし, X 上の可積分関数 $F(x)$ で

$$|f_n(x)| \leqq F(x) \quad \text{a.e.} X, \ n = 1, 2, 3, \ldots$$

となるものが存在するならば $f(x)$ は X 上可積分で, 任意の $E \in \mathfrak{B}$ に対して

$$\lim_{n \to \infty} \int_E f_n(x)dx = \int_E f(x)dx$$

が成り立つ.

【証明】 まず, 各 f_n が広義の実数に値をとる場合を考える. $F(x)$ は非負値可積分関数であるから, $A = \{x \in X \,|\, F(x) = \infty\}$ とおくと $A \in \mathfrak{B}$ かつ $m(A) = 0$ である. 実際, $\{\varphi_n(x) = n\chi(x; A)\}$ は A 上 $F(x)\chi(x; A)$ に収束する単関数の増加列である. 積分の定義より

$$\int_A \varphi_n(x)dx \leqq \int_A F(x)dx < \infty$$

であり，また

$$\int_A \varphi_n(x)dx = nm(A)$$

である．したがって

$$0 \leqq m(A) = \frac{1}{n}\int_A \varphi_n(x)dx \leqq \frac{1}{n}\int_A F(x)dx < \infty$$

となる．ここで $n \to \infty$ とすると，$m(A) = 0$ を得る．よって X 上ほとんど至るところで $0 \leqq F(x) < \infty$ である．各 n に対して

$$E_n = \{\, x \in X \mid f_n(x) \neq \pm\infty \,\}, \quad E_0 = \bigcap_{n=1}^{\infty} E_n$$

とおく．仮定より各 n について $X - E_n \subset A$ であるから $m(X - E_n) = 0$ となる．$X - E_0 = \bigcup_{n=1}^{\infty}(X - E_n)$ であるから

$$m(X - E_0) \leqq \sum_{n=1}^{\infty} m(X - E_n) = 0.$$

また，f_n は f に概収束しているので $E' = \{\, x \in X \mid \lim_{n\to\infty} f_n(x) = f(x) \,\}$ とおくと $m(X - E') = 0$ である．$Y = E_0 \cap E' \cap (X - A)$ とおくと，Y 上 $f_n(x)$ は $f(x)$ に収束しているので

$$\int_Y |f(x)|dx = \int_Y |\lim_{n\to\infty} f_n(x)|dx \leqq \int_Y F(x)dx$$

が成り立ち，f は Y 上可積分となる．$m(X - Y) = 0$ であるから f は X 上可積分でもある．定理13.2において E を Y と読み替えて

$$\lim_{n\to\infty} \int_Y f_n(x)dx = \int_Y f(x)dx$$

となる．

$$\int_Y f_n(x)dx = \int_X f_n(x)dx, \quad \int_Y f(x)dx = \int_X f(x)dx$$

であるから

$$\lim_{n\to\infty} \int_X f_n(x)dx = \int_X f(x)dx$$

を得る．$E \in \mathfrak{B}$ 上での積分に対しては，上の議論で X を E，Y を $Y \cap E$ とそれぞれ読み替えると，同様に

$$\lim_{n\to\infty} \int_E f_n(x)dx = \int_E f(x)dx$$

が成り立つ．

　$f_n(x)$ が複素数値である場合は，実部と虚部それぞれについて，上の結果を適用すればよい．　　　　　　　　　　　　　　　　　　　　（証明終）

第14章

可積分関数のなす空間

前章までに学んだ積分論が形をなしたのは，20世紀初めの話です．この理論を活用して関数解析とよばれる解析方法が発展しました．この手法は20世紀前半から盛んに研究されるようになり，関数解析学という大きな分野ができあがりました．これにより，さまざまな微分方程式の研究が進むなど，興味深い結果が多数得られています．関数解析学の入り口部分である可積分関数のなす空間に関する基本的事項をいくつか紹介します．本章においても $(X, \mathfrak{B}, m)$ は測度空間であるとします．

14.1 空間 $L^1(X)$

X 上のほとんど至るところで複素数値の可積分関数全体のなす集合を V とします．これは，測度零の集合上では複素数以外（x, y を広義の実数として，$x \pm i\infty, \pm\infty + iy$ など）の値を許す，という意味です．f が X 上可積分であることと $|f|$ が X 上可積分であることは同値でしたから，V は X 上の可測関数で

$$\int_X |f(x)| dx < \infty \tag{14.1}$$

となるもの全体の集合であるとみなせます．$f, g \in V$ および $\alpha, \beta \in \mathbb{C}$ に対して $|\alpha f(x) + \beta g(x)| \leqq |\alpha||f(x)| + |\beta||g(x)|$ が成り立つので，定理 12.1 より

$$\int_X |\alpha f(x) + \beta g(x)| dx \leqq |\alpha| \int_X |f(x)| dx + |\beta| \int_X |g(x)| dx < \infty \quad (14.2)$$

となります. したがって $\alpha f(x) + \beta g(x) \in V$ がわかります. すなわち, V は自然な和と複素数倍によって $\mathbb{C}$ 上の線型空間となります. ゆえに V は線型性という構造をもった「空間」であるといえます. V に属する関数 f は, 線型空間の元という意味で「ベクトル」のようなイメージで捉えることが可能となります. 空間 V を考える上で, 関数 f の絶対値の積分 (14.1) の値が重要な意味をもつことは当然です. そこで $f \in V$ に対して

$$\|f\| = \int_X |f(x)| dx \quad (14.3)$$

とおきます. これはベクトルの「長さ」の類似物となります. 実際, 次が成り立ちます.

定理 14.1

$f, g \in V$ のとき

(i) $0 \leqq \|f\| < \infty$.

(ii) $\|\alpha f\| = |\alpha| \|f\|, \quad \alpha \in \mathbb{C}$.

(iii) $\|f + g\| \leqq \|f\| + \|g\|$.

実際, (i), (ii) は明らかです. (iii) は (14.2) の $\alpha = \beta = 1$ の場合です.

問 14.1 $f, g \in V$ のとき
$$\|f - g\| \geqq \big| \|f\| - \|g\| \big|$$
が成り立つことを証明せよ.

定理 14.1 により $\|f\|$ を f のベクトルとしての「長さ」とよんでもよいような気がします. しかしながら, よく考えると「長さ」とよぶためには大事な性質がもう 1 つあったことに気付きます. それは「長さが 0 であるベクトルは $\mathbf{0}$ (零ベクトル) である」という性質です. 関数が 0 というのは文字どおり常に 0 という値をとる定数関数を意味します. しかし, 可積分関数の場合は, 定理 13.7 (p. 171) により

$$f(x) = 0 \ \text{a.e.} \implies \|f\| = \int_X |f(x)| dx = 0 \tag{14.4}$$

なので，定数関数 0 以外に $\|f\| = 0$ である関数が無数に存在します．ほとんどすべての x に対して $f(x) = 0$ である関数 f が定数関数 0 とは限らないからです．そして，(14.4) の逆も成り立ちます．

定理 14.2

　X 上の可積分関数 f に対して $\|f\| = 0$ であることと $f = 0$ a.e. は同値である．

　上で述べたことにより $\|f\| = 0$ ならば $f = 0$ a.e. を示せば十分です．対偶を証明しましょう．$f(x) = 0$ a.e. ではないと仮定します．すなわち，

$$E = \{ x \in X \mid |f(x)| > 0 \}$$

とおくとき $m(E) > 0$ と仮定します．$E_n = \{ x \in X \mid |f(x)| > 1/n \}$ $(n = 1, 2, 3, \dots)$ とおくと $E_1 \subset E_2 \subset \cdots \subset E_n \subset E_{n+1} \subset \cdots$ であり $\displaystyle\lim_{n \to \infty} E_n = E$ ですから定理 9.7 (p. 110) より

$$\lim_{n \to \infty} m(E_n) = m(E) > 0$$

が成り立ちます．したがって自然数 n_0 が存在して $m(E_{n_0}) > 0$ となります．一方，定理 12.9 (p. 161) より

$$\begin{aligned}
\|f\| &= \int_X |f(x)| dx \\
&= \int_{E_{n_0}} |f(x)| dx + \int_{X - E_{n_0}} |f(x)| dx \\
&\geq \int_{E_{n_0}} |f(x)| dx
\end{aligned}$$

が成り立ちます．また E_{n_0} の定義より

$$|f(x)| \geq \frac{1}{n_0} \chi(x; E_{n_0})$$

ですから，この右辺が単関数であることに注意すると積分の定義により

$$\int_{E_{n_0}} |f(x)|dx \geqq \frac{1}{n_0} m(E_{n_0}) > 0$$

となります．したがってこれらを併せると $\|f\| > 0$ が得られ，対偶が示されました．この定理の系として次が得られます．

系 14.3

　X 上の可積分関数 f, g に対して $\|f - g\| = 0$ であることと $f(x) = g(x)$ a.e. は同値である．

　そこで次のような考えに至ります．すなわち，$f(x) = g(x)$ a.e. である 2 つの可積分関数を同一視してしまえば $\|f\| = 0$ である可積分関数は定数関数 0 と同一視されるので，このような同一視の下では $\|f\|$ は関数 f の「ベクトル」としての長さと思えるのではないか．

　この考えを数学的に定式化すると次のようになります．問 13.4 (p. 170) で見たように「$f \sim g \iff f(x) = g(x)$ a.e. X」と定めると関係 $\sim$ は同値関係となりました．問 13.4 では可測関数全体を考えましたが，可積分関数全体の集合である V でも同じことです．そこで V をこの同値関係で類別した空間，すなわち商空間を考えます．

定義 14.4

　$L^1(X) = V / \sim$

　この空間 $L^1(X)$ は「エルワンエックス」と読むのが一般的です．$f \in V$ の同値類を $[f]$ と書くことにします．同値類の定義から

$$[f] = \{ g \in V \mid g(x) = f(x) \text{ a.e. } X \}$$

であり，$[f]$ は V の部分集合となっていることに注意します．$[f]$ の任意の元を $[f]$ の代表元といいます．実際，任意の $g \in [f]$ に対して，$L^1(X)$ の元としては $[g] = [f]$ が成り立ちます．

補題 14.5

　同値関係〜は V の線型構造（和とスカラー倍）と整合している. すなわち, $f_1, f_2, g_1, g_2 \in V$, $\alpha, \beta \in \mathbb{C}$ に対して

$$f_1(x) = f_2(x) \text{ a.e. かつ } g_1(x) = g_2(x) \text{ a.e.}$$

ならば

$$\alpha f_1(x) + \beta g_1(x) = \alpha f_2(x) + \beta g_2(x) \text{ a.e.} \tag{14.5}$$

である.

問 14.2　補題 14.5 を証明せよ.

　したがって $L^1(X)$ は線型空間の構造を自然にもちます. 実際, 補題 14.5 により $f, g \in V$, $\alpha, \beta \in \mathbb{C}$ に対して $L^1(X)$ における線型結合が

$$\alpha[f] + \beta[g] = [\alpha f + \beta g]$$

のように代表元 f, g の取り方に依らず定義できます.

　定理 14.1 および定理 14.2 より次の定理が成り立ちます.

定理 14.6

　$f \in V$ に対して

$$\|[f]\| = \|f\|$$

とおくと, $\|[f]\|$ は代表元の選び方に依らず定まり, $[f], [g] \in L^1(X)$ のとき次が成り立つ:

　(i)　$0 \leqq \|[f]\| < \infty$.

　(ii)　$\|\alpha[f]\| = |\alpha|\,\|[f]\|, \quad \alpha \in \mathbb{C}$.

　(iii)　$\|[f] + [g]\| \leqq \|[f]\| + \|[g]\|$.

　(iv)　$\|[f]\| = 0$ と $[f] = 0$ は同値である.

　(iv) が成り立つので $\|[f]\|$ は $[f]$ の「長さ」を表すと考えてもよいことがわかります. ここで (iv) の 2 つの式における「0」の意味が異なることに注意して

ください. はじめの「0」は実数としての 0, あとの「0」は線型空間 $L^1(X)$ の
元としての 0, すなわち零ベクトルを表します. 恒等的に値 0 をとる定数関数
を単に 0 と書くと $[0]$ が $L^1(X)$ の元としての零元ですが, 記法としては区別せ
ず単に 0 と書きます.

同様に, $L^1(X)$ の元をいちいち同値類を表す記号 $[f]$ を用いずに, 今後は単
に f と表します. 注意すべきは, この場合 $f(x)$ と書いても値としては「x にお
ける f の値」の意味がないことです. それにもかかわらず, 慣例的にこの記号
も使います. 例えば, $f \in L^1(X)$ に対して

$$\|f\| = \int_X |f(x)| dx$$

などのように記号 $f(x)$ を用います. 右辺は, 関数値に意味がなく, 測度 m に
依存しているという意味で,

$$\|f\| = \int_X |f| dm$$

と表す流儀もあります. 本来の意味からすると,

$$\|[f]\| = \int_X |g(x)| dx, \quad g \in [f]$$

と書くべきです. 右辺は $[f]$ の代表元 $g \in \boldsymbol{V}$ の取り方に依存せず決まるので,
いちいちこのようには書かず, ここでは積分記号の慣用から外れない記法を用
います. 常に頭の中で, 同値類を考えているのか, 代表元を考えるのかを区別
することが求められます.

この記法の下に, 改めて定理 14.6 を書き直しておきます.

定理 14.6′

$f \in L^1(X)$ に対して

$$\|f\| = \int_X |f(x)| dx \tag{14.6}$$

とおく. このとき $f, g \in L^1(X), \alpha \in \mathbb{C}$ に対して次が成り立つ:

(i) $0 \leqq \|f\| < \infty$ であり, $\|f\| = 0$ と $f = 0$ は同値.

(ii) $\|\alpha f\| = |\alpha|\,\|f\|$.

(iii) $\|f + g\| \leqq \|f\| + \|g\|$.

$f \in L^1(X)$ に対して $\|f\|$ は $\boldsymbol{f}$ の $\boldsymbol{L^1}$ ノルムとよばれ，$\|f\|_1$ と書かれることもあります．ノルムの概念はベクトルの長さを抽象化した概念として，もう少し一般的な設定で定義されます．$L^1(X)$ におけるノルムはその一例になっています．

定義 14.7

$f, g \in L^1(X)$ に対して

$$d(f, g) = \|f - g\|$$

とおき，$d(f, g)$ を $\boldsymbol{f}$ と $\boldsymbol{g}$ の距離という．

---

d を距離（関数）とよんでも構わないことは，次の補題に依ります．

補題 14.8

関数 $d : L^1(X) \times L^1(X) \to \mathbb{R}$ は次の性質を満たす．$f, g, h \in L^1(X)$ とする．

(i) $d(f, g) \geqq 0$ であり，$d(f, g) = 0$ は $f = g$ と同値．

(ii) $d(f, g) = d(g, f)$.

(iii) $d(f, h) \leqq d(f, g) + d(g, h)$.

問 14.3 補題 14.8 を証明せよ．

位相空間論の用語に従えば，$(L^1(X), d)$ は距離空間となります．距離が定まると，$L^1(X)$ における位相が定まります．すなわち，$U \subset L^1(X)$ が開集合である，とは「任意の $f \in U$ に対して $\varepsilon > 0$ が存在して $B(f; \varepsilon) \subset U$ が成り立つ」ことをいいます．ただし，

$$B(f; \varepsilon) = \{\, g \in L^1(X) \mid d(f, g) < \varepsilon \,\}$$

とおきました. これは「f を中心とする半径 ε の開球」とよばれます. 特に, $L^1(X)$ における点列 (関数列) の収束は, 次のように定義されます.

定義 14.9

$f, f_n \in L^1(X)$ $(n = 1, 2, 3, \dots)$ とする. $L^1(X)$ において点列 $\{f_n\}$ が f に収束するとは
$$\lim_{n \to \infty} d(f_n, f) = 0$$
が成り立つことである. これは $\displaystyle\lim_{n \to \infty} \|f_n - f\| = 0$ と同値である.

このように $L^1(X)$ という空間にはさまざまな構造が自然に導入できます. 関数全体の集合という得体の知れないものに構造を入れることで, 通常のベクトルと同じような幾何学的直観を用いた議論が $L^1(X)$ でも可能となります. ここでは関数はもはや変数 x に対して値 $f(x)$ を対応させる写像という観点を離れて, 積分を通じて認識される抽象的な概念と理解されます. いわば関数から個性を奪い取って, 関数を集合における単なる「点」とみなすことによって関数の新たな側面が認識できるのです. これが関数解析学の視点です.

14.2 $L^1(X)$ の完備性

§14.1 の記号をそのまま用います. これまでに展開してきた積分論の重要な帰結について学びます.

定理 14.10

点列 $\{f_n\} \subset L^1(X)$ $(n = 1, 2, 3, \dots)$ がコーシー列, すなわち

$$\lim_{n, \ell \to \infty} d(f_n, f_\ell) = \lim_{n, \ell \to \infty} \|f_n - f_\ell\| = 0 \tag{14.7}$$

を満たすならば, $f \in L^1(X)$ が存在して

$$\lim_{n \to \infty} d(f_n, f) = \lim_{j \to \infty} \|f_n - f\| = 0$$

となる.

距離空間の用語を使うと,**$L^1(X)$** は完備距離空間である,ということになります. 完備距離空間の例として重要なものは,1 次元実数空間(実数直線)$\mathbb{R}$ です. この集合が,通常の距離($x, y \in \mathbb{R}$ に対して $|x - y|$ を x, y の距離とする)により完備距離空間となることは,微分積分学の重要事項の 1 つです. 完備性は,いわば空間に「隙間」がないことの 1 つの定式化・抽象化と見ることができます. 完備性という言葉は,§13.3 で現れた「測度の完備性」と同じものを用いていますが,対象が異なり,概念としては独立です.

【定理 14.10 の証明】 f_n が (14.7) を満たすとき $k = 1, 2, 3, \ldots$ に対して自然数の増加列 $n_1 < n_2 < \cdots < n_k < n_{k+1} < \cdots$ が存在して

$$\|f_{n_k} - f_{n_{k+1}}\| \leqq \frac{1}{2^k} \tag{14.8}$$

とできる. そこで自然数 N に対して,同値類 f_{n_k} から代表元を選び,それを同じ記号 f_{n_k} で表して,

$$F_N(x) = |f_{n_1}(x)| + \sum_{k=1}^{N} |f_{n_k}(x) - f_{n_{k+1}}(x)| \tag{14.9}$$

とおく. ここでは,F_N は関数とみなしている. 同値類として明らかに $F_N \in L^1(X)$ である(以後,同値類か代表元としての関数を考えるかは,いちいち断らない. 区別は頭の中で行う). 各 $x \in X$ に対して,$\{F_N(x)\}$ $(N = 1, 2, 3, \ldots)$ は N について単調増加列である. したがって $\lim_{N \to \infty} F_N(x) \leqq +\infty$ が存在する. この極限値で定まる関数を $F(x)$ とおく:

$$F(x) = \lim_{N \to \infty} F_N(x).$$

単調収束定理(定理 12.2, 13.12)により

$$\int_X F(x) dx = \lim_{N \to \infty} \int_X F_N(x) dx \tag{14.10}$$

が成り立つ. (14.9) より, この右辺は

$$\lim_{N \to \infty} \int_X F_N(x) dx = \lim_{N \to \infty} \Big(\int_X |f_{n_1}(x)| dx + \sum_{k=1}^{N} \int_X |f_{n_k}(x) - f_{n_{k+1}}(x)| dx \Big)$$

$$= \|f_{n_1}\| + \sum_{k=1}^{\infty} \|f_{n_k} - f_{n_{k+1}}\|$$

$$\leqq \|f_{n_1}\| + 1$$

と評価される. ただし, 最後の不等式を導くために (14.8) を用いた. (14.10) と併せると

$$\int_X F(x) dx \leqq \|f_{n_1}\| + 1 \tag{14.11}$$

であることがわかった. したがって $F(x) < +\infty$ a.e. となる. $F(x) < +\infty$ となる x に対しては, 実数列 $\{F_N(x)\}$ $(N = 1, 2, 3, \dots)$ は収束列である.

$$A = \{ x \in X \mid F(x) < +\infty \}$$

とおく. 等式

$$f_{n_N}(x) = f_{n_1}(x) + \sum_{k=1}^{N-1} (f_{n_{k+1}}(x) - f_{n_k}(x)) \tag{14.12}$$

に注意すると, $x \in A$ に対して

$$|f_{n_N}(x)| \leqq F_N(x)$$

である. $x \in A$ のとき $\{F_N(x)\}$ $(N = 1, 2, 3, \dots)$ は収束しているので (14.12) の右辺の級数は $N \to \infty$ で収束する (複素数の級数が絶対収束すれば収束する). したがって $\{f_{n_N}(x)\}$ も収束する. そこで

$$\tilde{f}(x) = \lim_{N \to \infty} f_{n_N}(x) \quad (x \in A)$$

とおく. さらに

$$f(x) = \begin{cases} \tilde{f}(x) & (x \in A), \\ 0 & (x \in X - A) \end{cases}$$

とおく. このとき $|f(x)| \leqq F(x)$ が成り立つ. したがって (14.11) より $f \in L^1(X)$ となる. また, $x \in A$ のとき

$$|f(x) - f_{n_N}(x)| \leqq \sum_{k=N}^{\infty} |f_{n_{k+1}}(x) - f_{n_k}(x)|$$

であるが, 右辺は $N \to \infty$ のとき 0 に収束する. さらに

$$|f(x) - f_{n_N}(x)| \leqq |f(x)| + |f_{n_N}(x)| \leqq 2F(x)$$

であるから, ルベーグの収束定理 (定理 13.13, p. 176) により

$$\lim_{N \to \infty} \int_X |f(x) - f_{n_N}(x)| dx = 0$$

すなわち

$$\lim_{N \to \infty} \|f - f_{n_N}\| = 0$$

がわかる. 最後に

$$\|f - f_N\| \leqq \|f - f_{n_N}\| + \|f_{n_N} - f_N\|$$

であり, $N \to \infty$ のとき $\|f_{n_N} - f_N\| \to 0$ であることに注意すると (N を n と書き換えて)

$$\lim_{n \to \infty} \|f_n - f\| = 0$$

が得られる. (証明終)

14.3 空間 $L^p(X)$

この節では, $p \geqq 1$ を実数とします. X 上の複素数値可測関数 f に対して $|f|^p$ が X 上可積分であるとき, f は X 上の **p 乗可積分関数である**, といいます.

定義 14.11

X 上の p 乗可積分関数の同値類全体の集合を $L^p(X)$ で表す.

$p = 1$ の場合，この記号は § 14.1 で定義した $L^1(X)$ と同じものを表します．ほとんど至るところ等しい関数は同じものとみなす，などの約束は $L^1(X)$ のときと同様です．同値類と関数そのものを同じ記号 f などで表すことも同じとします．$L^p(X)$ は自然に定まる和とスカラー倍について閉じています．すなわち，

定理 14.12

$L^p(X)$ は線型空間である．

$f, g \in L^p(X)$ のとき $f + g \in L^p(X)$ となることは不等式

$$|f(x) + g(x)|^p \leqq 2^{p-1}(|f(x)|^p + |g(x)|^p) \tag{14.13}$$

の両辺を積分して得られる不等式

$$\int_X |f(x) + g(x)|^p dx \leqq 2^{p-1} \left(\int_X |f(x)|^p dx + \int_X |g(x)|^p dx \right)$$

からわかります．$L^p(X)$ がスカラー倍に関して閉じていることは明らかです．

問 14.4　$a \geqq 0,\ b \geqq 0$ のとき $(a + b)^p \leqq 2^{p-1}(a^p + b^p)$ であることを証明せよ．

定義 14.13

$f \in L^p(X)$ に対して

$$\|f\|_p = \left(\int_X |f(x)|^p dx \right)^{\frac{1}{p}}$$

とおく．

次の定理から，$\|f\|_p$ を f の **$L^p(X)$ ノルム**ということができます．

定理 14.14

$\|\cdot\|_p$ はノルムの条件（定理 14.6′ 参照）を満たす．すなわち，$f,g \in L^p(X)$，$\alpha \in \mathbb{C}$ に対して次が成り立つ：

(i) $0 \leqq \|f\|_p < \infty$ であり，$\|f\|_p = 0$ と $f = 0$ は同値．

(ii) $\|\alpha f\|_p = |\alpha|\,\|f\|_p$.

(iii) $\|f + g\|_p \leqq \|f\|_p + \|g\|_p$　　（ミンコフスキの不等式）．

$p = 1$ の場合は，すでに $L^1(X)$ に対して証明済みですから，$p > 1$ とします．2 つの補題を準備します．p, q は $1/p + 1/q = 1$ を満たすとき，互いに双対的である，または共役指数であるといいます．以下，q は p と双対的な実数とします．

補題 14.15（ヤングの不等式）

$a \geqq 0$, $b \geqq 0$ のとき

$$ab \leqq \frac{a^p}{p} + \frac{b^q}{q}$$

が成り立つ．

【補題 14.15 の証明】　$ab = 0$ のときは明らかに成り立つので，$a > 0$, $b > 0$ とする．指数関数 $y = e^x$ のグラフは下に凸だから，任意の実数 u, v, $0 \leqq s \leqq 1$ に対して

$$e^{su+(1-s)v} \leqq se^u + (1-s)e^v$$

が成り立つ．これは，図 14.1 を見れば明らかである（証明も容易）．

$s = 1/p$ とすると $1 - s = 1/q$ となり，$u = p\log a$, $v = q\log b$ とおくとヤングの不等式が得られる．　　　　　　　　　　　　　　　　（補題の証明終）

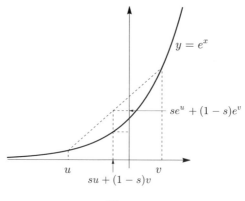

図 **14.1**

> **補題 14.16（ヘルダーの不等式）**
>
> $f \in L^p(X)$, $g \in L^q(X)$ とすると，これらの積 fg は可積分であり，
>
> $$\int_X |f(x)g(x)|dx \leqq \left(\int_X |f(x)|^p dx\right)^{\frac{1}{p}} \left(\int_X |g(x)|^q dx\right)^{\frac{1}{q}} \quad (14.14)$$
>
> が成り立つ．この不等式は
>
> $$\|fg\|_1 \leqq \|f\|_p\|g\|_q \quad (14.15)$$
>
> と書くことができる．

【補題 14.16 の証明】 $\|f\|_p\|g\|_q = 0$ のとき $f(x) = 0$ a.e. または $g(x) = 0$ a.e. であるから (14.14) は成り立つ．したがって $\|f\|_p\|g\|_q \neq 0$ のときに証明すればよい．(14.15) は両辺を $\|f\|_p\|g\|_q$ で割った不等式

$$\int_X \frac{|f(x)|}{\|f\|_p} \frac{|g(x)|}{\|g\|_q} dx \leqq 1$$

と同値であり $\dfrac{f(x)}{\|f\|_p}$, $\dfrac{g(x)}{\|g\|_q}$ を改めてそれぞれ $f(x)$, $g(x)$ と思えば，$\|f\|_p = \|g\|_q = 1$ のときに

$$\int_X |f(x)g(x)|dx \leqq 1 \quad (14.16)$$

を証明すればよい．ヤングの不等式より

$$|f(x)g(x)| \leqq \frac{|f(x)|^p}{p} + \frac{|g(x)|^q}{q}$$

である．両辺を積分すると積分の線型性より

$$\int_X |f(x)g(x)|dx \leqq \int_X \frac{|f(x)|^p}{p}dx + \int_X \frac{|g(x)|^q}{q}dx$$
$$= \frac{1}{p} + \frac{1}{q} = 1,$$

すなわち，(14.16) が得られた．　　　　　　　　　　　　　（補題の証明終）

【定理 14.14 の証明】　(i), (ii) は明らかに成り立つので，(iii) を示す．

$$\int_X |f(x) + g(x)|^p dx = \int_X |f(x) + g(x)|\,|f(x) + g(x)|^{p-1}dx$$

$$\leqq \int_X |f(x)||f(x) + g(x)|^{p-1}dx + \int_X |g(x)||f(x) + g(x)|^{p-1}dx$$

と評価できる．ここで $(p-1)q = p$ に注意してヘルダーの不等式を用いると

$$\int_X |f(x)||f(x)+g(x)|^{p-1}dx \leqq \left(\int_X |f(x)|^p dx\right)^{\frac{1}{p}}\left(\int_X |f(x) + g(x)|^p dx\right)^{\frac{1}{q}},$$

$$\int_X |g(x)||f(x)+g(x)|^{p-1}dx \leqq \left(\int_X |g(x)|^p dx\right)^{\frac{1}{p}}\left(\int_X |f(x) + g(x)|^p dx\right)^{\frac{1}{q}}.$$

これら 3 つの不等式を併せると不等式

$$\|f + g\|_p^p \leqq (\|f\|_p + \|g\|_p)\|f + g\|_p^{p-1}$$

を得る．$\|f + g\|_p = 0$ ならば (iii) は自明である．$\|f + g\|_p > 0$ のときは，上
の不等式を $\|f + g\|_p^{p-1}$ で割ると (iii) が得られる．　　　（定理の証明終）

　$L^p(X)$ にノルム $\|\cdot\|_p$ が導入されるので，$L^1(X)$ と同様，$L^p(X)$ にも距離
d_p を

$$d_p(f, g) = \|f - g\|_p \quad (f, g \in L^p(X))$$

により定義することができます.この距離に関して $L^p(X)$ は完備距離空間となることが知られています.特に測度空間として計数測度をもつ自然数全体の集合 $\mathbb{N}$ 考えると,通常,ℓ^p と書かれる p 乗総和可能な数列の空間が得られます.

また,$p = 2$ の場合,すなわち $L^2(X)$ は応用上も重要な空間であることが知られています.ヘルダーの不等式において,$p = q = 1/2$ として得られる不等式

$$\|fg\|_1 \leqq \|f\|_2 \|g\|_2$$

はコーシー・シュワルツの不等式とよばれ,リーマン積分でも学習する重要な不等式です.計数測度を考えると,ℓ^2 に属する数列に対するコーシー・シュワルツの不等式

$$\sum_{k=1}^{\infty} |a_k b_k| \leqq \left(\sum_{k=1}^{\infty} |a_k|^2 \right)^{1/2} \left(\sum_{k=1}^{\infty} |b_k|^2 \right)^{1/2}$$

が統一的に得られることもわかります.ヘルダーの不等式も同様に離散版が得られます.

問 14.5 $m(X) < \infty$ のとき,$1 < q < p$ ならば,$L^p(X) \subset L^q(X)$ であることを証明せよ.

第 15 章
実数空間におけるルベーグ測度と
フビニの定理

　前章までは抽象的な測度空間での積分を考えました．最終章は実数空間に限定して話を進めます．リーマン可積分な関数の積分は，ルベーグ積分と一致することを 1 次元の場合に確認したあと，高次元のルベーグ積分が累次積分で計算可能であることを見ます（フビニの定理）．これらを併せると，$\mathbb{R}^n$ における多くの関数のルベーグ積分が，リーマン積分の繰り返しで計算可能となることがわかります．

15.1　実数空間におけるルベーグ積分

　本講義の前半では 2 次元実数空間 $\mathbb{R}^2$ におけるルベーグ測度を中心に学びました．ルベーグ測度は §7.4 で見たように n 次元実数空間 $\mathbb{R}^n$ においてもまったく同様に定義されます．この測度（n 次元ルベーグ測度）m_n は完全加法性をもちます．したがって X を $\mathbb{R}^n$，$\mathfrak{B}$ を $\mathbb{R}^n$ におけるルベーグ可測集合全体（これを $\mathfrak{M}$ とする），m を m_n と読み替えると $(\mathbb{R}^n, \mathfrak{M}, m_n)$ は測度空間となります．したがって，これまでに展開した測度空間における積分論は，当然のことながらこの測度空間にも適用できます．例えば $\mathbb{R}^n$ 上の可積分関数 $f(x)$ および $E \in \mathfrak{M}$ に対して

$$\int_E f(x)dx \tag{15.1}$$

はすでに定義されていることになります．通常，この積分のことを f の E 上の

ルベーグ積分といいます．また，$\mathbb{R}^n$ においてもジョルダン可測集合はルベーグ可測集合となり，ジョルダン可測集合のジョルダン測度とルベーグ測度は一致します．このことの帰結として，$\mathbb{R}^n$ の有界 n 閉方体 I 上で定義されたリーマン積分可能な関数 f はルベーグ可積分であり，この閉方体上での f のリーマン積分とルベーグ積分は一致します．この事実により，さまざまな関数のルベーグ積分の値がリーマン積分で計算可能となります．これは，ある意味当然のことです．リーマン積分の拡張を考えているのですから，リーマン積分可能な場合にはルベーグ積分でも結果は同じになるべきです．したがって，積分の記法に関してリーマン積分とルベーグ積分を特に区別する必要はありません．第 2 章では，説明上，1 次元のリーマン積分を

$$\mathscr{R} \int_a^b f(x)dx$$

と書くことにしました（(2.14) 参照）．一般の次元でも，ルベーグ積分と区別する場合は，類似の記法を用いて，I 上でのリーマン積分を

$$\mathscr{R} \int_I f(x)dx$$

と書きます．積分の記法 (15.1) は，もちろん通常のリーマン積分で用いられているものに由来しています．リーマン積分において dx は「体積要素」という意味合いがありました．n 次元実数空間 $\mathbb{R}^n$ では通常座標 $x = (x_1, x_2, \ldots, x_n)$ を用いますから，この場合は

$$dx = dx_1 dx_2 \cdots dx_n$$

などと書かれることがあります．これに対してルベーグ積分 (15.1) における dx，あるいは一般の測度空間における積分（定義 11.9, p. 143）で用いた dx には，もはや「体積要素」という意味は無く，形式的にリーマン積分の記法を援用しているだけです．そもそも一般の測度空間では，座標すらあるとは限りません．$\mathbb{R}^n$ でルベーグ積分を考える場合でも，定義には「体積要素」的な考え方は使わず，一般的な測度空間での積分の特別な場合として理解します．このような違いを認識してしっかり区別することは理論を理解する上で大切です．

上でも述べたように，有界 n 閉方体上で定義されたリーマン可積分関数の I 上でのリーマン積分とルベーグ積分の値は一致します．1次元実数値関数の場合に限定して，このことを証明しておきましょう．

定理 15.1

　有界閉区間 $I = [a, b]$ で定義された有界関数 $f(x)$ が I 上リーマン可積分であれば，$f(x)$ は I 上ルベーグ可積分であり

$$\mathscr{R}\int_a^b f(x)dx = \int_I f(x)dx \tag{15.2}$$

が成り立つ．

【証明】 §2.3 で与えたリーマン積分の定義に従う．I の分割 D は区間の集合として与えられた：

$$D = \{I_j \,|\, j = 0, 1, 2, \ldots, p-1\},$$

$$I_j = [a_j, a_{j+1})\ (j = 0, 1, 2, \ldots, p-2), \quad I_{p-1} = [a_{p-1}, a_p].$$

ただし，有限数列 $\{a_j\}\ (j = 0, 1, 2, \ldots, p)$ は

$$a = a_0 < a_1 < a_2 < \cdots < a_{p-1} < a_p = b$$

を満たす．

$$\delta(D) = \max\{|a_{j+1} - a_j| \,|\, j = 0, 1, 2, \ldots, p-1\},$$

$$m_j = \inf\{f(x) \,|\, x \in I_j\}, \quad M_j = \sup\{f(x) \,|\, x \in I_j\} \quad (j = 0, 1, 2, \ldots, p-1)$$

$$\ell(f, D) = \sum_{j=0}^{p-1} m_j \cdot (a_{j+1} - a_j), \quad u(f, D) = \sum_{j=0}^{p-1} M_j \cdot (a_{j+1} - a_j)$$

とおく．f が I 上リーマン可積分であるとは，

$$\sup\{\ell(f, D) \,|\, D \text{ は } I \text{ の分割}\} = \inf\{u(f, D) \,|\, D \text{ は } I \text{ の分割}\}$$

が成り立つことであり，この共通の値が $\mathscr{R}\displaystyle\int_a^b f(x)dx$ であった．

次の記号を用意する：

$$\varphi(x, D) = \sum_{j=0}^{p-1} m_j \chi(x; I_j), \quad \psi(x, D) = \sum_{j=0}^{p-1} M_j \chi(x; I_j)$$

とおく．ただし，$\chi(x; I_j)$ は区間 I_j の特性関数（定義 11.1，p. 134）である．これらはともに $\mathbb{R}$ 上の単関数であり，$\varphi(x, D) \leqq f(x) \leqq \psi(x, D)$ が成り立つ．

さて，ダルブーの定理（解析学の教科書を参照）によれば，I の分割の列 $\{D_k\}$ を $k \to \infty$ のとき $\delta(D_k) \to 0$ となるようにとれば

$$\lim_{k \to \infty} \ell(f, D_k) = \lim_{k \to \infty} u(f, D_k) = \mathscr{R} \int_a^b f(x) dx \tag{15.3}$$

となる．ルベーグ積分とリーマン積分を結び付けるために，各 k に対して D_{k+1} が D_k の細分になっているように分割の列 $\{D_k\}$ を選ぶ．ただし，D_{k+1} が D_k の細分であるとは，任意の $J \in D_{k+1}$ に対して $J' \in D_k$ で $J \subset J'$ となるものが存在することをいう．このように D_k を選ぶことは可能である．例えば，I を 2^k 等分する点列に区間の端点を併せて a_j $(j = 0, 1, \ldots, 2^k)$ とすればよい．このとき，

$$\varphi_k(x) = \varphi(x, D_k), \quad \psi_k(x) = \psi(x, D_k) \tag{15.4}$$

とおくと各 $x \in I$ に対して $\{\varphi_k(x)\}$ は単調増加，$\{\psi_k(x)\}$ は単調減少な単関数列であり，

$$\varphi_1(x) \leqq \varphi_2(x) \leqq \cdots \leqq f(x) \leqq \cdots \leqq \psi_2(x) \leqq \psi_1(x)$$

が成り立つ．

$$\varphi(x) = \lim_{k \to \infty} \varphi_k(x), \quad \psi(x) = \lim_{k \to \infty} \psi_k(x)$$

とおくと $\varphi(x), \psi(x)$ はルベーグ可測，すなわち $\mathfrak{M}$-可測である．各 k に対して $\varphi_k(x) \leqq f(x) \leqq \psi_k(x)$ であるから，$k \to \infty$ として $\varphi(x) \leqq f(x) \leqq \psi(x)$ が成り立つ．$F(x) = \max\{|\psi_1(x)|, |\varphi_1(x)|\}$ とおくと，$\psi_1(x), \varphi_1(x)$ はルベーグ可積分であるから，$F(x)$ はルベーグ可積分であり，$|\varphi_k(x)| \leqq F(x)$，$|\psi_k(x)| \leqq F(x)$ であるから，ルベーグの収束定理により

$$\int_I \varphi(x) dx = \lim_{k \to \infty} \int_I \varphi_k(x) dx, \quad \int_I \psi(x) dx = \lim_{k \to \infty} \int_I \psi_k(x) dx \tag{15.5}$$

である．単関数の積分の定義から

$$\int_I \varphi_k(x)dx = \ell(f, D_k), \quad \int_I \psi_k(x)dx = u(f, D_k)$$

であるので，(15.3) および (15.5) より

$$\int_I \varphi(x)dx = \int_I \psi(x)dx = \mathscr{R}\int_a^b f(x)dx \qquad (15.6)$$

である．(15.6) の第 1 の等式より

$$\int_I (\psi(x) - \varphi(x))dx = 0$$

となるが，$\psi(x) - \varphi(x) \geqq 0$ であるから定理 14.2 より $\varphi(x) = \psi(x)$ a.e. I であることがわかる．したがって

$$\varphi(x) = f(x) = \psi(x) \quad \text{a.e. } I$$

が得られる．よって $f(x)$ は I 上ルベーグ可積分であり，(15.5) および (15.6) から

$$\int_I f(x)dx = \mathscr{R}\int_a^b f(x)dx$$

が証明された． (証明終)

問 15.1 (15.4) で定められた $\varphi_k(x)$ について，各 $x \in I$ に対して

$$\varphi_k(x) \leqq \varphi_{k+1}(x) \quad (k = 1, 2, 3, \dots)$$

であることを証明せよ．

ルベーグ積分は，リーマン積分（広義積分は除く）の真の拡張ですから，当然のことながらリーマン積分可能でなく，かつルベーグ可積分な関数は無数に存在します．例えば 1 次元 $(n = 1)$ のとき，

$$f(x) = \begin{cases} 1 & (x \in \mathbb{Q}), \\ 0 & (x \notin \mathbb{Q}) \end{cases}$$

で定まる関数を考えます．これはディリクレ関数とよばれています．この関数は任意の有界閉区間上リーマン積分不可能ですが，可測関数であり任意の可測集合 $E \subset \mathbb{R}$ に対して f は E 上可積分で

$$\int_E f(x)dx = 0$$

となります．これは $\mathbb{Q}$ が零集合であることからわかります．連続関数にディリクレ関数を加えると，リーマン積分不可能でかつルベーグ積分可能な関数を無数に作れます．

問15.2　(1) $x \in \mathbb{R}$ のとき，次の極限値を求めよ．

$$\lim_{n \to \infty} \lim_{k \to \infty} \{\cos(n!\pi x)\}^{2k}$$

(2) $\displaystyle \lim_{n \to \infty} \lim_{k \to \infty} \int_0^1 \{\cos(n!\pi x)\}^{2k}dx$ の値を求めよ．

15.2　フビニの定理

　本書の最後を締めくくる話題として，フビニの定理を学びます．この定理は抽象的な測度空間においても定式化可能ですが，ここでは実数空間に限定して議論します．

　まず，記号の準備をします．n_1, n_2 を自然数とし $n = n_1 + n_2$ とおきます．3つの記号 X_1, X_2, X は，それぞれ集合 $X_1 = \mathbb{R}^{n_1}$, $X_2 = \mathbb{R}^{n_2}$, $X = X_1 \times X_2$ を表すことと約束します．ここで「$\times$」は集合の直積をとる記号です．したがって X は $\mathbb{R}^n$ と同一視できます．X_1, X_2, X の点を，それぞれ x_1, x_2, x で表します．$x = (x_1, x_2)$ と書き表すことができます．

　k 次元実数空間 $\mathbb{R}^k$ におけるルベーグ測度を m_k と書きます．以下では次元をいちいち書かずに区別するために $m_{n_1} = m'$, $m_{n_2} = m''$, $m_n = m$ と書くことにします．同様に，X_1, X_2, X におけるルベーグ可測集合全体のなすボレル集合体をそれぞれ $\mathfrak{M}', \mathfrak{M}'', \mathfrak{M}$ と書きます．このとき，3つの測度空間

$$(X, \mathfrak{M}, m), \quad (X_1, \mathfrak{M}', m'), \quad (X_2, \mathfrak{M}'', m'')$$

が得られます. X_1, X_2, X それぞれの集合において, ある命題が「ほとんど至るところで成り立つ」という主張が考えられます. この意味は考えている空間の次元によって異なることに注意します. 例えば X 上の関数 $f(x_1, x_2)$ に対して「$f(x_1, x_2) = 0$ a.e. $x_1 \in X_1$」と書くと, 与えられた $x_2 \in X_2$ に対して $m'(\{x_1 \in X_1 \mid f(x_1, x_2) \neq 0\}) = 0$ が成り立つことを意味します.

定義 15.2

　X 上の非負値ルベーグ可測関数 $f(x_1, x_2)$ がフビニ条件を満たすとは, 次の (i)〜(iv) が成り立つことをいう.

(i) a.e. $x_1 \in X_1$ に対して $f(x_1, x_2)$ は x_2 の関数としてルベーグ可測である.

(ii) a.e. $x_2 \in X_2$ に対して $f(x_1, x_2)$ は x_1 の関数としてルベーグ可測である.

(iii) $\displaystyle\int_{X_2} f(x_1, x_2)dx_2$, $\displaystyle\int_{X_1} f(x_1, x_2)dx_1$ はそれぞれ x_1 の関数として, および x_2 の関数としてルベーグ可測である.

(iv) 等式
$$\int_{X_1}\left(\int_{X_2} f(x_1, x_2)dx_2\right)dx_1 = \int_{X_2}\left(\int_{X_1} f(x_1, x_2)dx_1\right)dx_2$$
$$= \int_X f(x)dx \ (\leq \infty)$$
が成り立つ.

特別な場合から一般的な非負値可測関数まで, 一歩ずつ順にフビニ条件が成り立つことをチェックしていきます. そのための準備から始めます.

補題 15.3

(i) X 上の 2 つの非負値ルベーグ可測関数 $f(x_1, x_2)$, $g(x_1, x_2)$ がともにフビニ条件を満たすならば, $f(x_1, x_2) + g(x_1, x_2)$ もフビニ条件を満たす. さらに, X 上 $f(x_1, x_2) \geqq g(x_1, x_2)$ であり,

> $|f(x_1, x_2)| < \infty$ かつ $g(x_1, x_2)$ がルベーグ可積分であるならば，$f(x_1, x_2) - g(x_1, x_2)$ もフビニ条件を満たす.
>
> (ii) X 上の非負値ルベーグ可測関数列 $\{f_j(x_1, x_2)\}$ $(j = 1, 2, 3, \dots)$ がフビニ条件を満たし，各 (x_1, x_2) に対して j について単調増加であるならば，この関数列の極限で定義される関数
>
> $$f(x_1, x_2) = \lim_{j \to \infty} f_j(x_1, x_2)$$
>
> もまたフビニ条件を満たす.

　この補題は定理 12.2, 12.4 および，命題が「ほとんど至るところで成り立つ」ことの定義と可測関数列の極限関数の可測性から導かれます. ほぼ明らかなことですが，丁寧に記述すると紙数を要するので略します.

補題 15.4

　I を X の半開 n 方体とする. X_1 の半開 n' 方体 I' および X_2 の半開 n'' 方体 I'' を用いて $I = I' \times I''$ と書く. このとき，I の特性関数 $\chi(x_1, x_2; I) = \chi(x_1; I')\chi(x_2; I'')$ はフビニ条件を満たす.

【証明】　フビニ条件の (i), (ii) が成り立つことは明らか. 特性関数は単関数であるから，

$$\int_{X_2} \chi(x_1, x_2; I)dx_2 = \chi(x_1; I') \int_{X_2} \chi(x_2; I'')dx_2 = m''(I'')\chi(x_1; I'),$$

$$(15.7)$$

$$\int_{X_1} \chi(x_1, x_2; I)dx_1 = \int_{X_1} \chi(x_1; I')dx_1 \, \chi(x_2; I'') = m'(I')\chi(x_2; I'')$$

$$(15.8)$$

となり，(15.7) は x_1 の関数として，(15.8) は x_2 の関数として，それぞれルベーグ可測である. すなわち，(iii) が成り立つ. (iv) を示すために，まず

$$\int_X \chi(x;I)dx = m(I) = m'(I')\,m''(I'')$$

に注意する．(15.7), (15.8) より

$$\int_{X_1} \left(\int_{X_2} \chi(x_1,x_2;I)dx_2 \right) dx_1 = m''(I'') \int_{X_1} \chi(x_1;I')dx_1 = m'(I')m''(I''),$$

$$\int_{X_2} \left(\int_{X_1} \chi(x_1,x_2;I)dx_1 \right) dx_2 = m'(I') \int_{X_2} \chi(x_2;I'')dx_2 = m'(I')m''(I'').$$

これらの式から (iv) が得られる． (証明終)

次の補題は G_δ 集合に関するものです．G_δ 集合の定義は 2 次元の場合に §7.2 (p.84) で与えましたが，一般の次元でも同様です．すなわち，$G \subset X = \mathbb{R}^n$ が G_δ 集合であるとは，可算個の開集合列 $G_1, G_2, \ldots \subset X$ が存在して

$$G = \bigcap_{j=1}^{\infty} G_j$$

と書けることをいいます．同様に n 次元で F_σ 集合の概念も定義されます．さらには，等測核や等測包（p.85 参照）も n 次元で考えられます．次元を読み替えるだけなので改めて定義は与えません．各自で補ってください．

補題 15.5

任意の G_δ 集合 $G \subset X$ に対して $\chi(x;G)$ はフビニ条件を満たす．

【証明】 G が開集合であるとき，G は互いに交わらない可算個の半開 n 方体 I_j $(j = 1, 2, 3, \ldots)$ の和集合で書ける（$n = 2$ の場合に定理 5.6 で述べたが，一般次元でも同じことが成り立つ．証明は 2 次元の場合を自然に拡張すればよい）．そこで

$$f_k(x) = \sum_{j=1}^{k} \chi(x;I_j)$$

とおく．補題 15.3 (i), 15.4 により，$f_k(x)$ はフビニ条件を満たし，k について

単調増加で $\displaystyle\lim_{k\to\infty} f_k(x) = \chi(x; G)$ であるから，補題 15.3 (ii) より $\chi(x; G)$ も
フビニ条件を満たす.

　次に，G が有界な G_δ 集合である場合を考える．可算個の有界開集合の減少
列 $G_1 \supset G_2 \supset \cdots$ が存在して

$$G = \bigcap_{j=1}^{\infty} G_j$$

と書ける．このとき，$g_k(x) = \chi(x; G_1) - \chi(x; G_k)$ $(k = 2, 3, 4, \ldots)$ とおくと
$g_k(x)$ は非負値可測関数である．また，関数列 $\{g_k\}$ は各 $x \in X$ に対して k に
ついて単調増加であり

$$\lim_{k\to\infty} g_k(x) = \chi(x; G_1) - \chi(x; G)$$

が成り立つ．補題 15.3 (i) により各 $g_k(x)$ はフビニ条件を満たしている．した
がって補題 15.3 (ii) より，$\chi(x; G_1) - \chi(x; G)$ はフビニ条件を満たす．$\chi(x; G_1)$
はフビニ条件を満たすから，再び補題 15.3 (i) より $\chi(x; G)$ はフビニ条件を満
たす.

　G が有界でない場合は $N = 1, 2, 3, \ldots$ に対して

$$G^{(N)} = G \cap \{ x \in X \mid |x| < N \}$$

とおく．ただし，$|x|$ は $x \in \mathbb{R}^n$ の各成分の絶対値の最大値を表す．これは有界
な G_δ 集合であり $\chi(x; G^{(N)})$ はフビニ条件を満たす．また，$\left\{\chi(x; G^{(N)})\right\}$ は
N について増加列であり

$$\lim_{N\to\infty} \chi(x; G^{(N)}) = \chi(x; G)$$

である．したがって補題 15.3 (ii) より $\chi(x; G)$ はフビニ条件を満たす.

（証明終）

補題 15.6

　$A \in \mathfrak{M}$ が $m(A) = 0$ を満たすとする．このとき，$\chi(x; A)$ はフビニ
条件を満たす.

【証明】 積分の定義より

$$\int_X \chi(x;A)dx = m(A) = 0$$

である．G を A の等測包とすると，補題 15.5 より G_δ 集合に対しては $\chi(x;G)$ がフビニ条件を満たすので

$$0 = \int_X \chi(x;G)dx = \int_{X_1}\left(\int_{X_2}\chi(x_1,x_2;G)dx_2\right)dx_1$$

が成り立つ．この式の最右辺の x_2 の積分で定まる関数を $F(x_1)$ とおく．すなわち，

$$F(x_1) = \int_{X_2}\chi(x_1,x_2;G)dx_2$$

とおくと，この関数は非負値ルベーグ可測関数で，その積分が 0 となるので，定理 14.2 より $F(x_1) = 0$ a.e. $x_1 \in X_1$ である．また，$x_1 \in X_1$ が $F(x_1) = 0$ を満たせば $\chi(x_1,x_2;G) = 0$ a.e. $x_2 \in X_2$ であり，$A \subset G$ であるから $\chi(x_1,x_2;A) = 0$ a.e. $x_2 \in X_2$ となる．したがって a.e. $x_1 \in X_1$ に対して $\chi(x_1,x_2;A)$ は x_2 の関数としてルベーグ可測関数である．X_1 と X_2 を入れ替えて考えると，同様に a.e. $x_2 \in X_2$ に対して $\chi(x_1,x_2;A)$ は x_1 の関数としてルベーグ可測である．さて，a.e. $x_1 \in X_1$ に対して

$$0 = F(x_1) \geqq \int_{X_2}\chi(x_1,x_2;A)dx_2 \geqq 0$$

ゆえ $\int_{X_2}\chi(x_1,x_2;A)dx_2 = 0$ である．したがって $\int_{X_2}\chi(x_1,x_2;A)dx_2$ は x_1 の関数としてルベーグ可測であり，

$$\int_{X_1}\left(\int_{X_2}\chi(x_1,x_2;A)dx_2\right)dx_1 = 0 = \int_X \chi(x;A)dx$$

となる．X_1 と X_2 を入れ替えると残りの主張も得られる． （証明終）

ここまで来るとあと一歩です．任意の $E \in \mathfrak{M}$ は，その等測包 G とある零集合 A により

$$E = G - A$$

と表されます．したがって $\chi(x; E) = \chi(x; G) - \chi(x; A)$ と書けるので補題 15.3, 15.5, 15.6 により $\chi(x; E)$ はフビニ条件を満たします．すなわち，

補題 15.7

任意の $E \in \mathfrak{M}$ に対して $\chi(x; E)$ はフビニ条件を満たす．

この補題により，任意の非負値単関数はフビニ条件を満たすことがわかります．任意の非負値可測関数は非負値単関数の単調増加列の極限として表すことができた（定理 11.12, p.146）ので，非負値ルベーグ可測関数はフビニ条件を満たすことがわかりました．すなわち，

定理 15.8

X 上の任意の非負値ルベーグ可測関数 $f(x_1, x_2)$ はフビニ条件を満たす．

複素数値の場合も同じような形の定理が成り立ちます．ここでは「フビニ条件」という語は使わずに使いやすい形にまとめておきましょう．

定理 15.9（フビニの定理）

$f(x_1, x_2)$ を $X = X_1 \times X_2$ 上の複素数値ルベーグ可測関数とする．

$$\int_{X_1} \left(\int_{X_2} |f(x_1, x_2)| dx_2 \right) dx_1, \int_{X_2} \left(\int_{X_1} |f(x_1, x_2)| dx_1 \right) dx_2, \int_X |f(x)| dx$$

のいずれか 1 つが有限の値をもてば，残りの 2 つも有限な値をもち，これら 3 つの値は等しい．さらにこのとき，

- a.e. $x_1 \in X_1$ に対して $f(x_1, x_2)$ は x_2 の関数としてルベーグ可積分である．
- a.e. $x_2 \in X_2$ に対して $f(x_1, x_2)$ は x_1 の関数としてルベーグ可積分である．

また,

$$\int_{X_2} f(x_1, x_2)dx_2, \quad \int_{X_1} f(x_1, x_2)dx_1$$

はそれぞれ x_1 の関数として,および x_2 の関数としてルベーグ可積分であり

$$\int_{X_1} \left(\int_{X_2} f(x_1, x_2)dx_2 \right) dx_1 = \int_{X_2} \left(\int_{X_1} f(x_1, x_2)dx_1 \right) dx_2$$
$$= \int_X f(x)dx$$

が成り立つ.

【証明】 f が実数値の場合は分解 $f = f^+ - f^-$ を用いると f^+, f^- それぞれについてはフビニ条件が成り立つ.また $|f| = f^+ + f^-$ に注意すると定理の主張が成り立つことがわかる. f が複素数値の場合は, f を実部と虚部に分けて考えると,実数値の場合に帰着する. (証明終)

最後にフビニの定理の応用として,カヴァリエリの原理ともよばれる次の定理を紹介します.

定理 15.10

$E \in \mathfrak{M}$ および $s \in X_1$, $t \in X_2$ に対して

$$E_s'' = \{ x_2 \in X_2 \,|\, (s, x_2) \in E \},$$
$$E_t' = \{ x_1 \in X_1 \,|\, (x_1, t) \in E \}$$

とおく.このとき,a.e. $s \in X_1$ に対して $E_s'' \in \mathfrak{M}''$ であり,また,a.e. $t \in X_2$ に対して $E_t' \in \mathfrak{M}'$ である.さらに, $m''(E_s'')$ および $m'(E_t')$ はそれぞれ s の関数および t の関数としてルベーグ可測であり

$$\int_{X_1} m''(E_s'')ds = \int_{X_2} m'(E_t')dt = m(E) \qquad (15.9)$$

が成り立つ.

【証明】　$(s,t) \in X_1 \times X_2 = X$ に対して $f(s,t) = \chi(s,t;E)$ とおくと f はルベーグ可測関数である．したがってフビニの定理から，a.e. $s \in X_1$ に対して $f(s,t)$ は t の関数としてルベーグ可測である．特性関数の定義から

$$E_s'' = \{\, x_2 \in X_2 \mid f(s,x_2) > 0 \,\} \tag{15.10}$$

と書けるので，a.e. $s \in X_1$ に対して $E_s'' \in \mathfrak{M}''$ となる．同様に，a.e. $t \in X_2$ に対して $E_t' \in \mathfrak{M}'$ である．(s,t) を改めて $x = (x_1, x_2)$ と書くと

$$\int_X f(x)dx = m(E)$$

であり，$x_1 \in X_1$ に対して

$$\int_{X_2} f(x_1, x_2)dx_2 = m''(E_{x_1}''),$$

また，$x_2 \in X_2$ に対して

$$\int_{X_1} f(x_1, x_2)dx_1 = m'(E_{x_2}')$$

であるから，再びフビニの定理により (15.9) が得られる．　　　　　（証明終）

問 15.3　原点中心，半径 $r > 0$ の 4 次元球

$$B_4(r) = \{(x_1, x_2, x_3, x_4) \in \mathbb{R}^4 \mid x_1{}^2 + x_2{}^2 + x_3{}^2 + x_4{}^2 \leqq r^2\}$$

の 4 次元ルベーグ測度を求めよ．ただし，3 次元球

$$B_3(r) = \{(x_1, x_2, x_3) \in \mathbb{R}^3 \mid x_1{}^2 + x_2{}^2 + x_3{}^2 \leqq r^2\}$$

の 3 次元ルベーグ測度は，その 3 次元ジョルダン測度と一致して $\dfrac{4}{3}\pi r^3$ であることを用いてよい．また，積分の計算にはリーマン積分を用いてよい．

第1章

問 1.1 図 1.1, 1.2 の記号を用いる．$\triangle$AHC と $\triangle$BH$'$C は $\angle$C を共有する直角三角形ゆえ相似であるから $b : h = a : h'$ が成り立つ．よって $bh' = ah$ である．したがって $S = S'$ を得る．

問 1.2 四角形の面積を T とする．$T = \triangle$ABD $+ \triangle$BCD ゆえ

$$T = \frac{1}{2}ad\sin\alpha + \frac{1}{2}bc\sin\beta. \tag{$*$}$$

また，余弦定理を用いて BD^2 を 2 通りに表すと

$$a^2 + d^2 - 2ad\cos\alpha = b^2 + c^2 - 2\cos\beta.$$

したがって

$$a^2 + d^2 - b^2 - c^2 = 2(ad\cos\alpha - bc\cos\beta). \tag{$**$}$$

$(4 \times (*))^2 + (**)^2$ を作ると

$$
\begin{aligned}
16T^2 &+ (a^2 + d^2 - b^2 - c^2)^2 \\
&= 4((ad\sin\alpha + bc\sin\beta)^2 + (ad\cos\alpha - bc\cos\beta)^2) \\
&= 4(a^2d^2 + b^2c^2 - 2abcd(\cos\alpha\cos\beta - \sin\alpha\sin\beta)) \\
&= 4(a^2d^2 + b^2c^2 - 2abcd\cos(\alpha + \beta)).
\end{aligned}
$$

移項して変形：

$$16T^2 = (2(ad + bc))^2 - (a^2 + d^2 - b^2 - c^2)^2 - 8abcd(\cos(\alpha + \beta) + 1)$$

$$= ((a+d)^2 - (b-c)^2)((c+d)^2 - (a-b)^2) - 8abcd(\cos(\alpha+\beta)+1)$$

$$= (a+d-b+c)(a+d+b-c)(c+d-a+b)(c+d+a-b)$$

$$- 16abcd\cos^2\frac{\alpha+\beta}{2}.$$

ここで $2s = a+b+c+d$ とおくと

$$T^2 = (s-a)(s-b)(s-c)(s-d) - abcd\cos^2\frac{\alpha+\beta}{2}.$$

よって，$\gamma = \alpha+\beta$（対角の和）とおくと四角形の面積は辺の長さと γ で表すことができて，

$$\sqrt{(s-a)(s-b)(s-c)(s-d) - abcd\cos^2\frac{\gamma}{2}}$$

となる．右辺は $\gamma = \pi$，つまり四角形が円に内接するとき最大値

$$\sqrt{(s-a)(s-b)(s-c)(s-d)}$$

をとる（ブラーマグプタの公式）．

問 1.3 (1) $x \in S_1$ ならば $-3 < x < 3$（$x \in S_1$ であるための必要条件）ゆえ -3 は下界，3 は上界である．したがって S_1 は下に有界かつ上に有界である．さらに $\inf S_1 = -3$ となる．実際，$-3 < s$ とすると $t = \min\{(s-3)/2, -5/2\}$ とおくとき $t \in S_1$ かつ $-3 < t < s$ であり s は下界ではない．したがって -3 は最大の下界，すなわち S_1 の下限である．同様に $\sup S_1 = 3$ もわかる．

(2) $a_n = (-1)^n + \dfrac{(-1)^{n+1}}{n}$ とおくと，$a_{2n+1} = -1 + \dfrac{1}{2n+1}$, $a_{2n} = 1 - \dfrac{1}{2n}$ である $(n = 1, 2, 3, \dots)$．したがって $-1 < a_n < 1$ となるので -1 は下界，1 は上界である．ゆえに S_2 は下に有界かつ上に有界である．$s < 1$ とすると，$1 - s > 0$ ゆえ自然数 N を $\dfrac{1}{2(1-s)} < N$ と選べる．このとき $s < a_{2N} < 1$ であるから，s は S_2 の上界ではない．したがって 1 は最小の上界，すなわち S_2 の上限である．同様に $\inf S_2 = -1$ もわかる．

(3) $a_{n,m} = n + \dfrac{1}{m}$ とおくと $1 < a_{n,m}$ であるから 1 は S_3 の下界となる．一方，任意の $M > 0$ に対して $M < n$ となる自然数 n が存在するので，このような n に対して $M < a_{n,m}$ $(m = 1, 2, 3, \dots)$ となる．したがって S_3 は下に有界であるが，上に有界ではない．$1 < s$ とすると，自然数 N を $\dfrac{1}{s-1} < N$ が成り立つように選べる．このような N に対して $N \leqq m$ のとき $a_{1,m} < s$ となり，s は下界ではない．したがって 1 は最大の下界，すなわち $\inf S_3 = 1$ である．

問 1.4　「$x_1^2 + x_2^2 < 1$ かつ $(x_1 - 1)^2 + x_2^2 < 1$ ならば $(x_1 - 1/2)^2 + x_2^2 < 3/4$」を示せばよいが，はじめの 2 つの不等式を辺々加えると第 3 の不等式となる（図を描いて，図から明らか，としても証明とはいえない）．

問 1.5　$A \subset B$ である．
（証明）命題「$(x_1, x_2, x_3) \in A$ ならば $(x_1, x_2, x_3) \in B$」が成り立つことを示せばよい．$(x_1, x_2, x_3) \in A$ とすると，A の定義より

$$x_1^2 + x_2^2 + x_3^2 \leqq 1$$

である．コーシー・シュワルツの不等式

$$|ax + by + cz| \leqq \sqrt{a^2 + b^2 + c^2}\sqrt{x^2 + y^2 + z^2}$$

において，$a = 1, b = 2/3, c = 1/2, x = x_1, y = x_2, z = x_3$ とすると

$$\left| x_1 + \frac{2}{3}x_2 + \frac{1}{2}x_3 \right| \leqq \sqrt{1 + \frac{4}{9} + \frac{1}{4}}\sqrt{x_1^2 + x_2^2 + x_3^2} \leqq \frac{\sqrt{61}}{6}$$

である．これより，

$$\left(x_1 - \frac{1}{2} \right)^2 + \left(x_2 - \frac{1}{3} \right)^2 + \left(x_3 - \frac{1}{4} \right)^2$$
$$= x_1^2 + x_2^2 + x_3^2 - \left(x_1 + \frac{2}{3}x_2 + \frac{1}{2}x_3 \right) + \frac{1}{4} + \frac{1}{9} + \frac{1}{16}$$
$$\leqq 1 + \frac{\sqrt{61}}{6} + \frac{61}{144} = \left(1 + \frac{\sqrt{61}}{12} \right)^2 < \left(1 + \frac{8}{12} \right)^2 = \frac{25}{9}.$$

よって，$(x_1, x_2, x_3) \in B$ である．　　　　　　　　　　　　　　　（証明終）

問 1.6　$\displaystyle\bigcap_{n=1}^{\infty} A_n = \{(x_1, x_2) \in \mathbb{R}^2 \,|\, x_1^2 + x_2^2 \leqq 1\}$.
（証明）$A = \{(x_1, x_2) \,|\, x_1^2 + x_2^2 \leqq 1\}$ とおく．任意の $n \in \mathbb{N}$ に対して $A \subset A_n$ であるから $A \subset \displaystyle\bigcap_{n=1}^{\infty} A_n$ は明らか．したがって $A \supset \displaystyle\bigcap_{n=1}^{\infty} A_n$ を示せばよい．任意の n に対して $(x_1, x_2) \in A_n$ であるとすると，任意の n に対して

$$x_1^2 + x_2^2 \leqq \left(1 + \frac{1}{n} \right)^2$$

が成り立つので $n \to \infty$ とすると

$$x_1^2 + x_2^2 \leqq 1$$

である．したがって $(x_1, x_2) \in A$ となる．以上より

$$\bigcap_{n=1}^{\infty} A_n = \{(x_1, x_2) \in \mathbb{R}^2 \mid x_1^2 + x_2^2 \leqq 1\}$$

を得る． （証明終）

問 1.7 $\displaystyle\bigcap_{n=1}^{\infty} A_n = \{(x_1, x_2) \in \mathbb{R}^2 \mid x_1^2 + x_2^2 \leqq 1\}.$

（証明）$A = \{(x_1, x_2) \mid x_1^2 + x_2^2 \leqq 1\}$ とおく．任意の $n \in \mathbb{N}$ に対して $A \subset A_n$ である

から $A \subset \displaystyle\bigcap_{n=1}^{\infty} A_n$ は明らか．したがって $A \supset \displaystyle\bigcap_{n=1}^{\infty} A_n$ を示せばよい．任意の n に対し

て $(x_1, x_2) \in A_n$ であるとすると，任意の n に対して

$$x_1^2 + x_2^2 < \left(1 + \frac{1}{n}\right)^2$$

が成り立つので $n \to \infty$ とすると

$$x_1^2 + x_2^2 \leqq 1$$

である．したがって $(x_1, x_2) \in A$ となる．以上より

$$\bigcap_{n=1}^{\infty} A_n = \{(x_1, x_2) \in \mathbb{R}^2 \mid x_1^2 + x_2^2 \leqq 1\}$$

を得る． （証明終）

問 1.8 $\displaystyle\bigcup_{n=2}^{\infty} A_n = \{(x_1, x_2) \in \mathbb{R}^2 \mid x_1^2 + x_2^2 < 1\}.$

（証明）$A = \{(x_1, x_2) \in \mathbb{R}^2 \mid x_1^2 + x_2^2 < 1\}$ とおく．$n = 2, 3, 4, \ldots$ に対して

$A_n \subset A$ は明らかゆえ $\displaystyle\bigcup_{n=2}^{\infty} A_n \subset A$ である．したがって $\displaystyle\bigcup_{n=2}^{\infty} A_n \supset A$ を示せばよい．

$(x_1, x_2) \in A$ とすると $x_1^2 + x_2^2 < 1$ であるから $1 - \sqrt{x_1^2 + x_2^2} > 0$ となる．したがっ

て自然数 n_0 を

$$0 < \frac{1}{1 - \sqrt{x_1^2 + x_2^2}} < n_0$$

となるように選ぶことができる．この不等式の逆数をとると

$$1 - \sqrt{x_1^2 + x_2^2} > \frac{1}{n_0}$$

である．これより

$$x_1^2 + x_2^2 < \left(1 - \frac{1}{n_0}\right)^2$$

を得る．したがって $(x_1, x_2) \in A_{n_0}$ となる．よって

$$\bigcup_{n=2}^{\infty} A_n = \{(x_1, x_2) \in \mathbb{R}^2 \mid x_1^2 + x_2^2 < 1\}$$

を得る．　　　　　　　　　　　　　　　　　　　　　　　　　　　　（証明終）

問 1.9 $\displaystyle\bigcup_{n=2}^{\infty} A_n = \{(x_1, x_2) \in \mathbb{R}^2 \mid x_1^2 + x_2^2 < 1\}$.

（証明）$A = \{(x_1, x_2) \in \mathbb{R}^2 \mid x_1^2 + x_2^2 < 1\}$ とおく．$n = 2, 3, 4, \ldots$ に対して $A_n \subset A$ は明らかゆえ $\displaystyle\bigcup_{n=2}^{\infty} A_n \subset A$ である．したがって $\displaystyle\bigcup_{n=2}^{\infty} A_n \supset A$ を示せばよい．$(x_1, x_2) \in A$ とすると $x_1^2 + x_2^2 < 1$ であるから $1 - \sqrt{x_1^2 + x_2^2} > 0$ となる．したがって自然数 n_0 を

$$0 < \frac{1}{1 - \sqrt{x_1^2 + x_2^2}} \leqq n_0$$

となるように選ぶことができる．この不等式の逆数をとると

$$1 - \sqrt{x_1^2 + x_2^2} \geqq \frac{1}{n_0}$$

である．これより

$$x_1^2 + x_2^2 \leqq \left(1 - \frac{1}{n_0}\right)^2$$

を得る．したがって $(x_1, x_2) \in A_{n_0}$ となる．よって

$$\bigcup_{n=2}^{\infty} A_n = \{(x_1, x_2) \in \mathbb{R}^2 \mid x_1^2 + x_2^2 < 1\}$$

を得る．　　　　　　　　　　　　　　　　　　　　　　　　　　　　（証明終）

問 1.10 (2)⇒(1) は自明．(1)⇒(2) の証明：対偶を示す．$x \neq 0$ とすると $|x| > 0$ ゆえ $\varepsilon = |x|/2 > 0$ とおくと $\varepsilon \leqq |x|$ となる．したがって (1) は成り立たない．

問 1.11 (1)⇒(2) および (3)⇒(1) は自明ゆえ (2)⇒(3) のみ示せばよい．対偶を示す．(3) でない，すなわち，$x > y$ と仮定すると $x - y > 0$ ゆえ，$\varepsilon = \dfrac{x - y}{2}$ とおくと $\varepsilon > 0$ かつ $x > y + \varepsilon$ であり (2) は成り立たない．

第2章

問 2.1　（第1の性質）$F_1 = \bigcup_{j=1}^{\ell} I_j$, $F_2 = \bigcup_{k=1}^{\ell'} J_k$ と表されていたとする．ただし，I_j, J_k は基本長方形で $j \neq j'$ のとき $I_j \cap I_{j'} = \emptyset$, $k \neq k'$ のとき $J_k \cap J_{k'} = \emptyset$ とする．このとき $F_1 \cap F_2 = \left(\bigcup_{j=1}^{\ell} I_j \right) \cap \left(\bigcup_{k=1}^{\ell'} J_k \right) = \bigcup_{j=1}^{\ell} \bigcup_{k=1}^{\ell'} I_j \cap J_k$ となる．$I_j \cap J_k$ は基本長方形であり，$(j,k) \neq (j',k')$ ならば $(I_j \cap J_k) \cap (I_{j'} \cap J_{k'}) = \emptyset$ であるから $F_1 \cap F_2$ は基本集合である．$F_1 \cap F_2 = \emptyset$ のときは $F_1 \cup F_2$ がまた基本集合になることは明らか．$F_1 \cap F_2 \neq \emptyset$ のときは，$F_1 - F_2$ が基本集合であることに注意する．これは2つの基本長方形 I_1, I_2 に対して $I_1 - I_2$ が基本集合となることによる．$F_1 \cup F_2 = (F_1 - F_2) \cup (F_1 \cap F_2) \cup (F_2 - F_1)$ は交わらない3つの基本集合の和集合であるから基本集合となる．

（第2の性質）$F = \bigcup_{j=1}^{\ell} I_j = \bigcup_{k=1}^{\ell'} J_k$ と2通りに表されたとする．ただし，J_k $(k = 1, 2, \ldots, \ell')$ は基本長方形で $k \neq k'$ ならば $J_k \cap J_{k'} = \emptyset$ とする．このとき，$I_j \cap J_k$ はまた基本長方形であり，$I_j = \bigcup_{k=1}^{\ell'} I_j \cap J_k$, $J_k = \bigcup_{j=1}^{\ell} I_j \cap J_k$ が成り立つ．定理 1.4 (3) を繰り返し用いると $|I_j| = \sum_{k=1}^{\ell'} |I_j \cap J_k|$, $|J_k| = \sum_{j=1}^{\ell} |I_j \cap J_k|$ が成り立つ．したがって $\sum_{j=1}^{\ell} |I_j| = \sum_{j=1}^{\ell} \sum_{k=1}^{\ell'} |I_j \cap J_k| = \sum_{k=1}^{\ell'} \sum_{j=1}^{\ell} |I_j \cap J_k| = \sum_{k=1}^{\ell'} |J_k|$ が成り立つ．

（第3の性質）$F_1 = \bigcup_{j=1}^{\ell} I_j$, $F_2 = \bigcup_{k=1}^{\ell'} J_k$ と表されていたとする．ただし，I_j, J_k は基本長方形で $j \neq j'$ のとき $I_j \cap I_{j'} = \emptyset$, $k \neq k'$ のとき $J_k \cap J_{k'} = \emptyset$ とする．必要ならば I_j および J_k をさらに基本長方形に分割して改めて番号を振り直して，$i \neq j$ のとき $I_i' \cap I_j' = \emptyset$ を満たす基本長方形 I_j' $(j = 1, 2, \ldots, N)$ および自然数 n_1, n_2 をとって $F_2 \cup F_1 = \bigcup_{j=1}^{N} I_j'$, $F_1 - F_2 = \bigcup_{j=1}^{n_1} I_j'$, $F_1 \cap F_2 = \bigcup_{j=n_1+1}^{n_2} I_j'$, $F_2 - F_1 = \bigcup_{j=n_2+1}^{N} I_j'$ と書ける．このとき，$|F_1| = \sum_{j=1}^{n_2} |I_j'|$, $|F_2| = \sum_{j=n_1+1}^{N} |I_j'|$, $|F_1 \cap F_2| = \sum_{j=n_1+1}^{n_2} |I_j'|$ で

ある．また，$|F_2 \cup F_1| = \sum_{j=1}^{N} |I'_j|$ であるから $|F_1 \cup F_2| = |F_1| + |F_2| - |F_1 \cap F_2|$ を得る．

（第4の性質）$F_1 \subset F_2$ ならば $F_2 = F_1 \cup (F_2 - F_1)$, $F_1 \cap (F_2 - F_1) = \emptyset$ と書けるから，第3の性質より $|F_2| = |F_1| + |F_2 - F_1| \geqq |F_1|$ となる．

問 2.2　S が有界ならば，基本長方形 I が存在して $S \subset I$ となる．基本長方形の定義から実数 a, b, c, d（ただし，$a < b, c < d$）が存在して $I = \{(x_1, x_2) | a \leqq x_1 < b, c \leqq x_2 < d\}$ と書ける．このとき $S_1 \subset \{x_1 | a \leqq x_1 < b\}$, $S_2 \subset \{x_2 | c \leqq x_2 < d\}$ であるから S_1, S_2 ともに $\mathbb{R}$ で有界である．逆に S_1, S_2 が $\mathbb{R}$ の有界部分集合であれば，実数 $\alpha, \beta, \gamma, \delta$ が存在して $S_1 \subset \{x | \alpha \leqq x < \beta\}$, $S_2 \subset \{x | \gamma \leqq x < \delta\}$ となる．任意の $(x_1, x_2) \in S$ に対して，射影の定義より $x_1 \in S_1$, $x_2 \in S_2$ であるから $\alpha \leqq x_1 < \beta$, $\gamma \leqq x_2 < \delta$ である．したがって $S \subset \{(x_1, x_2) | \alpha \leqq x_1 < \beta, \gamma \leqq x_2 < \delta\}$ となり S は有界である．

問 2.3　(2.6) より，$|\underline{S}(\Delta)| \leqq |\overline{S}(\Delta)|$ であるから任意の $s \in \mathscr{I}(S)$ および任意の $t \in \mathscr{U}(S)$ に対して $s \leqq t$ が成り立つ．したがって $\sup \mathscr{I}(S) \leqq \inf \mathscr{U}(S)$ となる．

問 2.4　S がジョルダン可測であるとすると $\nu(S) = \underline{\nu}(S) = \overline{\nu}(S)$ である．ジョルダン外測度およびジョルダン内測度の定義より，任意の $\varepsilon > 0$ に対して I の分割 Δ_1 および Δ_2 が存在して $|\overline{S}(\Delta_1)| \leqq \overline{\nu}(S) + \varepsilon/2 = \nu(S) + \varepsilon/2$ および $\nu(S) - \varepsilon/2 = \underline{\nu}(S) - \varepsilon/2 \leqq |\underline{S}(\Delta_2)|$ が成り立つ．Δ_1 と Δ_2 の各基本長方形の共通部分からなる分割を Δ とする．すなわち，$\Delta = \{J_1 \cap J_2 | J_1 \in \Delta_1, J_2 \in \Delta_2\}$ とすると，Δ は Δ_1, Δ_2 より「細かい」I の分割となり $\overline{S}(\Delta)$ は $\overline{S}(\Delta_1)$ よりも，また，$\underline{S}(\Delta)$ は $\underline{S}(\Delta_2)$ よりも S の「良い」近似を与える．したがって $|\overline{S}(\Delta)| \leqq |\overline{S}(\Delta_1)|$, $|\underline{S}(\Delta_2)| \leqq |\underline{S}(\Delta)|$ となる．したがって $|\overline{S}(\Delta)| - \varepsilon/2 \leqq \nu(S) \leqq |\underline{S}(\Delta)| + \varepsilon/2$ となる．すなわち $|\overline{S}(\Delta)| \leqq |\underline{S}(\Delta)| + \varepsilon$ となる．逆に，任意の $\varepsilon > 0$ に対して，$|\overline{S}(\Delta)| \leqq |\underline{S}(\Delta)| + \varepsilon$ を満たす I の分割 Δ が存在するとき，ジョルダン外測度およびジョルダン内測度の定義より $\overline{\nu}(S) \leqq |\overline{S}(\Delta)|$, $|\underline{S}(\Delta)| \leqq \underline{\nu}(S)$ であるから，任意の $\varepsilon > 0$ に対して $\overline{\nu}(S) \leqq \underline{\nu}(S) + \varepsilon$ となる．したがって $\overline{\nu}(S) \leqq \underline{\nu}(S)$ が得られる．自明な不等式 $\overline{\nu}(S) \geqq \underline{\nu}(S)$ と併せると $\overline{\nu}(S) = \underline{\nu}(S)$, すなわち，$S$ はジョルダン可測である．

問 2.5　$f(x)$ は $\mathbb{R}$ 上の連続関数であるから，任意の有界閉区間上でリーマン可積分である．したがって S はジョルダン可測である．

$$\nu(S) = \mathscr{R} \int_0^{2/\pi} f(x) dx$$

$$= \lim_{\varepsilon \to +0} \left[\frac{x^2}{8} \left(2 + 3x^2 \left(\cos \frac{2}{x} + 1 \right) - 2x \sin \frac{2}{x} \right) \right]_\varepsilon^{2/\pi} = \frac{1}{\pi^2}$$

となる. ここで, $f(x)$ の不定積分の計算は次のように行った:半角公式

$$\cos^2 \frac{1}{x} = \frac{1}{2}\left(1 + \cos\frac{2}{x}\right)$$

より

$$\int x(1+3x^2)\cos^2\frac{1}{x}\,dx = \frac{1}{2}\int (x+3x^2)\left(1+\cos\frac{2}{x}\right)dx$$

$$= \frac{1}{2}\int (x+3x^3)dx + \frac{1}{2}\int x\cos\frac{2}{x}dx + \frac{3}{2}\int x^3\cos\frac{x}{2}dx$$

$$= \frac{x^2}{4} + \frac{3x^4}{8} - \frac{1}{2}\int \frac{x^3}{2}\left(\sin\frac{2}{x}\right)'dx + \frac{3}{2}\int \left(\frac{x^4}{4}\right)'\cos\frac{2}{x}dx + C$$

$$= \frac{x^2}{4} + \frac{3x^4}{8} - \frac{x^3}{4}\sin\frac{2}{x} + \frac{3}{4}\int x^2\sin\frac{2}{x}dx$$

$$\qquad + \frac{3x^4}{8}\cos\frac{2}{x} - \frac{3}{4}\int x^2\sin\frac{2}{x}dx + C \quad (\text{部分積分})$$

$$= \frac{x^2}{8}\left(2 + 3x^2 + 3x^2\cos\frac{2}{x} - 2x\sin\frac{2}{x}\right) + C.$$

ただし, C は定数.

$y = f(x)$ のグラフは, まず $y = x(1+3x^2)$ のグラフを描き, $y = \cos^2\dfrac{1}{x}$ のグラフを各 x においてスケールして $0 \le y \le x(1+3x^2)$ に収まるように描けばよい.

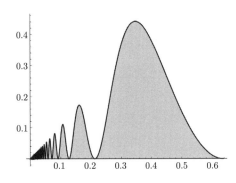

問 2.6 (1) $\nu(I_1) = (1-(-1)) \times (2-(-2)) \times (3-0) \times (2-0) = 48$.

(2) $\nu(I_2) = (0-(-2)) \times (3-0) \times (2-(-1)) \times (3-1) = 36$.

(3) $I_1 \cap I_2 = [-1,0) \times [0,2) \times [0,2) \times [1,2)$ ゆえ

$$\nu(I_1 \cap I_2) = (0 - (-1)) \times (2 - 0) \times (2 - 0) \times (2 - 1) = 4.$$

(4) $\nu(I_1 \cup I_2) = \nu(I_1) + \nu(I_2) - \nu(I_1 \cap I_2) = 48 + 36 - 4 = 80.$

第3章

問 3.1　I の任意の分割を Δ とすると, 各 $J \in \Delta$ は

$$J = \{(x_1, x_2) | a_i \leqq x_1 < a_{i+1},\ c_j \leqq x_2 < c_{j+1}\}$$

の形をしている. ただし, $0 \leqq a_i < a_{i+1} < 1,\ 0 \leqq c_j < c_{j+1} < 1$ である. $\mathbb{R} - \mathbb{Q}$ は $\mathbb{R}$ の稠密部分集合であるから,

$$a_i \leqq x_1 < a_{i+1}$$

を満たす無理数 x_1 が存在する. したがって $J \subset A$ とはなりえない. ゆえに $L(A, \Delta) = \emptyset$ となる. 一方, $\mathbb{Q}$ は $\mathbb{R}$ の稠密部分集合であることから,

$$a_i \leqq x_1 < a_{i+1}, \quad c_j \leqq x_2 < c_{j+1}$$

を満たす有理数 x_1, x_2 が存在する. したがって $J \cap A \neq \emptyset$ である. ゆえに $U(A, \Delta) = \Delta$ である.

問 3.2　B はジョルダン可測ではない. 理由は前問の A がジョルダン可測でないことと同様である.

問 3.3　$x \in \mathscr{L}(S)$ とすると, 基本長方形 $I_n\ (n = 1, 2, 3, \dots)$ で $S \subset \displaystyle\bigcup_{n=1}^{\infty} I_n$ かつ $x = \displaystyle\sum_{n=1}^{\infty} |I_n|$ となるものが存在する. $x < y$ のとき, 面積が $y - x$ である基本長方形 I_0 を考える (例えば $I_0 = \{(x_1, x_2) | 0 \leqq x_1 < \sqrt{y - x},\ 0 \leqq x_2 < \sqrt{y - x}\}$). このとき $S \subset \displaystyle\bigcup_{n=0}^{\infty} I_n$ であり, $y = \displaystyle\sum_{n=0}^{\infty} |I_n|$ が成り立つから $y \in \mathscr{L}(S)$ である.

問 3.4　$[0, 1) \cap \mathbb{Q}$ は可算集合であるから, 各元に自然数の番号を振って

$$[0, 1) \cap \mathbb{Q} = \{p_1, p_2, p_3, \dots\}$$

と書ける. 任意の $\varepsilon > 0$ および $j = 1, 2, 3, \dots$ に対して基本長方形を

$$I_j = \left\{ (x_1, x_2) \Big| p_j - \frac{\varepsilon}{2^{j+2}} \leqq x_1 < p_j + \frac{\varepsilon}{2^{j+2}},\ 0 \leqq x_2 < 1 \right\}$$

により定めると $|I_j| = \dfrac{\varepsilon}{2^{j+1}}$ であり，$B \subset \bigcup_{j=1}^{\infty} I_j$ を満たす．さらに，

$$\sum_{j=1}^{\infty} |I_j| = \frac{\varepsilon}{2} < \varepsilon$$

であるから，B は測度零である．

問 3.5 (1) 略. (2) $I_1 = [0, s) \times [0, s)$, $I_2 = [s, s+t) \times [0, s+t)$, $I_3 = [s+t, 1) \times [0, 1)$ $(0 < s < 1, 0 < t < 1-s)$ の場合を考えれば十分である．このとき $|I_1| + |I_2| + |I_3| = s^2 + st + t^2 + 1 - s - t = (s + \frac{t-1}{2})^2 + \frac{3}{4}(t - \frac{1}{3})^2 + \frac{2}{3} \geqq \frac{2}{3}$. よって $\inf \mathscr{A} = \min \mathscr{A} = \frac{2}{3}$ である．

問 3.6 平面の有限部分集合を A とすると，$A = \{p_1, p_2, \ldots, p_N\}$ の形に書ける．$p_j = (a_j, b_j)$ とする．任意の $\varepsilon > 0$ に対して

$$I_j = \left\{ (x_1, x_2) \Big| a_j - \frac{1}{2}\sqrt{\frac{\varepsilon}{N+1}} \leqq x_1 < a_j + \frac{1}{2}\sqrt{\frac{\varepsilon}{N+1}}, \right.$$
$$\left. b_j - \frac{1}{2}\sqrt{\frac{\varepsilon}{N+1}} \leqq x_2 < b_j + \frac{1}{2}\sqrt{\frac{\varepsilon}{N+1}} \right\}$$

$(j = 1, 2, \ldots, N)$ および $I_j = \emptyset$ $(j = N+1, N+2, N+3, \ldots)$ とおくと $A \subset \bigcup_{j=1}^{\infty} I_j$ かつ $\sum_{j=1}^{\infty} |I_j| = \dfrac{N\varepsilon}{N+1} < \varepsilon$ となるので，A は測度零である．

問 3.7 $m^*(S) \leqq \overline{\nu}(S)$ より明らか．

問 3.8 任意の $\varepsilon > 0$ に対して $1/\varepsilon < N$ となる自然数 N をとる．基本長方形 I_j を $j = 1, 2, \ldots, N$ のとき

$$I_j = \left\{ (x_1, x_2) \Big| \frac{j-1}{N} \leqq x_1 < \frac{j}{N}, \frac{j-1}{N} \leqq x_2 < \frac{j}{N} \right\},$$

および，$j > N$ のとき $I_j = \emptyset$ と定めると $C \subset \bigcup_{j=1}^{\infty} I_j$ かつ $\sum_{j=1}^{\infty} |I_j| = \dfrac{N}{N^2} = \dfrac{1}{N} < \varepsilon$ ゆえ C は測度零．

問 3.9 $\varepsilon > 0$ に対して $a_n = \sum_{k=1}^{n} \dfrac{1}{k}$ とおき（$\lim_{n \to \infty} a_n = \infty$ に注意）

$$I_n = \left\{ (x_1, x_2) \in \mathbb{R}^2 \ \middle| \ -\frac{\sqrt{\varepsilon}}{4n} \leqq x_1 - \frac{\sqrt{\varepsilon}a_n}{4} < \frac{\sqrt{\varepsilon}}{4n}, \ -\frac{\sqrt{\varepsilon}}{4n} \leqq x_2 - \frac{\sqrt{\varepsilon}a_n}{4} < \frac{\sqrt{\varepsilon}}{4n} \right\}$$

により基本長方形 I_n を定めると $\bigcup_{n=1}^{\infty} I_n \supset D$ となり $|I_n| = \dfrac{\varepsilon}{4n^2}$ ゆえ $\displaystyle\sum_{n=1}^{\infty} |I_n| =$

$\dfrac{\varepsilon\pi^2}{24} \leqq \varepsilon$ を得る.

（別の方法）任意の $\varepsilon > 0$ と自然数 k に対して $\dfrac{2^k}{\varepsilon} \leqq N_k$ を満たす自然数 N_k をとる.
基本長方形 $I_\ell^{(k)}$ $(k = 1, 2, 3, \dots, \ \ell = 1, 2, \dots, N_k)$ を

$$I_\ell^{(k)} = \left[k - 1 + \frac{\ell - 1}{N_k}, \ k - 1 + \frac{\ell}{N_k} \right) \times \left[k - 1 + \frac{\ell - 1}{N_k}, \ k - 1 + \frac{\ell}{N_k} \right)$$

により定めると $|I_\ell^{(k)}| = \dfrac{1}{N_k^2}$ ゆえ $\displaystyle\sum_{k=1}^{\infty} \sum_{\ell=1}^{N_k} |I_\ell^{(k)}| \leqq \sum_{k=1}^{\infty} N_k \times \frac{1}{N_k^2} \leqq \sum_{k=1}^{\infty} \frac{\varepsilon}{2^k} = \varepsilon$ とな

る. $\displaystyle\bigcup_{k=1}^{\infty} \bigcup_{\ell=1}^{k} I_\ell^{(k)} \supset D$ は明らか.

第4章

問 4.1 (1) 問 1.7 の A_n. (2) 問 1.9 の A_n.

問 4.2 S_2, S_5 はコンパクトであり，他はコンパクトではない．理由：(1) 閉である
が有界ではない．(2) 有界閉である．(3) 有界であるが閉ではない（原点は集積点）.
(4) 有界であるが閉ではない（$(0, \pm 1)$ は集積点）．(5) 有界閉である．

問 4.3 (1) V_r は連続関数の等号無し不等号で条件が与えられているので開集合．任
意の $(x_1, x_2) \in S$ に対して，$|x_1| + |x_2| < 1$ であるから，実数 r_0 を

$$0 < r_0 < 1 - (|x_1| + |x_2|) < 1$$

となるように選べる．このとき，$(x_1, x_2) \in V_{r_0}$ である．よって $\mathscr{V}$ は S の開被覆であ
る．
(2) $r_1, r_2, \dots, r_N$ のうちで最小のものを r_0 とすると，$V_{r_1} \cup V_{r_2} \cup \cdots \cup V_{r_n} = V_{r_0}$
が成り立つ．$0 < r_0 < 1$ であるから，$r_0 < r' < 1$ を満たす実数 r' が選べる．このと
き，$p = (r', 0)$ とおくと，$p \in S$ であるが $p \notin V_{r_0}$ である．

問 4.4 平行移動して考えれば，

$$I = \{ (x_1, x_2) \in \mathbb{R}^2 \mid 0 \leqq x_1 < b, \ 0 \leqq x_2 < d \}$$

のときに示せば十分である. $\delta > 0$ に対して, 基本開長方形 I' を

$$I' = \{(x_1, x_2) \in \mathbb{R}^2 \mid -\delta < x_1 < b + \delta, \, -\delta < x_2 < d + \delta\}$$

により定めると, 明らかに $I \subset I'$ ゆえ, $|I| < |I'|$ であり, また $|I'| = (b+2\delta)(d+2\delta) = 4\delta^2 + 2(b+d)\delta + bd$ である. $\delta > 0$ を

$$|I'| - |I| = 4\delta^2 + 2(b+d)\delta < \varepsilon$$

となるように選ぶことは可能である ($\varepsilon > 0$ であるから, δ についての2次方程式 $4\delta^2 + 2(b+d)\delta - \varepsilon = 0$ に対して, 正負の実数解が1つずつ存在する. 正の解を δ_1 とするとき, $0 < \delta < \delta_1$ と δ をとればよい). このとき, $|I| < |I'| < |I| + \varepsilon$ が成り立つ.

I'' についても同様である (略).

問 4.5 (1) $n \in \mathbb{N}$ に対して $U_n = \left\{(x_1, x_2) \,\middle|\, \dfrac{1}{n+1} < x_1, \, \dfrac{1}{n+1} < x_2\right\}$ とおくと, U_n は開集合であり, $\left(\dfrac{1}{n}, \dfrac{1}{n}\right) \in U_n$ であるから, $\mathscr{U} = \{U_n \mid n \in \mathbb{N}\}$ は A の開被覆である. $\mathscr{U}$ からどのような有限個の開集合 $U_{n_1}, U_{n_2}, \ldots, U_{n_k}$ を選んでも $\displaystyle\bigcup_{j=1}^{k} U_{n_j}$ は A を覆わない. 実際, $n_0 = \max\{n_j \mid j = 1, 2, \ldots, k\} + 1$ とすると $\left(\dfrac{1}{n_0}, \dfrac{1}{n_0}\right) \notin \displaystyle\bigcup_{j=1}^{k} U_{n_j}$ である. したがって A はコンパクトで集合ではない.

(2) $\mathscr{V}$ を $A \cup B$ の任意の開被覆とする. このとき $(0,0) \in V$ となる開集合 $V \in \mathscr{V}$ が存在する. $(0,0)$ を中心としてもち, 半径 r の開円板を $D(r)$ とすると, 開集合の定義から $r_0 > 0$ が存在して $D(r_0) \subset V$ となる. $\dfrac{\sqrt{2}}{r_0} < N$ を満たす自然数 N を選ぶと $n \geqq N$ なる自然数に対しては $\left(\dfrac{1}{n}, \dfrac{1}{n}\right) \in D(r_0) \subset V$ である. したがって, V に含まれない A の元は高々 $N-1$ 個である. $N = 1$ のときは V だけで $A \cup B$ が覆える. $N > 1$ のときは被覆の定義から, $j = 1, 2, \ldots, N-1$ に対して $\left(\dfrac{1}{j}, \dfrac{1}{j}\right)$ を含む $\mathscr{V}$ の元 (開集合) V_j をとることができる. このとき $V \cup V_1 \cup V_2 \cup \cdots \cup V_{N-1} \supset A \cup B$ である. よって $A \cup B$ はコンパクト集合である.

第5章

問 5.1 I の代わりに $I \cap J$ を考えれば $I \subset J$ のときに示せば十分である. このとき $J - I$ は交わらない高々4つの方体 L_i ($i = 1, \ldots, 4$) の和集合として表される:

$$J - I = \bigcup_{i=1}^{4} L_i.$$

このとき

$$|J| = |I| + \sum_{i=1}^{4} |L_i|$$

である．$J \cap S^c = (I \cap S^c) \cup \bigcup_{i=1}^{4} L_i$ だからルベーグ外測度の基本性質より

$$m^*(J \cap S^c) \leqq m^*(I \cap S^c) + \sum_{i=1}^{4} m^*(L_i)$$

$$= m^*(I \cap S^c) + \sum_{i=1}^{4} |L_i|$$

$$= m^*(I \cap S^c) + |J| - |I|.$$

よって

$$m^*(I) - m^*(I \cap S^c) \leqq m^*(J) - m^*(J \cap S^c)$$

であることがわかった．

逆向きの不等式を示す．基本長方形 L が存在して $J = I \cup L$ と書けている場合を示せば，一般の場合は，これを繰り返すことでわかる．ルベーグ外測度の定義より，任意の $\varepsilon > 0$ に対して，基本長方形 J_k $(k = 1, 2, 3, \dots)$ が存在して，

$$J \cap S^c \subset \bigcup_{k=1}^{\infty} J_k,$$

$$\sum_{k=1}^{\infty} |J_k| \leqq m^*(J \cap S^c) + \varepsilon$$

が成り立つ．各 k に対して，$I_k = J_k \cap I$, $H_k = J_k - I_k$ とおくと，これらは基本長方形，または基本図形である．また，

$$\bigcup_{k=1}^{\infty} I_k \supset J \cap S^c \cap I = I \cap S^c,$$

$$|H_k| = |J_k| - |I_k|, \quad \bigcup_{k=1}^{\infty} H_k \supset J - I = L$$

が成り立つ．したがって，

$$\sum_{k=1}^{\infty} |H_k| + \sum_{k=1}^{\infty} |I_k| = \sum_{k=1}^{\infty} |J_k|$$

より，

$$\sum_{k=1}^{\infty} |H_k| + \sum_{k=1}^{\infty} |I_k| = \sum_{k=1}^{\infty} |J_k| \leqq m^*(J \cap S^c) + \varepsilon$$

となる．ルベーグ外測度の定義および基本性質より，各 H_k を有限個の交わらない基本長方形の合併で表しておくと，

$$m^*(J - I) = m^*(J) - m^*(I) \leqq \sum_{k=1}^{\infty} |H_k|$$

であり，また，

$$m^*(I \cap S^c) \leqq \sum_{k=1}^{\infty} |I_k|$$

が成り立つ．これら3つの不等式より，

$$m^*(J) - m^*(I) + m^*(I \cap S^c) \leqq m^*(J \cap S^c) + \varepsilon$$

を得る．$\varepsilon > 0$ は任意ゆえ，

$$m^*(J) - m^*(J \cap S^c) \leqq m^*(I) - m^*(I \cap S^c)$$

となり，逆向きの不等式が示された．

問 5.2 $I \cap S^c \subset I$ であるから，内測度の定義より

$$m_*(I \cap S^c) = m^*(I) - m^*(I \cap (I \cap S^c)^c)$$

である．$I \cap (I \cap S^c)^c = I \cap (I^c \cup (S^c)^c) = I \cap S$ および $m^*(I) = m_*(I) = |I|$ に注意すると

$$m_*(I) - m_*(I \cap S^c) = |I| - |I| + m^*(I \cap S) = m^*(S)$$

を得る．

問 5.3 $n = 0, 1, 2, \ldots$ に対して，2進正方形

$$I_{j,k}^{(n)} \quad (j = -2^n + 1, \, |k| \leqq 2^n - 1 \text{ または } k = -2^n + 1, \, |j| \leqq 2^n - 1)$$

の全体（$I_{-2^n+1, -2^n+1}^{(n)}$ の重複は 1 つだけ選ぶ）に自然数の番号を付けて I_ℓ（$\ell = 1, 2, 3, \ldots$）とすると，$\bigcup_{\ell=1}^{\infty} I_\ell = J$ となる．各 n に対して，上の条件を満たす $I_{j,k}^{(n)}$ は全部で $2^{n+2} - 3$ 個あり，$|I_{j,k}^{(n)}| = 1/2^{2n}$ であるから，面積総和は

$$\sum_{n=0}^{\infty} \frac{2^{n+2} - 3}{2^{2n}} = 4$$

となる．$|J| = 4$ であるから，自明なことではあるが，$m(J) = 4$ の別証明が得られた．

第6章

問 6.1　(1) $S = \{(x_1, x_2) \in \mathbb{R}^2 \mid x_1 > 0\}$, $x = (0, 0)$ とすると，$S \neq \emptyset$, $x \notin S$ かつ $d(x, S) = 0$ である．実際，はじめの2つの主張は明らかであり，また，任意の $\varepsilon > 0$ に対して，$y = (\varepsilon/2, 0) \in S$ かつ $|x - y| = \varepsilon/2 < \varepsilon$ となるから，$d(x, S) = 0$ である．
(2) K が閉集合であるという前提の下に，対偶命題が成り立つことを示す．

$d(x, K) = 0$ であるとすると，下限の定義より，任意の $\varepsilon > 0$ に対して，$y \in K$ が存在して

$$|x - y| < \varepsilon$$

となる．これは x が K の集積点であることを意味する．K は閉集合であるから，すべての集積点は K に属する．よって $x \in K$ となる．

問 6.2　$d(K_1, K_2) = 0$ であるとすると，$d(K_1, K_2)$ および下限の定義により，任意の $\varepsilon > 0$ に対して $x \in K_1$, $y \in K_2$ が存在して $|x - y| < \varepsilon$ となる．各 $n = 1, 2, 3, \ldots$ に対して $\varepsilon = 1/n$ としたときの x, y をそれぞれ $x^{(n)}$, $y^{(n)}$ とおくと $x^{(n)} \in K_1$, $y^{(n)} \in K_2$ $(n = 1, 2, 3, \ldots)$ であり，

$$|x^{(n)} - y^{(n)}| < \frac{1}{n}$$

ゆえ $n \to \infty$ のとき

$$|x^{(n)} - y^{(n)}| \to 0$$

となる．K_1 は有界閉集合であることから，点列 $\{x^{(n)}\}$ の部分列 $\{x^{(n_k)}\}$ $(k = 1, 2, \ldots)$ と $x_0 \in K_1$ が存在して $|x^{(n_k)} - x_0| \to 0$ $(k \to \infty)$ となる．同様に K_2 が有界閉集合であることから点列 $\{y^{(n_k)}\}$ $(k = 1, 2, 3, \ldots)$ の部分列 $\{y^{(m_i)}\}$ $(i = 1, 2, \ldots)$ と $y_0 \in K_2$ が存在して $|y^{(m_i)} - y_0| \to 0$ $(i \to \infty)$ となる．このとき，

$$|x_0 - y_0| \leqq |x_0 - x^{(m_i)}| + |x^{(m_i)} - y^{(m_i)}| + |y^{(m_i)} - y_0| \to 0 \quad (i \to \infty)$$

となるので $|x_0 - y_0| = 0$ を得る．したがって $x_0 = y_0$ となり，これは $K_1 \cap K_2 = \emptyset$ に反する．よって $d(K_1, K_2) > 0$ である．

第7章

問 7.1　(1) 例 1：$\mathbb{R}^2$
($m^*(\mathbb{R}^2) = +\infty$ の証明)　$j = 0, 1, 2, \ldots$ に対して

$$I_j = \{(x_1, x_2) \mid j \leqq x_1 < j + 1, \ 0 \leqq x_2 < 1\},$$

$$A_j = \bigcup_{k=0}^{j} I_j$$

とおくと, $k \neq \ell$ のとき $I_k \cap I_\ell = \emptyset$, $|I_j| = 1$ であり, 任意の j に対して $A_j \subset \mathbb{R}^2$ であるから $m^*(A_j) \leqq m^*(\mathbb{R}^2)$ となる. 一方, $m^*(A_j) = \sum_{k=0}^{j} |I_k| = j+1$ より, 任意の j に対して $j+1 \leqq m^*(\mathbb{R}^2)$ である. したがって $m^*(\mathbb{R}^2) = +\infty$ でなければならない.

例 2 : $\{(x_1, x_2) \in \mathbb{R}^2 \,|\, x_1 > 0\}$

例 3 : $\{(x_1, x_2) \in \mathbb{R}^2 \,|\, x_1 > 0,\, x_2 > 0\}$（例 2, 3 は証明略）

(2) 例 1 : $\{(x_1, x_2) \in \mathbb{R}^2 \,|\, x_1 = 0\}$

（証明）有界でないことは明らか. またこの集合は測度零である.

例 2 : $\{(x_1, x_2) \in \mathbb{R}^2 \,|\, x_1 \in \mathbb{Q}\}$

（証明）有界でないことは明らか. 例 1 の集合を x_1 軸に有理数だけ平行移動したものの和集合であるが $\mathbb{Q}$ は可算集合ゆえ, 測度零の集合の可算個の和集合となり, この集合も測度零である.

問 7.2 (1) $\displaystyle\bigcap_{n=1}^{\infty} A_n = \{(x_1, x_2)| (x_1-1)^2 + x_2^2 \leqq 1\} - \{(0,0)\}$. 図は省略.

（証明）$A = \{(x_1, x_2)| (x_1-1)^2 + x_2^2 \leqq 1\} - \{(0,0)\}$ とおくとき (i) $\displaystyle\bigcap_{n=1}^{\infty} A_n \supset A$,

(ii) $\displaystyle\bigcap_{n=1}^{\infty} A_n \subset A$ を示す. (i) は各 n に対し $A_n \supset A$ より明らか. (ii) を示すために対偶命題 $\left(\displaystyle\bigcap_{n=1}^{\infty} A_n\right)^c \supset A^c$ を示す. $\left(\displaystyle\bigcap_{n=1}^{\infty} A_n\right)^c = \displaystyle\bigcup_{n=1}^{\infty} A_n^c$ だから $(x_1, x_2) \notin A$ ならば, $(x_1, x_2) \notin A_n$ となる n が存在することをいえばよい. $(x_1, x_2) = (0,0) \notin A_1$ より $(x_1, x_2) \notin A$ かつ $(x_1, x_2) \neq (0,0)$ の場合を考える. このとき $(x_1-1)^2 + x_2^2 > 1$ すなわち $(x_1-1)^2 + x_2^2 - 1 > 0$ である. この仮定の下に $(x_1, x_2) \notin A_n$ となる n を見つければよいが, $(x_1, x_2) \notin A_n$ は不等式 $(x_1-1)^2 + x_2^2 - 1 \geqq \dfrac{2}{n} x_1$ と同値. これは $x_1 \leqq 0$ のときには $n = 1$ に対して成立（他の n でも成立）. $x_1 > 0$ のときは, この不等式を n に関して解いた式 $n \geqq \dfrac{2x_1}{(x_1-1)^2 + x_2^2 - 1}$ を満たすように n をとれば $(x_1, x_2) \notin A_n$ となる. 以上より (ii) が示された. （証明終）

(2) $\displaystyle\bigcup_{n=1}^{\infty} B_n = \{(x_1, x_2) \mid (x_1 - 1)^2 + x_2^2 < 1\} \cup \{(0,0)\}$, 図および証明略 (証明は (1) と同様).

第8章

問 8.1　(C1) φ は単調増加関数であるから $a < x < b$ のとき $\varphi(a) \leqq \varphi(x) \leqq \varphi(b)$ ゆえ $\varphi(a) \leqq \varphi(b-0)$. よって $I = [a,b)$ に対して $|\varphi(I)| \geqq 0$ である. したがって $0 \leqq m_\varphi^*(S) \leqq +\infty$ である. また, 単調増加関数には必ず連続な点 $x = p$ が存在する. 空集合はいかなる半開区間でも覆われるので, 特に任意の $\varepsilon > 0$ に対して $I_\varepsilon = [p, p+\varepsilon)$ 1つで覆われる. $\displaystyle\lim_{\varepsilon \to 0} |\varphi(I_\varepsilon)| = 0$ ゆえ $m_\varphi^*(\emptyset) = 0$ である.

(C2) $S \subset \mathbb{R}$ に対して

$$\mathscr{L}_\varphi(S) = \left\{ \sum_{j=1}^{\infty} |\varphi(I_j)| \,\middle|\, I_j \; (j = 1, 2, \dots) \text{ は } S \subset \bigcup_{j=1}^{\infty} I_j \text{ を満たす半開区間} \right\}$$

とおく. $S \subset T$ とすると $T \subset \displaystyle\bigcup_{j=1}^{\infty} I_j$ ならば $S \subset \displaystyle\bigcup_{j=1}^{\infty} I_j$ である. ゆえに $\mathscr{L}_\varphi(T) \subset \mathscr{L}_\varphi(S)$ であるから $\inf \mathscr{L}_\varphi(S) \leqq \inf \mathscr{L}_\varphi(T)$, したがって $m_\varphi^*(S) \leqq m_\varphi^*(T)$ となる.

(C3) $S_1, S_2, \dots \subset \mathbb{R}$ とする. 任意の $\varepsilon > 0$ と $n \in \mathbb{N}$ に対して半開区間 $I_j^{(n)}$ $(j = 1, 2, \dots)$ が存在して

$$S_n \subset \bigcup_{j=1}^{\infty} I_j^{(n)}$$

かつ

$$\sum_{j=1}^{\infty} |\varphi(I_j^{(n)})| \leqq m_\varphi^*(S_n) + \frac{\varepsilon}{2^n}$$

となる. $\displaystyle\bigcup_{n=1}^{\infty} S_n \subset \bigcup_{n=1}^{\infty} \bigcup_{j=1}^{\infty} I_j^{(n)}$ であるから

$$m_\varphi^*\left(\bigcup_{n=1}^{\infty} S_n\right) \leqq \sum_{n=1}^{\infty} \sum_{j=1}^{\infty} |\varphi(I_j^{(n)})| \leqq \sum_{n=1}^{\infty} m_\varphi^*(S_n) + \varepsilon.$$

$\varepsilon > 0$ は任意ゆえ

$$m_\varphi^*\left(\bigcup_{n=1}^{\infty} S_n\right) \leqq \sum_{n=1}^{\infty} m_\varphi^*(S_n)$$

となり，(C3) が示された.

以上より m_φ^* は $\mathbb{R}$ 上のカラテオドリ外測度である.

問 8.2 $2^X = \{\{0,1,2\}, \{0,1\}, \{0,2\}, \{1,2\}, \{0\}, \{1\}, \{2\}, \emptyset\}$.

問 8.3 $S \subset A$ とすると任意の $E \subset X$ に対して $E \cap S \subset E \cap A \subset A$ より $0 \leq m^*(E \cap S) \leq m^*(A) = 0$. よって $m^*(E \cap S) = 0$ である. また，$E \cap S^c \subset E$ より $m^*(E \cap S^c) \leq m^*(E)$ であるから

$$m^*(E) \geqq m^*(E \cap S^c) = m^*(E \cap S) + m^*(E \cap S^c)$$

となり，$S \in \mathfrak{M}$ である. また，$0 \leqq m^*(S) \leqq m^*(A) = 0$ より $m^*(S) = m(S) = 0$ が得られる.

第 9 章

問 9.1 平面において，ルベーグ測度を備えた測度空間 $(\mathbb{R}^2, \mathfrak{M}, m)$ を考える. $j = 1, 2, 3, \ldots$ に対して，

$$A_j = \{(x_1, x_2) \in \mathbb{R}^2 \mid x_1 > j|x_2| \}$$

とすると，任意の n に対して $m(A_j) = \infty$, 特に $m(A_1) = \infty$ であり，また $\lim_{j \to \infty} m(A_j) = \infty$ である. 一方，

$$\lim_{j \to \infty} A_j = \bigcap_{j=1}^{\infty} A_j = \left\{ (x_1, x_2) \in \mathbb{R}^2 \mid x_1 > 0, x_2 = 0 \right\}$$

であるから，$m(\lim_{j \to \infty} A_j) = 0$ である. よって，

$$0 = m(\lim_{j \to \infty} A_j) \neq \lim_{j \to \infty} m(A_j) = \infty$$

となり，仮定を外したときの反例が得られた.

問 9.2 $B_1 = A_1, B_2 = A_2 - A_1, B_3 = A_3 - (A_1 \cup A_2), \ldots, B_j = A_j - \bigcup_{k=1}^{j} A_k, \ldots$

とおくと $B_j \in \mathfrak{B}$ $(j = 1, 2, \ldots)$, $\bigcup_{j=1}^{\infty} B_j = \bigcup_{j=1}^{\infty} A_j$ であり，$i \neq j$ のとき $B_i \cap B_j = \emptyset$ だから m の完全加法性と併せると

$$m\left(\bigcup_{j=1}^{\infty} A_j\right) = m\left(\bigcup_{j=1}^{\infty} B_j\right) = \sum_{j=1}^{\infty} m(B_j)$$

が成り立つ．また，$B_j \subset A_j$ より $m(B_j) \leqq m(A_j)$ であるから

$$m\left(\bigcup_{j=1}^{\infty} A_j\right) \leqq \sum_{j=1}^{\infty} m(A_j)$$

を得る．

問 9.3　点 $p = (x_1, x_2)$ について，

- $x_1 > 1$ のとき：$\lim_{j \to \infty} x_1^j = \infty$，すなわち，任意の実数 x_2 に対して $x_2 \leqq x_1^N$ となる自然数 N が存在する．このとき，N 以上のすべての自然数 j に対して，$p \notin A_j$ となるので，$p \notin \overline{\lim} A_j$（$p$ を含む A_j は，存在しても高々有限個）．

- $x_1 = 1, 0 \leqq x_2 \leqq 1$ のとき：任意の自然数 j に対して $x_2 \leqq x_1 = 1$ ゆえ，$p \notin A_j$ となり，$p \notin \overline{\lim} A_j$．

- $0 \leqq x_1 \leqq 1, x_2 \leqq 0$ のとき：任意の自然数 j に対して $x_2 \leqq x_1^j$ ゆえ，$p \notin A_j$ となり，$p \notin \overline{\lim} A_j$．

- $-1 < x_1 < 0, x_2 < 0$ のとき：任意の自然数 j に対して，$x_1^{2j-1} < 0$ かつ $\lim_{j \to \infty} x_1^{2j-1} = 0, x_1^{2j} > 0$ ゆえ，自然数 N が存在して，N 以上のすべての自然数 j に対して $x_2 \leqq x_1^j$，すなわち $p \notin A_j$ となり，$p \notin \overline{\lim} A_j$．

- $x_1 = -1, x_2 \leqq -1$ のとき：任意の自然数 j に対して $x_2 \leqq x_1^j$，すなわち，$p \notin A_j$ となり，$p \notin \overline{\lim} A_j$．

- $p \in L_1$ のとき：任意の自然数 j に対して $x_2 > x_1^j = 1$ ゆえ $p \in A_j$，したがって $p \in \overline{\lim} A_j$（$p$ は無限個の A_j に含まれる）．

- $p \in S_1$ のとき：$\lim_{j \to \infty} x_1^j = 0$ より，自然数 N が存在して，N 以上のすべての自然数 j に対して $x_1^j < x_2$，すなわち $p \in A_j$．したがって $p \in \overline{\lim} A_j$．

- $p \in S_2$ のとき：任意の自然数 j に対して $x_1^{2j-1} < 0 \leqq x_2$ より $p \in A_{2j-1}$，したがって $p \in \overline{\lim} A_j$．

- $p \in L_2$ のとき：任意の自然数 j に対して $x_1^{2j-1} = -1 < x_2$ より $p \in A_{2j-1}$，したがって $p \in \overline{\lim} A_j$．

- $p \in S_2$ のとき：$\lim_{j \to \infty} x_1^{2j-1} = -\infty$ より，x_2 に対して $x_2 > x_1^{2N-1}$ となる自然数 N が存在する．このとき，N 以上のすべての自然数 j に対して $p \in A_{2j-1}$ となるので，$p \notin \overline{\lim} A_j$．

以上で，すべての場合が尽くされ，(9.9) 第 1 の等式が示された．第 2 の等式も同じように丁寧な場合分けを行えば証明できる（省略）．

問 9.4　$j = 1, 2, 3, \ldots$ に対して

$$x_j = \sup\{a_k \mid k \geq j\}, \quad y_j = \inf\{a_k \mid k \geq j\}$$

とおくと，明らかにすべての j に対して $y_j \leq x_j$ が成り立つ．したがって

$$\lim_{j \to \infty} y_j \leq \lim_{j \to \infty} x_j$$

である．定義により

$$\overline{\lim}\, a_j = \lim_{j \to \infty} x_j, \quad \underline{\lim}\, a_j = \lim_{j \to \infty} y_j$$

であったから，$\underline{\lim}\, a_j \leq \overline{\lim}\, a_j$ が成り立つ.

問 9.5　$\{C_j\}$ が単調増加の場合のみ示す．集合列の上極限，下極限の定義から

$$\overline{\lim}\, C_j = \bigcap_{j=1}^{\infty} \bigcup_{k=j}^{\infty} C_k, \quad \underline{\lim}\, C_j = \bigcup_{j=1}^{\infty} \bigcap_{k=j}^{\infty} C_k.$$

$\{C_j\}$ が単調増加であれば，任意の j に対して

$$\bigcup_{k=j}^{\infty} C_k = \bigcup_{k=1}^{\infty} C_k, \quad \bigcap_{k=j}^{\infty} C_k = C_j$$

であるから

$$\overline{\lim}\, C_j = \bigcup_{k=1}^{\infty} C_k = \underline{\lim}\, C_j$$

となり $\{C_j\}$ は収束し

$$\lim C_j = \bigcup_{k=1}^{\infty} C_k = \lim_{j \to \infty} C_j$$

である.

問 9.6　(1) $\{A_n\}$ は単調減少だから $\displaystyle\lim_{n \to \infty} A_n = \bigcap_{n=1}^{\infty} A_n = \{(0,0)\}$ である.

(2) $\{A_n\}$ は単調減少だから $\displaystyle\lim_{n \to \infty} A_n = \bigcap_{n=1}^{\infty} A_n = \emptyset$ である.

(3) $\{A_n\}$ は単調増加だから $\displaystyle\lim_{n \to \infty} A_n = \bigcup_{n=1}^{\infty} A_n = \{(x_1, x_2) \mid x_2 > 0\} \cup \{(0,0)\}$ である（以上，証明および図は省略）.

問 9.7　$p \in \varliminf A_n$ ならば，ある j が存在して $k \geq j$ のとき $p \in A_k$ であるから，p は無限個の A_k に含まれる．したがって $p \in \varlimsup A_n$ となる．

問 9.8　(1) $\cdots \subset A_{2k+1} \subset A_{2k-1} \subset \cdots \subset A_3 \subset A_1 \subset A_2 \subset A_4 \subset \cdots \subset A_{2k-2} \subset A_{2k} \subset \cdots$ に注意すると $\displaystyle\bigcap_{k=1}^{\infty} A_k = \bigcap_{k=2}^{\infty} A_k = \bigcap_{k=3}^{\infty} A_k = \cdots$ となり $\displaystyle\bigcap_{k=n}^{\infty} A_k$ は n に依存しない．したがって $\displaystyle\varliminf A_n = \bigcup_{n=1}^{\infty} \bigcap_{k=n}^{\infty} A_k = \bigcap_{k=1}^{\infty} A_k = \bigcap_{k=1}^{\infty} A_{2k+1} = \{(0,0)\}$ となる．同様に $\displaystyle\bigcup_{k=1}^{\infty} A_k = \bigcup_{k=2}^{\infty} A_k = \bigcup_{k=3}^{\infty} A_k = \cdots$ となり $\displaystyle\bigcup_{k=n}^{\infty} A_k$ は n に依存しない．したがって $\displaystyle\varlimsup A_n = \bigcap_{n=1}^{\infty} \bigcup_{k=n}^{\infty} A_k = \bigcup_{k=1}^{\infty} A_k = \bigcup_{k=1}^{\infty} A_{2k} = \{(x_1, x_2) \mid x_1^2 + x_2^2 < 1\}$.

よって $m(\varliminf A_n) = 0, \, m(\varlimsup A_n) = \pi$. また，$m(A_n) = \dfrac{\pi}{2}\left(1 + (-1)^n \left(1 - \dfrac{1}{n}\right)\right)$ ゆえ $\varliminf m(A_n) = 0, \, \varlimsup m(A_n) = \pi$.

(2) $\varliminf A_n = \{(0,0)\}$,

$$
\begin{aligned}
\varlimsup A_n = &\{(x_1, x_2) \mid (x_1 - 1)^2 + x_2^2 < 1\} \cup \{(x_1, x_2) \mid (x_1 + 1)^2 + x_2^2 < 1\} \\
&\cup \{(x_1, x_2) \mid (x_1 - 1)^2 + x_2^2 = 1, \, 0 \leq x_1 < 1\} \\
&\cup \{(x_1, x_2) \mid (x_1 + 1)^2 + x_2^2 = 1, \, -1 < x \leq 0\},
\end{aligned}
$$

$m(\varliminf A_n) = 0, \quad m(\varlimsup A_n) = 2\pi, \quad \varliminf m(A_n) = \varlimsup m(A_n) = m(A_n) = \pi.$

（証明略）

第 10 章

問 10.1　共通部分に関しても同様であるので，和集合についてのみ示す．

$$
\begin{aligned}
x \in \varphi^{-1}\left(\bigcup_{n=1}^{\infty} A_n\right) &\Longleftrightarrow \varphi(x) \in \bigcup_{n=1}^{\infty} A_n \\
&\Longleftrightarrow \exists n \text{ s.t. } \varphi(x) \in A_n \\
&\Longleftrightarrow \exists n \text{ s.t. } x \in \varphi^{-1}(A_n) \\
&\Longleftrightarrow x \in \bigcup_{n=1}^{\infty} \varphi^{-1}(A_n).
\end{aligned}
$$

よって

$$\varphi^{-1}\left(\bigcup_{n=1}^{\infty} A_n\right) = \bigcup_{n=1}^{\infty} \varphi^{-1}(A_n).$$

問 10.2 (10.5) は正しい.

(証明)

$$y \in \varphi(A \cup B) \iff \exists x \in A \cup B \text{ s.t. } y = \varphi(x)$$

$$\iff \exists x \text{ s.t. "} x \in A \text{ or } x \in B \text{" and } y = \varphi(x)$$

$$\iff y \in \varphi(A) \text{ or } y \in \varphi(B)$$

$$\iff y \in \varphi(A) \cup \varphi(B).$$

よって $\varphi(A \cup B) = \varphi(A) \cup \varphi(B)$ である. (証明終)

一方，(10.6) は一般には成り立たない. $X = \mathbb{R}^2$, $Y = \mathbb{R}$, 写像 $\varphi : X \to Y$ を $\varphi((x_1, x_2)) = x_1$ により定義する. $A = \{(x_1, x_2) \in \mathbb{R}^2 \,|\, x_2 > 0\}$, $B = \{(x_1, x_2) \in \mathbb{R}^2 \,|\, x_2 < 0\}$ とすると，$A \cap B = \emptyset$ であるので $\varphi(A \cap B) = \emptyset$ となるが，$\varphi(A) = \varphi(B) = Y$, したがって $\varphi(A) \cap \varphi(B) = Y$ であり (10.6) は成り立たない.

問 10.3 定理 5.6 の証明における $I_{j,k}^{(n)}$ の代わりに

$$I_j^{(n)} = \left\{ x \in \mathbb{R} \,\Big|\, \frac{j}{2^n} \leqq x < \frac{j+1}{2^n} \right\}$$

を考えて同じ議論をすればよいので詳細は省略.

問 10.4 • $x > 1$ のとき $\{f_n(x)\}$ は単調増加で $\displaystyle\lim_{n\to\infty} f_n(x) = +\infty$.

• $x = 1$ のとき任意の n に対して $f_n(x) = 1$.

• $0 \leqq x < 1$ のとき $\{f_n(x)\}$ は単調減少で $\displaystyle\lim_{n\to\infty} f_n(x) = 0$.

• $-1 < x < 0$ のとき $\{f_{2n}(x)\}$ は単調減少で $\displaystyle\lim_{n\to\infty} f_{2n}(x) = 0$, $f_{2n-1}(x)$ は単調増加で $\displaystyle\lim_{n\to\infty} f_{2n-1}(x) = 0$.

• $x = -1$ のとき $f_{2n}(x) = 1$, $f_{2n-1}(x) = -1$.

• $x < -1$ のとき $\{f_{2n}(x)\}$ は単調増加で $\displaystyle\lim_{n\to\infty} f_{2n}(x) = +\infty$, $\{f_{2n-1}(x)\}$ は単調減少で $\displaystyle\lim_{n\to\infty} f_{2n-1}(x) = -\infty$.

以上より

$$\sup f_n(x) = \begin{cases} +\infty & (|x| > 1), \\ x^2 & (-1 \leqq x \leqq 0), \\ x & (0 < x \leqq 1), \end{cases} \qquad \inf f_n(x) = \begin{cases} -\infty & (x < -1), \\ x & (-1 \leqq x \leqq 0), \\ 0 & (0 < x < 1), \\ x & (1 \leqq x). \end{cases}$$

問 10.5　$g_n(x) = \sup\{f_k(x) \mid k \geqq n\}$ とおくと $\{g_n\}$ $(n = 1, 2, 3, \dots)$ は定理 10.8 より可測関数であり，単調減少な関数列である．

$$\overline{\lim} f_n(x) = \lim_{n \to \infty} g_n(x)$$

であるから，定理 10.9 により $\overline{\lim} f_n(x)$ は可測関数となる．$\underline{\lim} f_n(x)$ についても同様なので略．$f_n(x)$ が $f(x)$ に収束しているときは $f(x) = \lim f_n(x) = \overline{\lim} f_n(x) = \underline{\lim} f_n(x)$ より明らか．

第 11 章

問 11.1　(i) $A \cap B = \emptyset$ のとき，$x \in A \cup B$ ならば，$x \in A$ か $x \in B$ のどちらか一方が成り立つ．したがって $x \in A$ のときは $x \notin B$ であり，$\chi(x; A) = 1$, $\chi(x; B) = 0$ である．$\chi(x; A \cup B) = 1$ であるから $\chi(x; A \cup B) = \chi(x; A) = \chi(x; A) + \chi(x; B)$ が成り立つ．$x \in B$ のときも同様．$x \notin A \cup B$ ならば $x \notin A$ かつ $x \notin B$ であるから $\chi(x; A \cup B) = \chi(x; A) = \chi(x; B) = 0$ より $\chi(x; A \cup B) = 0 = \chi(x; A) + \chi(x; B)$ が成り立つ．

(ii) $x \in A \cap B$ ならば，$\chi(x; A \cap B) = 1$ であり，$x \in A$ かつ $x \in B$ であるから，$\chi(x; A) = \chi(x; B) = 1$ となる．したがって $\chi(x; A \cap B) = 1 = \chi(x; A)\chi(x; B)$ が成り立つ．$x \notin A \cap B$ ならば，$\chi(x; A \cap B) = 0$ であり，$x \notin A$ または $x \notin B$ であるから，$\chi(x; A) = 0$ または $\chi(x; B) = 0$ となる．したがって $\chi(x; A \cap B) = 0 = \chi(x; A)\chi(x; B)$ が成り立つ．

問 11.2　定理 11.3 の証明の記号をそのまま用いる．それぞれ

$$\varphi(x)\psi(x) = \sum_{i=1}^{n} \sum_{j=1}^{l} \alpha_i \beta_j \chi(x; A_i \cap B_j),$$

$$|\varphi(x)| = \sum_{i=1}^{n} |\alpha_i| \chi(x; A_i),$$

$$\max\{\varphi(x), \psi(x)\} = \sum_{i=1}^{n} \sum_{j=1}^{l} \max\{\alpha_i, \beta_j\} \chi(x; A_i \cap B_j),$$

$$\min\{\varphi(x), \psi(x)\} = \sum_{i=1}^{n}\sum_{j=1}^{l}\min\{\alpha_i, \beta_j\}\chi(x; A_i \cap B_j),$$

$$\frac{\varphi(x)}{\psi(x)} = \sum_{i=1}^{n}\sum_{j=1}^{l}\frac{\alpha_i}{\beta_j}\,\chi(x; A_i \cap B_j)$$

に注意すれば単関数であることがわかる．ただし，商については仮定より $\beta_j \neq 0$ ($j = 1, 2, \ldots, l$) である．

問 11.3　ここでも定理 11.3 の証明の記号をそのまま用いる．考え方の基本も定理 11.3 の証明と同じ発想を用いる．

$$\varphi(x) = \sum_{i=1}^{n}\sum_{j=1}^{l}\alpha_i\chi(x; A_i \cap B_j),$$

$$\psi(x) = \sum_{i=1}^{n}\sum_{j=1}^{l}\beta_j\chi(x; A_i \cap B_j)$$

と書くことができた．$A_i \cap B_j \cap E \neq \emptyset$ ならば $x \in A_i \cap B_j \cap E$ のとき

$$\varphi(x) = \alpha_i \leqq \psi(x) = \beta_j,$$

また，$A_i \cap B_j \cap E = \emptyset$ のときは $0 = \alpha_i m(A_i \cap B_j \cap E) = \beta_j m(A_i \cap B_j \cap E)$,

$$\begin{aligned}
\int_E \varphi(x)dx &= \sum_{i=1}^{n}\alpha_i m(A_i \cap E) \\
&= \sum_{i=1}^{n}\sum_{j=1}^{l}\alpha_i m(A_i \cap B_j \cap E) \\
&\leqq \sum_{i=1}^{n}\sum_{j=1}^{l}\beta_j m(A_i \cap B_j \cap E) \\
&= \sum_{j=1}^{l}\sum_{i=1}^{n}\beta_j m(A_i \cap B_j \cap E) \\
&= \sum_{j=1}^{l}\beta_j m(B_j \cap E) \\
&= \int_E \psi(x)dx.
\end{aligned}$$

よって (i) が示された．(ii), (iii) も同様にできる．

問 11.4　$\mathfrak{B} = 2^{\mathbb{N}}$ であるから，$\mathbb{N}$ で定義された任意の関数は可測である．明らかに f は非負値である．$0 \leqq \varphi(x) \leqq f(x)$ を満たす単関数を任意にとる．単関数の定義より，$\mathbb{N}$ の（可測）部分集合 $E_1, E_2, \ldots, E_n$ と非負実数 $\alpha_1, \alpha_2, \ldots, \alpha_n$ が存在して

$$\varphi(x) = \sum_{k=1}^{n} \alpha_k \chi(x; E_k)$$

と書ける．E_k が有界でないとき

$$\inf\{f(x) \,|\, x \in E_k\,\} = 0$$

であるから，E_k 上で $\varphi(x) \leqq f(x)$ となるためには $\alpha_k = 0$ でなければならない．E_k のうち有界なものの和集合を F，非有界なものの和集合を G とする．$F = \emptyset$ ならば，$\varphi(x) = 0$ となるので，$F \neq \emptyset$ として一般性を失わない．F の元の最大値を M とすると，

$$\psi(x) = \begin{cases} f(x) & (x = 1, 2, \ldots, M), \\ 0 & (x > M) \end{cases}$$

とおく．任意の $x \in E_k$ $(k = 1, 2, \ldots, n)$ に対して $\alpha_k \leqq f(x)$ であるから，ψ は任意の $x \in \mathbb{N}$ に対して $0 \leqq \varphi(x) \leqq \psi(x) \leqq f(x)$ を満たす単関数である．

$$\int_{\mathbb{N}} \varphi(x) dx \leqq \int_{\mathbb{N}} \psi(x) dx = \sum_{k=1}^{M} \frac{1}{k(k+1)} = 1 - \frac{1}{M+1}$$

であることに注意する．あらゆる φ に関する $\displaystyle\int_{\mathbb{N}} \varphi(x) dx$ の上限をとることは，上のように選んだ ψ に対して $\displaystyle\int_{\mathbb{N}} \psi(x) dx$ の上限をとるのと同じとなり，その値は，$1 - \dfrac{1}{M+1}$ の M についての上限をとった値と同じである．したがって，$\displaystyle\int_{\mathbb{N}} f(x) dx = 1$ である．

併せて f は $\mathbb{N}$ 上で積分確定であることも示された（もちろん，上の値は $\displaystyle\sum_{k=1}^{\infty} \frac{1}{k(k+1)}$ の値を通常の手法で求めたものと一致する）．

問 11.5　$k = 1, 2, 3, \ldots, 2^n - 1, 2^n$ に対して $\dfrac{k-1}{2^n} \leqq x < \dfrac{k}{2^n}$ のとき $k - 1 \leqq 2^n x < k$ となり，$[2^n x] = k - 1$ であるから $\varphi_n(x) = \dfrac{k-1}{2^n}$ である．$A_k^{(n)} = \left[\dfrac{k-1}{2^n}, \dfrac{k}{2^n}\right)$ $(k = 1, 2, 3, \ldots, 2^n)$ とおくと $k \neq j$ のとき $A_k^{(n)} \cap A_j^{(n)} = \emptyset$ であり $\displaystyle\bigcup_{k=1}^{2^n} A_k^{(n)} =$

$[0, 1) = X$ である．また，明らかに各 $A_k^{(n)}$ はルベーグ可測である．このとき，

$$\varphi_n(x) = \sum_{k=1}^{2^n} \frac{k-1}{2^n} \chi(x; A_k^{(n)})$$

と書くことができるので $\{\varphi_n\}$ は X 上の単関数列である．k の値に依らず $m(A_k^{(n)}) = 1/2^n$ であるから，単関数の積分の定義により

$$\int_X \varphi_n(x)dx = \sum_{k=1}^{2^n} \frac{k-1}{2^n} m(A_k^{(n)}) = \sum_{k=1}^{2^n} \frac{k-1}{2^n} \cdot \frac{1}{2^n}$$

$$= \frac{1}{2^{2n}} \sum_{k=1}^{2^n} (k-1) = \frac{1}{2^{2n}} \frac{2^n(2^n - 1)}{2}$$

$$= \frac{1}{2} - \frac{1}{2^{n+1}}$$

となる．したがって，$\displaystyle\lim_{n\to\infty} \int_X \varphi_n(x)dx = \frac{1}{2}$ である．

第12章

問 12.1 （定義 11.9 の記号を用いる）任意の $\alpha \in \mathscr{S}(f; E)$ に対して X 上の単関数 φ で $\varphi(x) \leqq f(x)$ $(\forall\, x \in X)$ かつ

$$\alpha = \int_E \varphi(x)dx$$

が成り立つものが存在する．このとき $\varphi(x) \leqq f(x) \leqq g(x)$ であるから $\alpha \in \mathscr{S}(g; E)$ となる．したがって $\mathscr{S}(f; E) \subset \mathscr{S}(g; E)$ である．よって

$$\sup \mathscr{S}(f; E) \leqq \sup \mathscr{S}(g; E)$$

すなわち

$$\int_E f(x)dx \leqq \int_E g(x)dx$$

が成り立つ．

問 12.2 $E_n \subset E$ であることは定義から明らか．$\displaystyle\bigcup_{n=1}^{\infty} E_n \neq E$ と仮定すると，$x \in E$ で任意の n に対して $x \notin E_n$ となるものが存在する．このとき，任意の n に対して $a\varphi(x) > f_n(x) \geqq 0$ が成り立つ．よって $\varphi(x) > a\varphi(x) > f_n(x)$ であり，$n \to \infty$ と

すると $\varphi(x) > a\varphi(x) \geqq f(x)$ となる．したがって $\varphi(x) > f(x)$ となり，これは φ の取り方に反する．よって $\displaystyle\bigcup_{n=1}^{\infty} E_n = E$ である．

問 12.3 はじめから $a = 1$ とすると証明は成立しない．$f(x)$ を E 上の正値単関数 $(f(x) > 0)$ とする．$f_n(x) = \dfrac{n-1}{n}f(x)$ とおくと，f_n および f は定理の仮定を満たす．このとき $\varphi(x) = f(x)$ ととる．はじめから $a = 1$ として $E_n = \{x \in E \,|\, \varphi(x) \leqq f_n(x)\}$ とおくと任意の n に対して $E_n = \emptyset$ となり，$\displaystyle\bigcup_{n=1}^{\infty} E_n = E$ は成り立たない．したがって，はじめから $a = 1$ としたのでは定理 12.2 の証明は成立しない．(12.3) が成り立つ E_n を構成するために $0 < a < 1$ としておく必要がある．

問 12.4 $X = \mathbb{R}$, $E = \{x \in \mathbb{R} \,|\, x \geqq 0\}$, $f(x) = 0 \ (x \in \mathbb{R})$, $f_n(x) \ (n = 1, 2, 3, \dots)$ を

$$f_n(x) = \begin{cases} \dfrac{1}{nx} & (x > 0), \\ 0 & (x \leqq 0) \end{cases}$$

により定めると，$\displaystyle\int_E f(x)dx = 0$ であり，$\{f_n(x)\}$ は非負値可測関数の n に関する単調減少列で，

$$\lim_{n \to \infty} f_n(x) = f(x) \quad (\forall x \in E)$$

である．一方，任意の n に対して

$$\int_E f_n(x)dx = \infty$$

である（$0 \leqq \varphi(x) \leqq f_n(x)$ を満たす単関数 φ で，$\displaystyle\int_E \varphi(x)dx$ がいくらでも大きいものが作れる）．したがって，(12.1) は成り立たない．

問 12.5 問 11.5 と同じ記号を用いる．定理 11.12 により，

$$\lim_{n \to \infty} \varphi_n(x) = x \quad (x \in X)$$

であり，問 11.5 の結果より，定理 12.2 を用いると

$$\int_X x\,dx = \lim_{n \to \infty} \int_X \varphi_n(x)dx = \frac{1}{2}.$$

問 12.6 $x \in X$ に対して，$\varphi_n(x) = \dfrac{1}{2^n}[2^n \sqrt{x}]$ $(n = 1, 2, 3, \dots)$ とおく．定理 11.12 により，

$$\lim_{n \to \infty} \varphi_n(x) = \sqrt{x} \quad (x \in X)$$

であり，$k/2^n \leqq \sqrt{x} < (k+1)/2^n$ $(k = 0, 1, 2, \dots, 2^n - 1)$ のとき，$k^2/2^{2n} \leqq x < (k+1)^2/2^{2n}$ であるから，

$$\begin{aligned}
\int_X \varphi_n(x)dx &= \sum_{k=0}^{2^n-1} \frac{k}{2^n}\left(\frac{(k+1)^2}{2^{2n}} - \frac{k^2}{2^{2n}}\right) \\
&= \frac{1}{2^{3n}} \sum_{k=0}^{2^n-1} (2k^2 + k) \\
&= \frac{1}{3} \cdot \frac{1}{2^{2n+1}}(2^{n+2} + 1)(2^n - 1).
\end{aligned}$$

したがって，定理 12.2 より，

$$\int_X \sqrt{x}\, dx = \lim_{n \to \infty} \frac{1}{3} \cdot \frac{1}{2^{2n+1}}(2^{n+2} + 1)(2^n - 1) = \frac{2}{3}.$$

問 12.7 $F_n(x) = \displaystyle\sum_{j=1}^{n} f_j(x)$ とおくと定理 12.4 より

$$\int_E F_n(x)dx = \sum_{j=1}^{n} \int_E f_j(x)dx.$$

ここで $n \to \infty$ とすると

$$\lim_{n \to \infty} \int_E F_n(x)dx = \lim_{n \to \infty} \sum_{j=1}^{n} \int_E f_j(x)dx = \sum_{j=1}^{\infty} \int_E f_j(x)dx.$$

一方，$\{F_n(x)\}$ は $\displaystyle\sum_{j=1}^{\infty} f_j(x)$ に収束する非負値可測関数列であるから単調収束定理より

$$\lim_{n \to \infty} \int_E F_n(x)dx = \int_E \left(\sum_{j=1}^{\infty} f_j(x)\right)dx.$$

これらを併せると (12.5) が得られる．

問 12.8　E および E_n の特性関数について

$$\chi(x; E) = \sum_{n=1}^{\infty} \chi(x; E_n)$$

が成り立つ．したがって

$$f(x)\chi(x; E) = \sum_{n=1}^{\infty} f(x)\chi(x; E_n)$$

である．$\displaystyle\int_E f(x)dx = \int_E f(x)\chi(x; E)dx$, $\displaystyle\int_{E_n} f(x)dx = \int_E f(x)\chi(x; E_n)dx$ であることに注意する．$f(x)\chi(x; E_n)$ は非負値可測関数であるから，問 12.4 で示した積分の性質により

$$\int_E f(x)dx = \sum_{n=1}^{\infty} \int_E f(x)\chi(x; E_n)dx$$

$$= \sum_{n=1}^{\infty} \int_{E_n} f(x)dx$$

が成り立つ．

問 12.9　一般には成り立たない．$X = \mathbb{R}$ の場合に反例を挙げる．$f(x) = x$, $g(x) = -x/2$ のとき

$$f^+(x) = \begin{cases} x & (x \geqq 0), \\ 0 & (x < 0), \end{cases} \qquad g^+(x) = \begin{cases} 0 & (x \geqq 0), \\ -\dfrac{x}{2} & (x < 0), \end{cases}$$

$$f^-(x) = \begin{cases} 0 & (x \geqq 0), \\ -x & (x < 0), \end{cases} \qquad g^-(x) = \begin{cases} \dfrac{x}{2} & (x \geqq 0), \\ 0 & (x < 0) \end{cases}$$

であるが，$f(x) = x/2$ ゆえ

$$h^+(x) = \begin{cases} \dfrac{x}{2} & (x \geqq 0), \\ 0 & (x < 0) \end{cases}$$

となり $h^+(x) \neq f^+(x) + g^+(x)$ である．

問 12.10 積分の定義より

$$\int_{E_1 \cup E_2} f(x)dx = \int_{E_1 \cup E_2} f^+(x)dx - \int_{E_1 \cup E_2} f^-(x)dx$$

であり，f^+, f^- ともに非負値可積分関数であるので，問 12.5 において $E_j = \emptyset$ ($j \geqq 3$) として

$$\int_{E_1 \cup E_2} f^+(x)dx = \int_{E_1} f^+(x)dx + \int_{E_2} f^+(x)dx,$$

$$\int_{E_1 \cup E_2} f^-(x)dx = \int_{E_1} f^-(x)dx + \int_{E_2} f^-(x)dx$$

となる．したがって

$$\begin{aligned}
\int_{E_1 \cup E_2} f(x)dx &= \int_{E_1} f^+(x)dx + \int_{E_2} f^+(x)dx \\
&\qquad - \left(\int_{E_1} f^-(x)dx + \int_{E_2} f^-(x)dx \right) \\
&= \left(\int_{E_1} f^+(x)dx - \int_{E_1} f^-(x)dx \right) \\
&\qquad + \left(\int_{E_2} f^+(x)dx - \int_{E_2} f^-(x)dx \right) \\
&= \int_{E_1} f(x)dx + \int_{E_2} f(x)dx
\end{aligned}$$

となる．

第13章

問 13.1 $g_k(x) = \inf\{f_j(x) | k \leqq j\}$ $(k = 1, 2, 3, \dots)$ とおくと，

$$g_k(x) = \begin{cases} f_1(x) & \left(0 \leqq x < \dfrac{1}{\sqrt{k}} \right), \\[2mm] f_k(x) & \left(\dfrac{1}{\sqrt{k}} \leqq x \leqq 1 \right) \end{cases}$$

である．$k \geqq 3$ のとき，$f_1(x)$ は $0 \leqq x < 1/\sqrt{k}$ で単調増加，$f_k(x)$ は $1/\sqrt{k} \leqq x \leqq 1$ で単調減少であるから，各 $x \in E$ に対して

$$0 \leqq g_k(x) \leqq \frac{k^{3/2}}{(1+k)^2} \left(= f_1(1/\sqrt{k}) = f_k(1/\sqrt{k}) \right)$$

が成り立つ. よって,

$$\varliminf f_n(x) = \lim_{k \to \infty} g_k(x) = 0$$

となる. したがって,

$$\int_E \varliminf f_n(x)dx = 0$$

である. 一方, リーマン積分を用いて計算すると,

$$\int_E f_n(x)dx = \mathscr{R} \int_0^1 f_n(x)dx = \left[-\frac{1}{2(1+n^2x^2)} \right]_0^1 = \frac{1}{2} - \frac{1}{2(1+n^2)}$$

となるので,

$$\varliminf \int_E f_n(x)dx = \lim_{n \to \infty} \left(\frac{1}{2} - \frac{1}{2(1+n^2)} \right) = \frac{1}{2}.$$

$f_n(x)$ $(n = 1, 2, 3, \ldots, 10)$ のグラフは, 下図参照. $n \to \infty$ のとき

$$\max\{ f(x) \,|\, x \in E \} \to \infty$$

に注意.

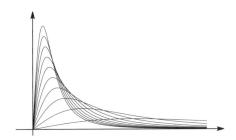

問 13.2　$k = 1, 2, 3, \ldots$ に対して $x_k = \inf\{ a_n \,|\, k \leqq n \}$, $y_k = \inf\{ b_n \,|\, k \leqq n \}$ とおくと, 仮定より $x_k \leqq y_k$ $(k = 1, 2, 3, \ldots)$ が成り立つ. したがって

$$\lim_{k \to \infty} x_k \leqq \lim_{k \to \infty} y_k,$$

すなわち, $\varliminf a_n \leqq \varliminf b_n$ が成り立つ.

問 13.3　$f_n(x)$ は $\mathbb{R}$ で連続だから, 可測関数である. $\mathbb{R}$ 上の単関数 $\varphi_n(x)$ を

$$\varphi_n(x) = \begin{cases} \dfrac{1}{1+k^2} & (-k-1 \leqq x < -k \text{ または } k \leqq x < k+1; \; k = 0, 1, 2, \ldots, n), \\ 0 & (x < -n-1 \text{ または } n+1 \leqq x) \end{cases}$$

により定めると，$|x| < n+1$ のとき $f_1(x) \leqq \varphi_n(x)$ が成り立つ．任意の自然数 n に対して，

$$\int_{\mathbb{R}} \varphi_n(x)dx = 2\sum_{k=0}^{n} \frac{1}{1+k^2}$$

$$< 2\left(1 + \sum_{k=1}^{\infty} \frac{1}{k^2}\right) = 2 + \frac{\pi^2}{3}$$

となる．$0 \leqq \psi(x) \leqq f_1(x)$ を満たす $\mathbb{R}$ 上の任意の単関数 ψ に対して n を十分大きくとると，$|x| < n+1$ のとき，$\psi(x) \leqq f_1(x) \leqq \varphi_n(x)$ が成り立つ．したがって

$$\int_{\mathbb{R}} \psi(x)dx \leqq \int_{\mathbb{R}} \varphi_n(x)dx < 2 + \frac{\pi^2}{3}$$

である．したがって積分の定義により $0 \leqq \displaystyle\int_{\mathbb{R}} f_1(x)dx < \infty$ となる．よって $f_1(x)$ は可積分である．各 $n = 2, 3, \ldots$ について，$0 < f_n(x) \leqq 2f_1(x)$ $(\forall x \in \mathbb{R})$ であるから，$f_n(x)$ $(n = 2, 3, \ldots)$ も可積分である．

問 13.4　$\sim$ が同値関係であることをいうためには

(i) $f \sim f$,
(ii) $f \sim g$ ならば $g \sim f$,
(iii) $f \sim g$ かつ $g \sim h$ ならば $f \sim h$

をいえばよい．(i), (ii) は自明ゆえ (iii) のみ示す．

(a) $f \sim g \iff m(\{x \mid f(x) \neq g(x)\}) = 0$,
(b) $g \sim h \iff m(\{x \mid g(x) \neq h(x)\}) = 0$,
(c) $f \sim h \iff m(\{x \mid f(x) \neq h(x)\}) = 0$

であるから $m(\{x \mid f(x) \neq g(x)\}) = 0$ かつ $m(\{x \mid g(x) \neq h(x)\}) = 0$ から $m(\{x \mid f(x) \neq h(x)\}) = 0$ をいえばよい．通常の等号は同値関係であるので「$f(x) = g(x)$ かつ $g(x) = h(x)$ ならば $f(x) = h(x)$」である．この対偶命題を考えると「$f(x) \neq h(x)$ ならば $f(x) \neq g(x)$ または $g(x) \neq h(x)$」である．すなわち，

$$\{x \mid f(x) \neq h(x)\} \subset \{x \mid f(x) \neq g(x)\} \cup \{x \mid g(x) \neq h(x)\}$$

である．よって

$$0 \leqq m(\{x \mid f(x) \neq h(x)\}) \leqq m(\{x \mid f(x) \neq g(x)\} \cup \{x \mid g(x) \neq h(x)\})$$

$$\leqq m(\{x \mid f(x) \neq g(x)\}) + m(\{x \mid g(x) \neq h(x)\}) = 0$$

となり (c) が示された.

問 13.5　f_n, f が広義の実数値である場合に示せば十分である.

$$X_0 = \{\, x \in X \mid \lim_{n \to \infty} f_n(x) = f(x) \,\}, \quad N = X - X_0$$

とおくと, 仮定により $X_0, N \in \mathfrak{B}$, $m(N) = 0$ である. 定理 10.13 (p. 132) により $\lim_{n \to \infty} f_n(x)$ は可測であるから, 関数 $\tilde{f}(x)$ を

$$\tilde{f}(x) = \begin{cases} f(x) & (x \in X_0), \\ 0 & (x \in N) \end{cases}$$

と定めると, $\tilde{f}$ は可測であり, $f = \tilde{f}$ a.e. である. よって, f はほとんど至るところで可測である.

第 14 章

問 14.1　$f = g + (f - g)$ であるから定理 14.1 (iii) より

$$\|f\| \leqq \|g\| + \|f - g\|. \tag{$*$}$$

したがって $\|f\| - \|g\| \leqq \|f - g\|$ である. 一方, $g = f + (g - f)$ に (iii) を適用して

$$\|g\| \leqq \|f\| + \|g - f\|$$

より $-\|g - f\| \leqq \|f\| - \|g\|$ であるが, (ii) より $\|g - f\| = \|f - g\|$ ゆえ

$$-\|f - g\| \leqq \|f\| - \|g\|.$$

よって

$$\big| \|f\| - \|g\| \big| \leqq \|f - g\|$$

が得られた.

問 14.2　$N_1 = \{\, x \in X \mid f_1(x) \neq f_2(x) \,\}, \quad N_2 = \{\, x \in X \mid g_1(x) \neq g_2(x) \,\},$

$$N_3 = \{\, x \in X \mid \alpha f_1(x) + \beta g_1(x) \neq \alpha f_2(x) + \beta g_2(x) \,\}$$

とおくと, 仮定より $m(N_1) = m(N_2) = 0$ である. $x \notin N_1$ かつ $x \notin N_2$ ならば $x \notin N_3$ であることは明らかゆえ, 対偶を考えると

$$N_3 \subset N_1 \cup N_2.$$

したがって $m(N_3) \leqq m(N_1) + m(N_2) = 0$ となり (14.5) がいえた.

問 14.3　(i) $d(f,g) = \|f-g\| \geqq 0$ は明らか．定理 14.6′ (i) 後半の f を $f-g$ と読み替えると $d(f,g) = \|f-g\| = 0 \iff f-g = 0 \iff f = g$.

(ii) 定理 14.6′ (ii) を用いる．$d(f,g) = \|f-g\| = \|(-1)\cdot(g-f)\| = |-1|\cdot\|g-f\| = \|g-f\| = d(g,f)$.

(iii) 定理 14.6′ (iii) を用いる．$d(f,h) = \|f-h\| = \|f-g+g-h\| \leqq \|f-g\| + \|g-h\| = d(f,g) + d(g,h)$.

問 14.4　$p=1$ のときは自明である．$p>1$ のとき，$y=x^p$ $(x \geqq 0)$ のグラフは下に凸であるから $\varphi(x) = x^p$ とおくと

$$\varphi\left(\frac{a+b}{2}\right) \leq \frac{\varphi(a)+\varphi(b)}{2}$$

が成り立つ（グラフを考えれば明らか）．これと問題の不等式は同じ．

問 14.5　$f \in L^p(X)$ のとき，$|f|^q \in L^{\frac{p}{q}}(X)$ であるから，ヘルダーの不等式において p,q をそれぞれ $p/q, 1/(1-q/p)$ と読み替え，さらに，f,g をそれぞれ $|f|^q, 1$ と読み替えると，$\displaystyle\int_X 1dx = m(X)$ より

$$\int_X |f(x)|^q dx \leqq \left(\int_X |f(x)|^p dx\right)^{\frac{q}{p}} (m(X))^{1-q/p}$$

となる．両辺の $1/q$ 乗をとると

$$\|f\|_q \leqq \|f\|_p\, (m(X))^{\frac{1}{q}-\frac{1}{p}}$$

が成り立つ．したがって $\|f\|_p < \infty$ ならば $\|f\|_q < \infty$，すなわち $L^p(X) \subset L^q(X)$ である．

第 15 章

問 15.1　定理 15.1 の証明の記号をそのまま用いる．$x \in I$ に対して $x \in J$ となる $J \in \Delta_{k+1}$ をとる．Δ_{k+1} は Δ_k の細分であるから，$J \in \Delta_{k+1}$ に対して $J \subset J'$ となる $J' \in \Delta_k$ が存在する．このとき

$$\varphi_{k+1}(x) = \inf\{f(x)\,|\,x \in J\} \geqq \inf\{f(x)\,|\,x \in J'\} = \varphi_k(x).$$

よって $\varphi_k(x) \leqq \varphi_{k+1}(x)$ である．

問 15.2　(1) $f(x) = \displaystyle\lim_{n\to\infty}\lim_{k\to\infty}\{\cos(n!\pi x)\}^{2k}$ とおく．$x \in \mathbb{Q}$ のとき，十分大きな $n \in \mathbb{N}$ に対して $n!x \in \mathbb{N}$ である．したがって，このような n に対しては $\cos(n!\pi x) = \pm1$ となるので任意の $k \in \mathbb{N}$ に対して $\{\cos(n!\pi x)\}^{2k} = 1$ である．ゆえに $f(x) = 1$ と

なる．一方，$x \notin \mathbb{Q}$ のときは任意の $n \in \mathbb{N}$ に対して $n!x \notin \mathbb{N}$ であるから $|\cos(n!\pi x)| < 1$ である．よって $k \to \infty$ のとき $\{\cos(n!\pi x)\}^{2k} \to 0$ である．したがって $f(x) = 0$ となる．すなわち，$f(x)$ はディリクレの関数と一致する．

(2) $|\{\cos(n!\pi x)\}^{2k}| \leqq 1$ であり，$[0,1]$ で可積分であることは明らかゆえ，ルベーグの収束定理と (1) の結果より

$$\lim_{n \to \infty} \lim_{k \to \infty} \int_0^1 \{\cos(n!\pi x)\}^{2k} dx = \int_0^1 \lim_{n \to \infty} \lim_{k \to \infty} \{\cos(n!\pi x)\}^{2k} dx = 0.$$

問 15.3　$\mathbb{R}^4 = \mathbb{R}^3 \times \mathbb{R}$ と見てカヴァリエリの原理を用いる．3 次元ルベーグ測度を m'，4 次元ルベーグ測度を m で表す．$-r \leqq t \leqq r$ を満たす $t \in \mathbb{R}$ に対して

$$B_4(r)_t = \{(x_1, x_2, x_3) \in \mathbb{R}^3 \mid (x_1, x_2, x_3, t) \in B_4(r)\}$$

とおく．この集合は $\mathbb{R}^3$ の部分集合であり，$B_4(r)$ の定義より

$$B_4(r)_t = \{(x_1, x_2, x_3) \in \mathbb{R}^3 \mid x_1{}^2 + x_2{}^2 + x_3{}^2 + t^2 \leqq r^2\}$$
$$= \{(x_1, x_2, x_3) \in \mathbb{R}^3 \mid x_1{}^2 + x_2{}^2 + x_3{}^2 \leqq r^2 - t^2\}$$

と書ける．すなわち $B_4(r)_t = B_3(\sqrt{r^2 - t^2})$ である．したがって

$$m'(B_4(r)_t) = m'(B_3(\sqrt{r^2 - t^2})) = \frac{4}{3}\pi(r^2 - t^2)^{\frac{3}{2}}$$

である．よって定理 15.10（カヴァリエリの原理）より

$$m(B_4(r)) = \int_{[-r,r]} \frac{4}{3}\pi(r^2 - t^2)^{\frac{3}{2}} dt = \mathscr{R}\int_{-r}^r \frac{4}{3}\pi(r^2 - t^2)^{\frac{3}{2}} dt = \frac{1}{2}\pi^2 r^4$$

を得る．

注意　最後の計算では，連続関数はリーマン可積分であるから，区間 $[-r, r]$ 上のルベーグ積分とリーマン積分は一致することを用いた．リーマン積分の計算は，例えば $t = r \sin\theta$ とおけば $\cos$ のべき乗の積分に帰着する．このような計算を繰り返せば，n 次元球のルベーグ測度も計算できる（n 次元球はジョルダン可測である）．

参考文献

「まえがき」で述べたように，本書の基になった講義では教科書または参考書として

[1] 志賀浩二『ルベーグ積分 30 講』朝倉書店，1990

[2] 新井仁之『ルベーグ積分講義』日本評論社，2003 [改訂版 2023 年発行]

[3] 谷島賢二『[新版] ルベーグ積分と関数解析』朝倉書店，2015

を挙げ，講義の内容はこれらの本に基づき構成しました．したがって本書の記述もこれらの本の影響を受けています．本書の構成の柱は [1] に依存しています．この本の前半部分はわかりやすく書かれており，コラムには本書で紹介できなかった測度論の歴史や逸話も書かれています．本書と併せて読めば視野が広がると思います．[2] は実数空間におけるルベーグ測度とルベーグ積分が詳しく簡潔に解説されています．本書の第 5, 6, 15 章は，この本に負う部分が多くあります．後半部分では興味深い例が多数与えられています．これ以外に，随所で [3] および

[4] コルモゴロフ-フォーミン『函数解析の基礎（上・下）』岩波書店，1979
[オンデマンド版 2019 年発行]

を参考にしました．いずれも特徴のある優れた書物ですので，本書に続いてこれらの書物の中から気に入ったものを見つけ出してじっくり読むことを勧めます．

「まえがき」で触れましたが，積分論・測度論の優れた解説書は多数ありま
す．すべては挙げきれませんので 3 つだけ紹介します．

[5] 伊藤清三『ルベーグ積分入門（新装版）』裳華房，2017

初版が 1963 年という古典的名著です．次に挙げる新しい本も，「入門」とあり
ますが，初心者が手に取るにはやや難しい本です．内容は豊富で濃く，本格的
に解析学を志す人向けです．

[6] 吉田伸生『[新装版] ルベーグ積分入門』日本評論社，2021

[7] テレンス・タオ（舟木直久監訳，乙部厳己訳）『ルベーグ積分入門』朝倉
書店，2016

[7] は積分論の講義を基にしており，その講義では副読本として

[8] E. Stein, R. Shakarch, *Real Analysis, Measure Theory, Integration, and Hilbert Spaces*, Princeton Lectures in Analysis, III, Princeton University Press, Princeton, NJ, 2005

を用いたということです．より深く積分論および，その先に続く解析学を学び
たい読者はこのような本に挑むのもよいかと思います．
　本文中では，微分積分，位相空間の参考書について，特に書名には触れませ
んでした．これらについては，非常に多くの本があります．少しだけ紹介して
おきます．

[9] 杉浦光夫『解析入門 I, II』東京大学出版会，1980, 1985

[10] 難波　誠『微分積分学』裳華房，1996

[11] 矢野公一『距離空間と位相構造』共立出版，1997

[12] 神保秀一・本多尚文『位相空間』数学書房，2011

索 引

Memorandum

【著者紹介】

青木貴史（あおき たかし）

1981年　東京大学大学院理学系研究科数学専攻博士課程 修了
　　　　理学博士
現　在　近畿大学 名誉教授
著　書　『超函数・FBI変換・無限階擬微分作用素』共著（共立出版，2004）

秘伝　ルベーグ積分
Integration Theory
A Hidden Introduction to
Lebesgue Measure and
Integration

2024年2月5日　初版1刷発行

著　者　青木貴史　© 2024

発行者　南條光章

発行所　**共立出版株式会社**
　　　　〒112-0006
　　　　東京都文京区小日向4-6-19
　　　　電話番号 03-3947-2511（代表）
　　　　振替口座 00110-2-57035
　　　　www.kyoritsu-pub.co.jp

印　刷　啓文堂
製　本　協栄製本

検印廃止
NDC 413.4
ISBN 978-4-320-11554-5

一般社団法人
自然科学書協会
会員

Printed in Japan